普通高等教育"十三五"规划教材

物理污染控制工程

（第2版）

杜翠凤　宋　波　蒋仲安　编著

北　京
冶 金 工 业 出 版 社
2018

内 容 提 要

本书是根据教育部关于环境科学及工程专业规范六中确定的物理污染控制工程教学基本内容的大纲编写的。全书共分 13 章，主要内容包括：声学基础知识、噪声评价及标准、噪声测量、环境噪声控制方法、吸声、隔声、消声等相关知识，振动、电离辐射、电磁辐射、热污染、光污染的危害，控制理论及方法等相关知识。

本书可作为研究物理环境和物理污染的基础读物，也可作为从事环境保护研究、监测的工程技术和管理人员的参考书，更是高等院校环境工程专业、环境监测专业、环境监理专业、环境管理专业、环境规划专业、环境学、市政工程等专业的专业教材或参考书。

图书在版编目(CIP)数据

物理污染控制工程/杜翠凤，宋波，蒋仲安编著．—2 版．—北京：冶金工业出版社，2018.1（2018.10重印）
普通高等教育“十三五”规划教材
ISBN 978-7-5024-7734-9

Ⅰ.①物… Ⅱ.①杜… ②宋… ③蒋… Ⅲ.①环境物理学—高等学校—教材 Ⅳ.①X12

中国版本图书馆 CIP 数据核字（2018）第 013234 号

出 版 人 谭学余
地　　址 北京市东城区嵩祝院北巷 39 号 邮编 100009 电话 (010)64027926
网　　址 www.cnmip.com.cn 电子信箱 yjcbs@cnmip.com.cn
责任编辑 戈 兰 美术编辑 彭子赫 版式设计 孙跃红
责任校对 石 静 责任印制 李玉山
ISBN 978-7-5024-7734-9
冶金工业出版社出版发行；各地新华书店经销；三河市双峰印刷装订有限公司印刷
2010 年 1 月第 1 版，2018 年 1 月第 2 版，2018 年10月第 2 次印刷
787mm×1092mm 1/16；14.5 印张；347 千字；215 页
46.00 元

冶金工业出版社 投稿电话 (010)64027932 投稿信箱 tougao@cnmip.com.cn
冶金工业出版社营销中心 电话 (010)64044283 传真 (010)64027893
冶金书店 地址 北京市东四西大街 46 号(100010) 电话 (010)65289081(兼传真)
冶金工业出版社天猫旗舰店 yjgycbs.tmall.com
（本书如有印装质量问题，本社营销中心负责退换）

第 2 版前言

本书第 1 版作为环境工程类专业教材于 2010 年出版，被国内多所高校院校选定为专业教材。第 1 版出版至今已有八年时间，在这期间，我国对物理污染方面的多个标准进行了修订。

本次教材修订内容主要集中在第 3 章、第 4 章及第 10 章。第 3 章第 2 节环境噪声法规和标准中，对职业卫生标准、工业企业噪声控制设计规范及建筑施工厂界环境噪声排放标准等标准做了更新。在第 4 章第 2 节噪声测量方法中，对城市区域环境噪声测量及厂界噪声测量部分进行了补充和修改。分别对第 10 章第 5 节、第 6 节中放射的防护标准及放射性废物的分类进行了修改。

此外，还对第 1 版中存在的疏漏内容进行了修订，并增加了部分例题和习题，以期更便于读者学习。

受水平和时间限制，书中难免有缺点和不妥，欢迎读者批评指正。

编　著

2018 年 1 月

第1版前言

近年来，随着我国国民经济的突飞猛进，环境保护事业也迅速发展，人们越来越重视自己生存环境的变化。人类的健康，需要适宜的物理环境，但长期以来人们对物理性污染却缺乏了解。物理性污染严重地危害着人类的身体健康和生存环境，必须对其进行控制和治理。物理性污染控制是环境科学在自然科学领域内的又一个研究方向，主要是通过研究物理污染同人类之间的相互作用，探寻为人类创造一个适宜的物理环境的途径。

本书是根据教育部关于环境科学及工程专业规范六中确定的物理污染控制工程教学基本内容的大纲编写的。全书共分为13章，第1章绪论，第2~8章，系统介绍了声学基础知识、噪声评价及标准、环境噪声控制方法、吸声、隔声、消声等相关知识。第9~13章分别介绍了振动、电离辐射、电磁辐射、热污染、光污染的危害、控制理论及方法等相关知识。前9章由杜翠凤、蒋仲安编写，第10~13章由宋波编写。编写本书的指导思想是以工程实用为主，并给以必要的理论知识介绍，力图使读者通过对本书的阅读和学习，掌握控制噪声等污染的相关知识，在实际工作中能够根据所学知识，解决实际问题，达到改善人类生存物理环境、获得更好的生活质量的目的。

本书可以作为研究物理环境和物理性污染的基础读物，也可作为从事环境保护研究、监测的工程技术和管理人员的参考书，更是高等院校环境工程专业、环境监测专业、环境监理专业、环境管理专业、环境规划专业、环境学、市政工程等专业需要环境相关知识的专业教材或参考书。

限于编者水平和经验，缺点、疏漏之处，敬请读者提出建议和修改意见。

编　者

2009年9月

目　录

1 绪 论

1.1 物理性污染的概念及分类

人类的生存环境包括物理环境、化学环境和生物环境。物理性污染是指由物理因素引起的环境污染，如噪声、振动、放射性辐射、电磁辐射、光污染、热污染等。物理性污染程度是由声、光、热等在环境中的量决定的。物理污染与化学污染相比具有如下特点：

（1）物理污染是能量污染，随着距离增加，污染衰减很快，因此其污染具有局部性，区域性和全球性污染较少见。

（2）物理性污染在环境中不会有残余的物质存在，一旦污染源消除以后，物理性污染也随即消失。

1.1.1 噪声

声音在人们的日常活动中起着十分重要的作用，可以帮助人们借助听觉熟悉周围环境、向人们提供各种信息、让人们交流思想。但是有一些声音会使人感到烦躁不安，影响人的工作和健康，这些声音称为噪声。心理学观点认为，凡是人们不需要的声音称为噪声。即凡是妨碍交谈和会议、妨碍学习、妨碍睡眠等有损于人的欲求、愿望目的的声音都称为噪声。收音机里，播放出悦耳的交响乐，但对于正在睡眠或需要集中注意力工作的人来说就是一种讨厌的噪声。从物理学观点看，噪声是由许多不同频率和强度的声波，杂乱无章组合而成的。《中华人民共和国环境噪声污染防治法》中对环境噪声作如下定义：环境噪声是指在工业生产、建筑施工、交通运输和社会生活中所产生的干扰周围生活环境的声音。噪声污染是指所产生的环境噪声超过国家规定的环境噪声排放标准，并干扰他人正常生活、工作和学习的现象。

噪声的分类方法有多种。下面简要介绍一下几种常见的分类方法。

按频率分，噪声可分为低频噪声（小于500Hz）、中频噪声（500~1000Hz）和高频噪声（大于1000Hz）。

按噪声随时间的变化可分为稳态噪声、非稳态噪声和瞬时噪声。

按城市环境噪声源划分，环境噪声可分为交通噪声、工业噪声、建筑施工噪声和社会生活噪声。

按噪声产生的机理，可分为机械噪声、空气动力性噪声和电磁噪声。

1.1.2 振动

机械振动是指物体或物体的一部分沿直线或曲线并经过平衡位置所做的往复的周期性的运动。按振动系统中是否存在阻尼作用，振动分为无阻尼振动和阻尼振动；按照振动系统所加作用力的形式，振动又可分为自由振动和强迫振动。

1.1.3 放射性

有些原子核是不稳定的，能够自发地改变核结构而转变成另一种核，这种现象称为核衰变。由于在发生核衰变的同时，总是伴随不稳定的核放出带电或不带电的粒子，所以将这种核衰变称为放射性衰变。把某些原子能够释放射线的性质叫放射性，把能够放出射线的元素称为放射性元素。

环境放射性源包括天然放射源和人工放射源，天然放射源包括宇宙辐射、地球表面的放射性物质、空气中存在的放射性物质、地面水系中含有的放射性物质和人体内的放射性物质。而人工放射源主要包括核武器试验时产生的放射性物质，生产和使用放射性物质的企业排出的核废料以及医用、工业用的 X 射线源及放射性物质镭、钴等。

随着核科学技术的不断发展和深入，核能得到大量开发和利用，核能的利用给人类带来了巨大的物质利益和社会效益，但同时也给人类环境增添了人工放射性物质，对环境造成了新的污染。因此人工放射源是造成环境污染的主要来源。

1.1.4 电磁辐射

无线电通信、微波加热、高频淬火、超高压输电网站等的广泛应用，给人类物质文化生活带来了极大的便利，但也由于产生大量的电磁波，当电磁辐射过量时，就会对人们的生活、工作环境以及人体健康产生不利影响，称之为电磁辐射污染。电磁辐射已成为当今危害人类健康的致病源之一。

影响人类生活环境的电磁污染源可分为天然和人为的两大类。天然的电磁污染是由某些自然现象引起的，如雷电，除了可能对电器设备、飞机、建筑物等直接造成危害外，还会在广大地区从几千赫到几百兆赫以上的范围内产生严重的电磁干扰。其他如火山喷发、地震、太阳黑子活动引起的磁暴等都会产生电磁干扰，这些电磁干扰对通信的破坏特别严重。

人为的电磁波污染主要有脉冲放电、功频交变电磁场、射频电磁辐射，如无线电广播、电视、微波通信等各种射频设备的辐射。研究表明，电磁波的频率超过 100kHz 时，就会对人体构成潜在威胁。

1.1.5 热污染

随着社会生产力的迅速发展，人们的生活水平不断提高，能源的消耗日益增加，人们在利用能源过程中，不仅会产生大量有毒有害气体，而且还会产生二氧化碳、水蒸气、热水等对人体虽无直接危害但对环境却产生不良增温效应的物质，这类物质引起的环境污染即为热污染。《中国大百科·环境科学》将热污染定义为：“由于人类某些活动使局部环境或全球环境发生增温，并可能形成对人类和生态系统产生直接或间接、即时或潜在的危害的现象。”

热污染发生在城市、工厂、火电站、原子能电站等人口稠密和能源消耗大的地区。

根据污染对象的不同，可将热污染分为水体热污染和大气热污染。

人类活动消耗的能源最终会转化为热的形式进入大气，并且能源消耗的过程中释放大量的副产物（如二氧化碳、水蒸气和颗粒物质等）会进一步促进大气的升温。当大气升温影响到人类的生存环境时，即为大气热污染。

当人类排向自然水域的温热水使所排放水域的温升超过一定限度时，就会破坏所排放水域的自然生态平衡，导致水质变化，威胁到水生生物的生存，并进一步影响到人类对该水域的正常利用，即为水体的热污染。

1.1.6　光污染

光污染是现代社会中伴随着新技术的发展而出现的环境问题。当光辐射过量时，就会对人们的生活、工作环境以及人体健康产生不利影响，称之为光污染。

狭义的光污染指干扰光的有害影响，其定义是“已形成的良好的照明环境，由于逸散光而产生被损害的状况，又由于这种损害的状况产生的有害影响”。逸散光指从照明器具发出的，使本不应是照射目的的物体被照射到的光。干扰光是指在逸散光中，由于光量和光方向，使人的活动、生物等受到有害影响，即产生有害影响的逸散光。广义光污染指由人工光源导致的违背人的生理与心理需求或有损于生理与心理健康的现象，包括眩光污染、射线污染、光泛滥、视单调、视屏蔽、频闪等。

按照波长不同，光污染可分为可见光污染、红外光污染及紫外光污染。

1.2　物理性污染的危害

1.2.1　噪声危害

噪声的危害是多方面的，不仅可以致聋、诱发疾病、干扰正常生活和工作，而且特别强的噪声还对建筑物及设备造成影响。下面分别加以简要阐述。

1.2.1.1　噪声可以致聋

当人们在较强的噪声环境中，待上一段时间，会感到耳鸣。此时，若回到安静环境中，会发现原来听得到的声音，这时听起来弱了，有的声音甚至听不到。但这种情况持续时间并不长，只要在安静的环境中，待一段时间，听觉就会恢复原状，这种现象叫暂时性听阈偏移，亦称听觉疲劳。这是由于在强噪声作用下，听觉皮质层器官的毛细胞受到暂时性伤害，而引起的。如原来听起来是55dB的声音，出现暂时性听阈偏移时，听起来只有30dB，等到听力恢复后，又能听到55dB的声音。

如果长期工作在90dB(A)以上的强噪声环境中，人耳不断地受到强噪声刺激，暂时性听阈迁移恢复越来越慢，久而久之，听觉器官发生器质性病变，便失去恢复正常的听阈能力，就成为永久性听阈迁移，或称听力损失。噪声引起的听力损失，是由于过量的噪声暴露，导致听觉细胞的死亡，死亡的细胞不能再生，因此噪声性耳聋是不能治愈的。

国际标准化组织规定，用500Hz、1000Hz和2000Hz三个频率上的听力损失平均值来表示听力损失。听力损失在15dB以下属正常，15~25dB属接近正常，25~40dB为轻度聋；40~65dB为中度耳聋；65dB以上为重度耳聋。一般讲噪声性耳聋是指平均听力损失超过25dB。

大量统计资料表明，噪声级在80dB以下，方能保证人们长期工作不致耳聋。噪声级在 85dB，会有 10%的人可能产生噪声性耳聋。在 90dB 以下只能保证 80%的人工作 40 年后不会耳聋。

当噪声超过 140dB(A)，听觉器官发生急性外伤，致使耳鼓膜破裂出血，螺旋体从基底膜急性剥离，这种一次刺激致聋的，称为暴震性耳聋。

1.2.1.2 噪声可能诱发疾病

在噪声的影响下，会不会诱发某些疾病，是与人的体质和噪声的频率和强弱有关。

噪声作用于人的中枢神经系统，使大脑皮层的兴奋和抑制平衡失调，导致条件反射异常。这些生理变化，在噪声的长期作用下，得不到恢复，就会出现头痛、脑胀、头晕、疲劳、记忆力衰退等神经衰弱的症状。

暴露在噪声环境中的人，易患胃功能紊乱症，表现为消化不良、食欲不振、恶心呕吐，长期如此，将导致胃病及胃溃疡发病率的增高。

噪声还可使交感神经紧张，从而使人产生心动过速、心律不齐、血管痉挛、心电图 T 波升高、血压波动等症状。因此，近年来一些医学家认为，噪声可以导致冠心病、动脉硬化和高血压。据调查，长期在高噪声环境下工作的人与低噪声环境工作的人相比，这三种病的发病率要高出 2~3 倍。此外，噪声对视觉器官产生不良影响，噪声越大，视力清晰度的稳定性越差；噪声影响胎儿的正常发育；噪声对胎儿的听觉器官会造成先天性损伤等。

有人曾用动物做过试验，将两只兔子放在特强的噪声（160dB）环境里，不久兔子就会体温升高，心跳紊乱，耳朵全聋，眼睛也暂时失明，无目的地乱闯，一边走一边点头（悸动），遗尿，不吃东西。另外，在第二次世界大战中，德国法西斯曾用强烈的噪声来折磨俘虏，妄图迫使他们神经错乱而获得口供。这些事例说明，噪声对人和动物的生理都会产生严重摧残。

噪声对人体的危害程度也与它的频率有关，虽然低频噪声听起来没有高频噪声那么刺耳，但是，人却感到胸腔特别憋闷，心悸恶心，呼吸和胃肠蠕动等都受到影响。

1.2.1.3 噪声影响正常生活

人们总是遵循着一定的规律工作、学习、休息和娱乐，但是吵闹的噪声会扰乱正常生活的规律。当你经过一天的劳碌，十分疲倦，非常需要休息时，嘈杂的噪声却使你无法入睡，你能不烦恼吗？有人做过试验，发现在 40~50dB（A 声级）的噪声刺激下，睡眠中的人脑电波会出现觉醒反应。这就是说，A 声级 40dB 的噪声就可以对正常人的睡眠产生影响。噪声影响睡眠的程度大致与声级成正比，在 A 声级 40dB 时约有 10%的人受到影响；在 70dB 时，受影响的人就占 50%。突然一声响把人惊醒的情况也基本与声级成正比，A 声级在 40dB 的突然声响可能会惊醒约 10%的睡眠者；60dB 时可能会惊醒约 70%的人。

语言是人类表达思想的主要工具之一，它对于人类的进步和科学技术的发展起着十分重要的作用。但是，在喧哗的噪声环境里，人们谈话、打电话、听广播、开会和授课等都会受到严重的干扰。如果房间里的噪声级与谈话声相近，就会影响人们的正常谈话；如果噪声级高于谈话声 10dB，谈话声就听不见了，普通谈话的 A 声级约 60dB，大声谈话也不过是 70~80dB，因此，当噪声级为 65dB 以上时，人们相互之间的交谈就会受到影响。

1.2.1.4 噪声降低劳动生产率并影响安全生产

在噪声环境中，人们由于心情烦躁，身体不适，而使注意力不易集中，反应迟钝，这样工作起来很容易出差错，不仅会影响工作速度，而且还会降低工作效率，甚至会引起工伤事故，特别是对那些要求注意力高度集中的复杂作业和脑力劳动，噪声的影响更大。有人对打字、排字、速记、校对等工种进行调查，发现随着工作环境中噪声的增加，差错率会有上升。有人对电话交换台进行过调查，发现噪声级从50dB降到30dB，差错率减少42%。

在强噪声下，还容易由于掩盖交谈和危险信号或行车信号，而发生重大事故。例如广西某厂有2名工人在厂区内的铁路上行走，火车从后面驶来时，附近锅炉蒸汽正在放空，排气噪声使这2名工人未听到火车的汽笛声，结果被火车撞倒，造成一死一伤的事故。在我国几个大型钢铁企业中都发生过高炉排气放空的强大噪声遮蔽了火车的鸣笛声，造成正在铁轨上的工人被轧死的惨重事故。

1.2.1.5 噪声损害建筑物

高强度噪声能损害建筑物，特别是航空噪声对建筑物影响很大。1962年，美国三架军用飞机以超声速低空掠过日本藤泽市，使该市许多民房玻璃振碎，烟囱倒塌，日光灯掉下，商店货架上的商品振落满地，造成很大损失。此外，噪声对精密仪器的精度也会产生影响。

1.2.2 振动危害

振动的影响是多方面的，它损害或影响振动作业工人的身心健康和工作效率，干扰居民的正常生活，还影响和损害建筑物、精密仪器和设备等。

1.2.2.1 振动对人的影响

振动对人体的影响可分为全身振动和局部振动。全身振动是指人体直接位于振动物体上所受到的振动；局部振动是指加在人体某个部位并且只传递到人体某个局部的振动，例如手持振动物体时引起的手部局部振动。

在振动环境工作的工人由于振动妨碍视觉、手的动作等原因，会造成操作速度下降，生产效率降低，并影响安全生产。

工人经常在强振动环境下工作，会危害或影响作业工人的神经系统、消化系统、心血管系统健康。

经常经受局部（手臂）振动的工人，易发生局部振动病，为法定职业病。

1.2.2.2 振动对建筑物的危害

振动作用于建筑物会使其结构受到破坏，常见的破坏现象表现为基础和墙壁龟裂、墙皮剥落、石块滑动、地基变形和下沉，重者可使建筑物倒塌。

1.2.2.3 振动对精密仪器、设备的影响

振动会影响精密仪器精度及正常运行；振动作用于一些灵敏的电器，可使其误动作，从而可能造成重大事故。

1.2.2.4 振动产生噪声

振动的物体可直接向空间辐射空气声。此外，振动会在土壤中传播，在传播过程中会激发建筑物基础、门窗、管道等振动，这些物体振动会再次辐射噪声。

1.2.3 放射性危害

放射性危害主要体现在对人体的危害。无论是来自体外的辐射照射还是来自体内

的放射性核素的污染，电离辐射对人体的作用都会导致不同程度的生物损伤，并在以后作为临床症状表现出来。这些症状的性质和严重程度以及症状出现的早晚取决于人体吸收的辐射剂量和剂量的分次给予情况。电离辐射对人体辐射损伤分为躯体效应和遗传效应。

1.2.3.1 辐射与细胞的相互作用

人体是由不同器官或组织构成的有机整体，构成人体的基本单元是细胞，由细胞膜、细胞质和细胞核组成。细胞核含有23对（46个）染色体，它是由基因构成的细小线状物。基因由脱氧核糖核酸（DNA）和蛋白质分子组成，带有决定子体细胞特性的遗传密码。

核辐射与物质的相互作用的主要效应是使其原子发生电离和激发。细胞主要是由水组成的。辐射作用于人体细胞将使水分子产生电离，形成对染色体有害的物质，产生染色体畸变。这种损伤使细胞的结构和功能发生变化，使人体呈现出放射病、眼晶体白内障或晚发性癌等临床症状。

产生辐射损伤的过程极其复杂，大致分为4个阶段，如图1-1所示。

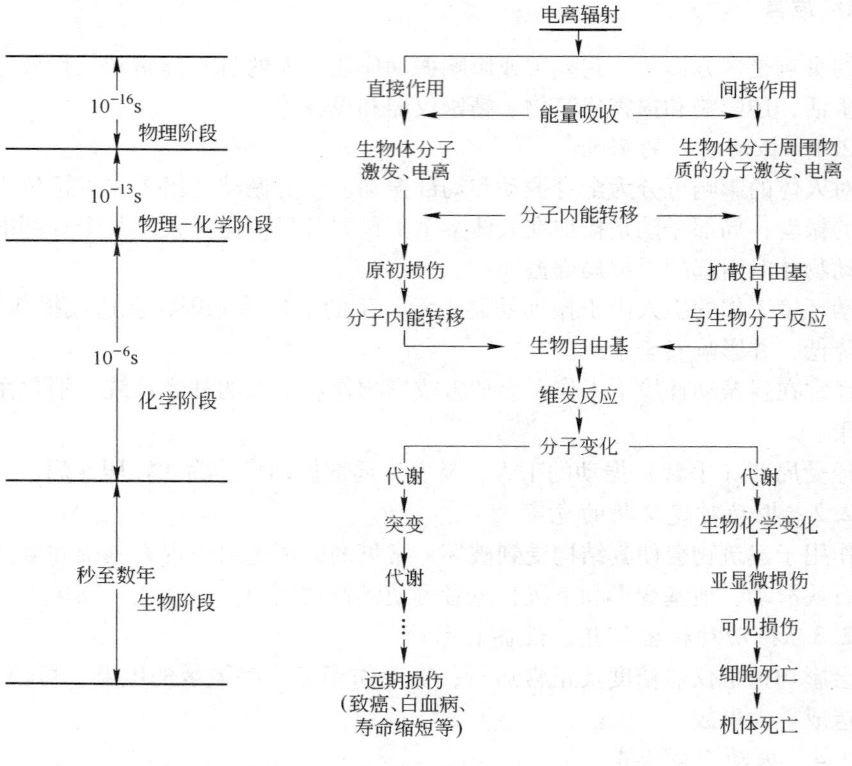

图1-1 电离辐射对机体损伤过程

A 物理阶段

该阶段中，能量在细胞内积聚并引起电离，在水中的作用过程为：

$$H_2O^+ \xrightarrow{\text{辐射}} H_2O^+ + e^- \tag{1-1}$$

B 物理-化学阶段

该阶段中，离子和其他水分子作用形成新的产物。正离子分解或负离子附着在水分子上，然后分解。

$$H_2O^+ \longrightarrow H^+ + OH\cdot \qquad (1\text{-}2)$$

$$H_2O + e^- \longrightarrow H_2O^- \qquad (1\text{-}3)$$

$$H_2O^- \longrightarrow H\cdot + OH^- \qquad (1\text{-}4)$$

这里的H·和OH·称为自由基，它们有不成对的电子，化学活性很大。两个OH·可生成强氧化剂过氧化氢。

C 化学阶段

在此阶段中，反应产物和细胞的重要有机分子相互作用。自由基和强氧化剂破坏构成染色体的复杂分子。

D 生物阶段

这个阶段时间从几秒钟到几十年，以特定的症状而定。可能导致细胞早期死亡，或影响细胞分裂，引起细胞永久变态，并且可持续到子代细胞。

1.2.3.2 辐射对生物体的效应

辐射对人体的效应是由于单位细胞受到损伤所致。辐射的躯体效应是由于人体普通细胞受到损伤引起的，并且只影响到受照者个人本身。遗传效应是由于性腺中的细胞受到损伤引起的，这种损伤能影响到受照人员的子孙。

A 躯体效应

早期效应 早期效应指在大剂量或大剂量率的照射后，受照人员在短期内（几小时或几周）就可能出现的效应。一般只有由于意外放射性事故或核爆炸时才可能发生。例如：1945年，在日本长崎和广岛的原子弹爆炸中，就曾多次观察到，病者在原子弹爆炸后1h内就出现恶心、呕吐、精神萎靡、头晕、全身衰弱等症状。经过一个潜伏期后，再次出现上述症状，同时伴有出血、毛发脱落和血液成分严重改变等现象；严重的造成死亡。有关全身急性照射的效应摘录于表1-1。

表1-1 全身急性照射可能产生的反应

照射剂量/Gy	临床症状
0~0.25	无可检出的临床症状。可能无迟发反应
0.5	血象有轻度暂时性变化（淋巴细胞和白细胞减少），无其他可查出的临床症状。但可以有迟发反应，对个体不会发生严重的效应
1	可产生恶心、疲劳。受照射剂量达到1.25Gy以上时，有20%~25%的人可能发生呕吐，血相有显著变化，可能致轻度急性放射病
2	受照射24h内出现恶心及呕吐。经约一周潜伏期后，毛发脱落、厌食、全身虚弱及喉炎、腹泻等症状。如果既往身体健康或无并发感染者，短期内可望恢复
4（半致死剂量）	受照射几小时内出现恶心及呕吐。潜伏期约一周。两周内可见毛发脱落、厌食、全身虚弱、体温增高。第三周出现紫斑、口腔及咽部感染。第四周，出现苍白、鼻血、腹泻，迅速消瘦。50%受照个体可能死亡。存活者6个月内可逐渐恢复健康
≥6（致死剂量）	受照射1~2h内出现恶心、呕吐、腹泻。潜伏期短，第一周末出现腹泻、呕吐、口腔咽喉发炎，体温增高，迅速消瘦。第二周出现死亡，死亡率可能达100%

晚期效应　辐射的晚期效应是指受照后数年所出现的效应。当受急性照射恢复后或长期接受超容许水平的低剂量照射（内照射或外照射）时，可能发生晚期效应。晚期效应主要指辐射诱发的癌症、白血病及寿命缩短等。

无论急性照射还是长期超容许水平的小剂量的内、外照射，都可能诱发癌症。辐射致癌的发生率和剂量大小、剂量持续时间有关。有人调查了曾处在广岛、长崎原子弹爆心投影点2000m内的受害者遭受外照射后甲状腺癌的发生率，结果表明甲状腺癌的发生率明显地与受照剂量有关，而且女性的甲状腺癌发生率比男性高。

内照射致癌最典型的事例是某些铀矿工人受矿内高浓度氡及其子体的辐射作用而发生肺癌。例如加拿大的一个萤石矿，由于矿井中氡的浓度较高，1952~1961年间在该矿井中工作一年以上的人，有51人死亡，其中肺癌占28例（占45%），肺癌的发生率较一般的男性工人高28.8倍。

辐射诱发癌的潜伏期从几年到几十年。潜伏期的长短不但与受照剂量、剂量率、辐射的种类等有关，而且与其他因素有关。如吸烟可能缩短铀矿工人诱发肺癌的潜伏期。

白血病可看作是造血器官的癌症。白血病的发生率也与受照剂量和剂量率有关。例如，在日本的原子弹爆炸受害者中，白血病的发病率明显高于未受照的居民；最高发病率比一般未受照居民的发病率高十倍以上。受照者的吸收剂量在1~5Gy时，白血病的发病率与受照剂量呈线性关系。辐射诱发白血病的剂量下限没有确定，可能低于4.6Sv；对接受过放射治疗的病人或日本原子弹爆炸受害者进行观察的结果表明：辐射诱发白血病的发病率，在照后几年内达到最高峰，大约经过25年后恢复到受照前的水平。

辐射致寿命缩短指的是由辐射而引起的非特异性寿命缩短，即由于受照所致机体过早衰老和提前死亡，不是指因癌症等恶性疾患而造成的寿命损失。但是，寿命缩短是远期效应中目前尚未研究清楚的一种。迄今所积累的人类资料，还不能证明辐射能引起非特异性寿命缩短。

B　遗传效应

辐射的遗传效应是由于生殖细胞受损伤，而生殖细胞是具有遗传性的细胞。染色体是生物遗传变异的物质基础，由蛋白质和DNA组成。DNA有修复损伤和复制自己的能力，许多决定遗传信息的基因定位在DNA分子的不同区段上。电离辐射的作用使DNA分子损伤，如果是生殖细胞中DNA受到损伤，并把这种损伤传给子女后代，后代身上就可能出现某种程度的遗传疾病。

在遗传学上，基因的变化称为突变。在人类的进化过程中，没有任何明确的原因或人为的干扰而自然发生的基因突变，称为自然突变（虽然自然突变的原因未完全清楚，但宇宙辐射等构成的本底照射，可能是引起缓慢自然突变的因素之一）。

电离辐射所引起的突变的增加和受照剂量有关。使自然突变增加一倍的辐射剂量，称为倍加剂量。人的倍加剂量在0.1~1Gy之间，代表值约为0.7Gy。

目前，有关辐射遗传效应的资料来源有限。除动物实验外，所能得到的资料主要来源于广岛、长崎原子弹爆炸的受害者。核工业事故污染地区、高本底地区及接受医疗照射的人体。就上述有关人的资料来看，尚未明确证明辐射对遗传的危害。

1.2.4 电磁辐射危害

电磁辐射的危害体现在对人体健康和对电磁设备的干扰两方面，可用图 1-2 表示。

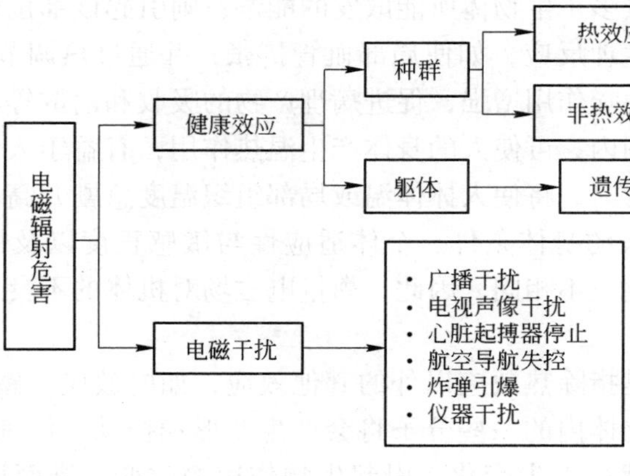

图 1-2 电磁辐射的危害

1.2.4.1 电磁辐射对人体健康的影响

A 电磁辐射对人体作用机制

电磁辐射对生物体的作用机制，大体上可分为热效应与非热效应两类，如图 1-3 所示。当生物体受强功率电磁波照射时，热效应是主要的；长期的低功率密度电磁波辐射主要引起非热效应。

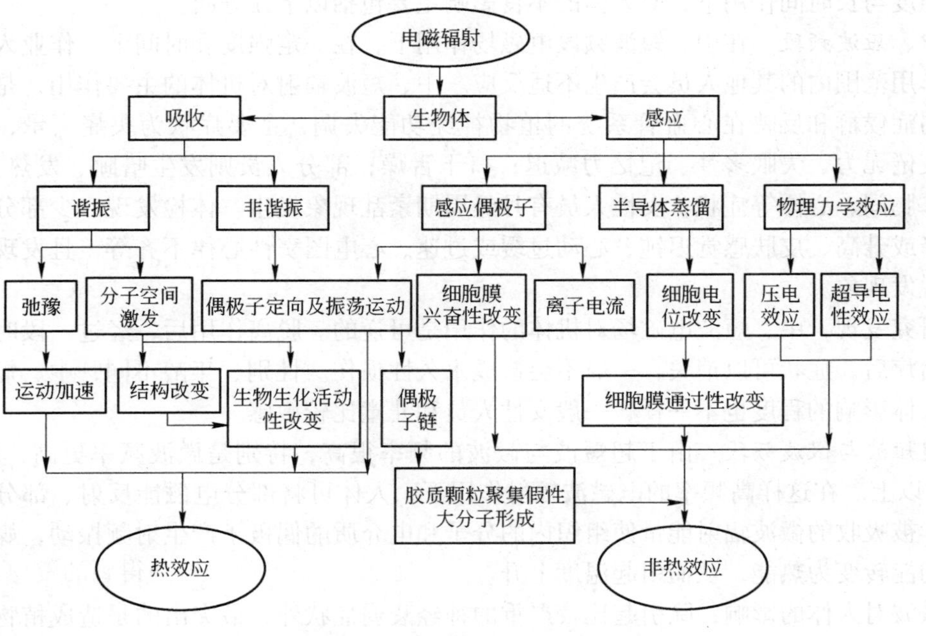

图 1-3 电磁辐射作用机理

热效应主要是生物体内极性分子在电磁波的高频电场作用下反复快速取向转动而摩擦生热；体内离子在电磁波作用下振动也会将振动能量转化为热量；一般分子也会吸收电磁波能量后使热运动能量增加。如果生物体组织吸收的电磁波能量较少，它可借助自身的热调节系统通过血循环将吸收的微波能量以热量形式散发至全身或体外。如果电磁波功率很强，生物组织吸收的能量多于生物体所能散发的能量，则引起该部位体温升高。局部组织温度升高将产生一系列生理反应，如使局部血管扩张，并通过热调节系统使血循环加速，组织代谢增强，白细胞吞噬作用增强，促进病理产物的吸收和消散等。因此，当电磁场的辐射强度在一定量值范围内，可使人的身体产生温热作用，有益于人体健康。然而，当电磁场的强度超过一定限度时，将使人体体温或局部组织温度急剧升高，破坏热平衡而有害于人体健康。由于每个人的身体条件、个体适应性与敏感程度以及性别、年龄或工龄不同，电磁场对机体的影响也不相同。因此，衡量电磁场对机体的不良影响，是一个综合分析的过程。

电磁波的非热效应是指除热效应以外的其他效应，如电效应、磁效应及化学效应等。在电磁场的作用下，生物体内的一些分子将会产生变形和振动，使细胞膜功能受到影响，使细胞膜内外液体的电状况发生变化，引起生物作用的改变，进而可影响中枢神经系统等。对电磁波的非热效应，人们还了解得不是很多。已有研究表明，微波可能干扰生物电（如心电、脑电、肌电、神经传导电位、细胞活动膜电位等）的节律，会导致心脏活动、脑神经活动及内分泌活动等一系列障碍。

B 电磁辐射的危害

电磁辐射危害的一般规律是随着波长的缩短，对人体的作用加大，其中微波作用最突出。研究发现，电磁场的生物学活性随频率加大而递增，就频率对生物学活性而言，即微波>超短波>短波>中波>长波，频率与危害程度亦成正比关系。不同频段的电磁辐射，在大强度与长时间作用下，对人体的不良影响主要包括以下几方面。

中、短波频段　在中、短波频段电磁场作用下，在一定强度和时间下，作业人员及高场强作用范围内的其他人员会产生不适反应。中、短波辐射对机体的主要作用，是引起神经衰弱症候群和反映在心血管系统的植物神经功能失调，主要症状为头痛头晕、周身不适、疲倦无力、失眠多梦、记忆力减退；口干舌燥；部分人员则发生嗜睡、发热、多汗、麻木、胸闷、心悸等症状；女性人员有月经周期紊乱现象发生。体检发现，少部分人员血压下降或升高、皮肤感觉迟钝、心动过缓或过速、心电图窦性心律不齐等，且发现少数人员有脱发现象。

研究发现，中、短波电磁场对机体的作用是可逆的。脱离作用后，经过一段时期的休息或治疗后，症状可以消失，一般不会造成永久性损伤。性别、年龄不同，中、短波电磁场对人体影响的程度也不一样，一般女性人员和儿童比较敏感。

超短波与微波频段　由于超短波与微波的频率很高，特别是微波频率更高，均在 3×10^8Hz 以上。在这样高频率的电磁波辐射作用下，人体可将部分电磁能反射、部分电磁能吸收。被吸收的微波辐射能量使组织内的分子和电介质的偶极子产生射频振动，媒质的摩擦把动能转变为热能，从而引起温度上升。

微波对人体的影响，除引起比较严重的神经衰弱症状外，最突出的是造成植物神经机能紊乱，如心动过缓、血压下降或心动过速、高血压等。心电图检查可见窦性心律不齐、窦性心动过缓、T 波下降等变化。血象方面，可能引起有轻度的白细胞减少、白细胞吞噬能力下降等症状。

微波危害除上述外，还可引起眼睛及生殖系统的损伤。微波对睾丸的损害较大。在微波辐射的作用下，睾丸的温度上升，抑制精子的生长，但并不损害睾丸的间质细胞，也不影响血液中的睾酮含量。受微波辐射的损害后，通常仅产生暂时性不育现象。辐射再大，将会引起永久性的不育。微波可引起眼睛损伤。眼睛是人体对微波辐射比较敏感和易受伤害的器官。一方面，眼睛的晶状体含有较多的水分，能吸收较多的微波能量；另一方面眼睛的血管分布较少，不易带走过量的热。在微波辐射下，可能角膜等眼的表层组织还没有出现伤害，而晶状体已出现水肿。在大强度长时间作用下会造成晶体混浊，严重的将导致白内障。更强的辐射会使角膜、虹膜、前房和晶状体同时受到伤害，以致造成视力完全丧失。但微波辐射导致白内障和生殖机能受损只是生物效应试验结果，具体确诊的病例还没有。

长时间的微波辐射可破坏脑细胞，使大脑皮质细胞活动能力减弱，已形成的条件反射受到抑制，反复经受微波辐射可能引起神经系统机能紊乱。某些长时间在微波辐射强度较高的环境下工作的人员，曾出现过疲劳、头痛、嗜睡、记忆力减退、工作效率低、食欲不振、眼内疼痛、手发抖、心电图和脑电图变化、甲状腺活动性增强、血清蛋白增加、脱发、嗅觉迟钝、性功能衰退等症状。但是这些症状一般都不会很严重，经过一段时间的休息后就能复原。

1.2.4.2 电磁干扰

人类社会步入了信息时代，环境中电磁辐射的污染也在与日俱增，有的地方已超过自然本底值的几千倍以上。实际上，电磁辐射作为一种能量流污染，人类无法直接感受到，但它却无时不在。电磁辐射污染不仅对人体健康有不良影响，而且对其他电器设备也会产生干扰。电磁干扰、电磁辐射可直接影响到各个领域中电子设备、仪器仪表的正常运行，造成对工作设备的电磁干扰。一旦产生电磁干扰，有可能引发灾难性的后果。如美国就曾发生一起因电磁干扰使心脏起搏器失灵而使病人致死的事件。

对电器设备的干扰最突出的情况有三种：一是无线通信发展迅速，如发射台、站的建设缺乏合理规划和布局，使航空通信受到干扰；二是一些企业使用的高频工业设备对广播、电视信号造成的干扰；三是一些原来位于城市郊区的广播电台发射站，后来随着城市的发展被市区所包围，电台发射出的电磁辐射干扰了当地百姓收看电视。

电磁辐射还可以引起火灾或爆炸事故。较强的电磁辐射，因电磁感应而产生火花放电，可以引燃油类或气体，酿成火灾或爆炸事故。

1.2.5 热污染危害

热污染分为水体热污染和大气热污染，其危害分述如下。

1.2.5.1 水体热污染的危害

水体热污染的危害主要有：

(1) 降低了水中的溶解氧。水体热污染导致水温急剧升高，以致水中溶解氧减少，使水体处于缺氧状态，同时又因水生生物代谢率增高而需要更多的氧，造成一些水生生物发育受阻或死亡，从而影响环境和生态平衡。

（2）导致水生生物种群的变化。任何生物种群都要有适宜的生存温度，水温升高将使适应于正常水温下生活的海洋动物发生死亡或迁徙，还可以诱使某些鱼类在错误的时间进行产卵或季节性迁移，也有可能引起生物的加速生长和过早成熟。

水体内的藻类种群也会随着温度的升高而发生改变。在20℃时，硅藻占优势，在30℃时绿藻占优势，在35~40℃时蓝藻占优势。蓝藻种群能引起生活用水有不好的味道，而且也不适于鱼类食用。

（3）加快生化反应速度。随着温度的上升，水体生物的生物化学反应速度也会加快。在0~40℃的范围内，温度每升高10℃，生物的代谢速度加快1倍。在这种情况下，水中的化学污染物质，如氧化物、重金属离子等对水生生物的毒性效应会增加。资料报道，当水温由8℃升高至18℃，氧化钾对鱼类的毒性增加1倍；当水温由13.5℃升高到21.5℃，锌离子对虹鳟鱼的毒性增加1倍。

（4）破坏水产品资源。海洋热污染问题在全球范围内正日益加重。1969年美国比斯开湾的调查发现，温度升高3℃的水域水生生物的种类和数量都变得极为稀少，温度升高4℃的水域海洋生物绝迹。后来对吉普特海峡和华盛顿州沿岸的调查又发现，在夏季温升哪怕只有0.5℃，就能引起有毒的浮游植物大量繁殖。

水体温度的变化对水体环境中的多种水生生物的种类和数量都有明显的影响，不同鱼类及水生生物都有自己的最适宜生存的温度范围。水体热污染对有游动能力的鱼类和不能游动的附着在岩礁上的生物（如鲍鱼、海胆等）的影响是不一样的。热污染对后者的影响要大得多。对底栖生物生态结构产生影响的水温上限约为32℃。

（5）影响人类生产和生活。水的任何物理性质，几乎无一不受温度变化的影响。水的黏度随着温度的上升而降低，水温升高会影响沉淀物在水库和流速缓慢的江河、港湾中的沉积。水温升高还会促进某些水生植物大量繁殖，使水流和航道受到阻碍，例如，美国南部的许多地区水域中，曾一度由于水体热污染而大量生长水草风信子，阻碍了水流和航道。

（6）危害人类健康。河水水温上升给一些致病微生物造成一个人工温床，使它们得以滋生、泛滥，引起疾病流行，危害人类健康。1965年，澳大利亚曾流行过一种脑膜炎，后经科学家证实，其祸根是一种变形原虫，由于发电厂排出的热水使河水温度增高，这种变形虫在温水中大量滋生，造成水源污染而引起了那次脑膜炎的流行。

1.2.5.2 大气热污染的危害

大气热污染的危害主要表现在：

（1）气候异常，对人类经济、生存环境带来不利影响。大气热污染会导致全球气候变暖，导致海水热膨胀和极地冰川融化，使海平面升高，一些沿海地区及城市被海水淹没。全球变暖的结果可以影响大气环流，继而改变全球的雨量分布以及各大洲表面土壤的含水量。

（2）加剧热岛效应和能源消耗。热污染会导致城市气温升高，致使空调类电器不断向城市大气中排放热量，导致热岛效应加剧。

1.2.6 光污染危害

1.2.6.1 可见光污染

可见光的波长是波长在390~760nm的电磁辐射体，也就是常说的七色光组合，是自然光的主要部分。

激光的光谱中大部分属于可见光的范围，而激光具有指向性好，能量集中，颜色纯正的特点，在医学、环境监测、物理、化学、天文学及工业生产中大量应用。但是由于激光的特点所决定，它具有高亮度和强度，同时它通过人体的眼睛晶状体聚集后，到达眼底时增大数百甚至数万倍。这样就会对眼睛产生巨大的伤害，严重时就会破坏机体组织和神经系统。所以在激光应用的过程中，要特别注意激光污染。

杂散光是光污染中的一部分，它主要来自于建筑的玻璃幕墙、光面的建筑装饰（高级光面瓷砖、光面涂料），由于这些物质的反射系数较高一般在60%~90%左右，比一般较暗建筑表面和粗糙表面的建筑反射系数大10倍。当阳光照射在上面时，就会被反射过来，对人眼产生刺激。另一部分杂散光污染来源于夜间照明的灯光通过直射或者反射进入住户内。其光强可能超过人夜晚休息时能承受的范围。从而影响人的睡眠质量，导致神经失调引起头晕目眩、困倦乏力、精神不集中。人点着灯睡觉不舒服就是这个原理。

夜间，广告灯、霓虹灯闪烁夺目，强光束甚至直冲云霄，夜间照明过度，使得夜晚如同白天一样，即所谓人工白昼。在这样的“不夜城”里，人们夜晚难以入睡，白天工作效率低下。白昼还会伤害鸟类和昆虫，强光可能破坏昆虫在夜间的正常繁殖过程。

光污染对天文观测的影响受到人们的普遍重视，在国际天文学联合会就将光污染列为影响天文学工作的现代四大污染之一。各种光污染直接作用于观测系统使天文系统观测的数据变得模糊甚至作出错误的判断。由于光污染的影响，洛杉矶附近的芒特威尔逊天文台几乎放弃了深空天文学的研究。我国的南京紫金山天文台，由于受到光污染的影响，部分机构不得不迁出市区。

1.2.6.2 红外线污染

红外线辐射是指波长从760~106nm范围的电波辐射，也就是热辐射。自然界中主要的红外线来源是太阳，人工的红外线来源是加热金属、熔融玻璃、红外激光器等。物体温度越高，其辐射波长越短，发射的热量就越高。

随着红外线在军事、科研、工业等方面的广泛应用，同时也产生了红外线污染。红外线可以通过高温灼伤人的皮肤，波长在750~1300nm时主要损伤眼底视网膜，超过900nm时就会灼伤角膜。近红外线辐射能量在眼睛晶体内被大量吸收，随着波长的增加，角膜和房水基本上吸收全部入射的辐射，这些吸收的能量可传导到眼睛内部结构，从而升高晶体本身的温度，也升高角膜的温度。而晶体的细胞更新速度非常慢，一天内照射受到伤害，可能在几年后也难以恢复（吹玻璃工或者钢铁冶炼工白内障得病率较高就是其中的一例）。

1.2.6.3 紫外线污染

紫外线辐射是波长范围在10~390nm的电磁波，其频率范围在$(0.7\sim3)\times10^{15}$Hz，相应的光子量为 3.1~12.4eV（电子伏特）。自然界中的紫外线来自于太阳辐射，不同波长的紫外线可被空气、水或生物分子吸收。人工紫外线是由电弧和气体放电所产生。紫外线具有有益效应：一般都承认，长期缺乏紫外线辐射可对人体产生有害作用，其中最明显的现象是维生素 D 缺乏症和由于磷和钙的新陈代谢紊乱所导致的儿童佝偻症。对此应采取措施以增加紫外辐射的接触，通过改善房屋建筑结构、开窗方向、应用可透过紫外辐射的玻璃、采用日光浴、发展人工紫外辐射设备等手段，均可矫正预防由于缺乏紫外辐射引起的疾病症状。同时紫外线也存在有害效应：当波长在 220~320nm 时对人体有损伤作用，有害效应可分为急性和慢性两种，主要是影响眼睛和皮肤。紫外线辐射对眼睛的急性效应会导致结膜炎的发生，引起不舒服，但通常可恢复，采用适当的眼镜就可预防。紫外辐射对皮肤的急性效应可引起水泡和皮肤表面的损伤，继发感染和全身效应，类似一度或者二度烧伤。眼睛的慢性效应可导致结膜鳞状细胞癌及白内障的发生。紫外辐射引起的慢性皮肤病变，也可能产生恶性皮肤肿瘤。紫外线的另一类污染是通过间接的作用危害人类，如紫外线作用于大气的污染物 HCl 和 NO_x 等时，就会促进化学反应产生光化学烟雾。英国的伦敦和美国的洛杉矶就发生了光化学烟雾的事故，造成大量人员伤亡。

习 题

1-1 简述物理性污染包括哪几类。
1-2 物理性污染的特点。
1-3 简述噪声的分类及危害。
1-4 简述振动、电磁辐射的危害。
1-5 简述放射性污染的危害。
1-6 简述热污染的分类及危害。
1-7 简述光污染的分类及危害。

2 声学的基础知识

2.1 声波的产生及传播

声音是由物体振动而产生的。如讲话声来源于喉管内声带的振动，琴声来源于弦的振动，喇叭声来源于纸盆或音膜的振动，机器声来源于机械部件的振动等，物体的振动是产生声音的根源。通常把振动的物体叫做声源。

声音的产生和传播可以用图 2-1 来说明。当扬声器纸盆振动时，可以看到纸盆时前时后做快速往复运动。在图 2-1（a）中把纸盆前面的连续空气划分为 *A*、*B*、*C*、*D* 等若干区域，*A* 质点紧靠扬声器纸盆。在图 2-1（b）中，*A* 最先受到扰动，向 *B* 质点运动，压缩了 *B* 这部分媒质，由于空气是一种弹性媒质，媒质 *B* 在压缩时产生一反抗压缩的力，这个反作用力作用于质点 *A*，并使它向原来的平衡位置移动，而由于质点 *A* 具有质量因而具有惯性力，使质点 *A* 在经过平衡位置时继续向另一侧运动，又压缩另一侧的相邻媒质，该相邻媒质也会产生一反抗压缩的力，使质点 *A* 又回过来向平衡位置运动，这样由于媒质的弹性和惯性作用，就使这个最初被扰动的空气媒质在平衡位置附近来回振动。同样原因，媒质振动 *B*、*C*、*D* 也在各自的平衡位置附近振动，但这些质点的振动在时间上依次滞后。这些媒质质点的机械振动便由近及远地传播出去，当传入人耳时，引起鼓膜振动，刺激听觉神经，产生听觉使人听到声音。

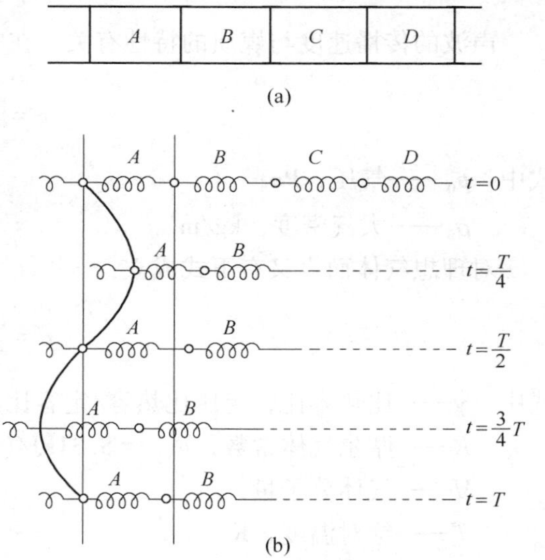

图 2-1 声波的传播

可见，机械振动是声波产生的根源，弹性媒质的存在是声波传播的必要条件。弹性媒质可以是气体，也可以是液体和固体，把能够传播声音的物质叫传声媒质。

声波在气体和液体中传播，质点振动方向和声波传播方向相同，称这种波为纵波。声波在固体中传播，质点振动方向和声波传播方向可能相同（纵波）也可能垂直（横波）。

2.2 描述声波的基本物理量

声波的频率是指单位时间（1s）媒质质点振动的次数，用 f 表示，单位是 Hz。人耳并不是对所有频率的声音都能感受到的。一般说来，人耳只能听到频率为20~20000Hz的声音，通常把这一频率范围的声音叫可听声。低于20Hz的声音叫次声，高于20000Hz的声音叫超声。次声和超声人耳都听不到。一般认为，噪声不包括次声和超声，而是指可听声范围的声波。噪声控制指的是对可听声的控制。

质点每往复振动一次所需要的时间称为周期，用 T 表示，单位为s。频率和周期互为倒数，即：

$$f = \frac{1}{T} \tag{2-1}$$

声波在传播过程中，其相邻的两个压缩层（或稀疏层）之间的距离称为波长，用 λ 表示，单位为m。

声波在弹性媒质中的传播速度称为声速，通常以符号 c 表示，单位为m/s。声速不是质点的振动速度，而是质点振动状态传播的速度。频率、波长和声速之间的关系式为：

$$c = f\lambda \tag{2-2}$$

声波的传播速度与媒质的特性有关，在空气中声速与媒质的特性参数的关系：

$$c = \sqrt{\frac{\gamma p_0}{\rho_0}} \tag{2-3}$$

式中 p_0——气压，Pa；

ρ_0——大气密度，kg/m³。

对理想气体而言又有下式成立：

$$c = \sqrt{\frac{\gamma RT}{M}} \tag{2-4}$$

式中 γ——比热容比，定压比热容/定容比热容，$\gamma_{空气} = 1.4$；

R——摩尔气体常数，$R_{空气} = 8.31\text{kJ/(mol·K)}$；

M——气体分子量；

T——绝对温度，K。

把空气的各常数代入式2-4有下式存在

$$c \approx 20.05\sqrt{T} \approx 331.4 + 0.61t \tag{2-5}$$

式中 t——摄氏温度，℃，$t \in [-30,30]$。

液体和固体中的声速，与气体中声速相差较大。表2-1列出一些常用媒质在室温下的声速近似值。一般计算时，空气中声速可取340m/s（15℃）。

表2-1 21℃时各媒质声速近似值

媒质名称	空气	水	混凝土	玻璃	铁	铅	钢	硬木	软木
声速/$m \cdot s^{-1}$	344	1372	3048	3658	5182	1219	5182	4276	3553

声波通过时，媒质中各质点的振动频率虽相同，但各自的振动相位却不同。所谓相位是指任一时刻的质点振动状态。正是由于各个质点振动在时间上有超前和滞后，才在媒质中形成向前传播的行波。所以相位也是描述声波的一个重要物理量，在声波的叠加中起着重要作用。

2.3　声压、声能量、声强、声功率

2.3.1　声压

在声波的传播过程中，媒质中各处存在着稠密和稀疏的交替变化，因而媒质各处压强也相应变化。媒质密集时，压强 p 超出平衡状态的压强（静压）p_0；媒质稀疏时，压强 p 低于静压 p_0。当有声波传播时，可用声扰动所产生的逾量压强 p（逾压）来表示声压：

$$p = p - p_0 \tag{2-6}$$

式中，p 为声压，单位是帕（Pa），1Pa = 1N/m^2。

媒质中任一点的声压是随时间变化的，每一时刻的声压称为瞬时声压，某段时间内瞬时声压的均方根值称为有效声压，即

$$p_e = \sqrt{\frac{1}{t}\int_0^t p^2 \mathrm{d}t} \tag{2-7}$$

对于简谐声波，有效声压与瞬时声压的最大值（幅值）之间的关系如下所示

$$p_e = \frac{p_A}{\sqrt{2}} \tag{2-8}$$

对于1000Hz纯音，人耳刚能听到的声压（闻阈声压）值为 2×10^{-5}Pa。当声压达到一定数值时，人耳会产生疼痛的感觉，此时声压称为痛阈声压。对于1000Hz纯音，人耳痛阈声压值为20Pa。

2.3.2　声能量

声波在媒质中传播，一方面使媒质质点在平衡位置附近往复运动，产生动能。另一方面又使媒质产生了压缩和膨胀的疏密过程，使媒质具有形变的势能。这两部分能量之和就是由于声扰动使媒质得到的声能量。

空间中存在声波的区域称为声场。声场中单位体积所含有的声能量称为声能密度，用 ε 表示，单位是 J/m^3。

2.3.3　声强

单位时间内通过垂直于声波传播方向单位面积的平均声能量称为声强，一般用 I 表示，单位为 W/m^2。

2.3.4　功率

声源在单位时间内辐射的声能量称为声功率，用 W 表示，单位为 W。

对于在自由声场中传播的平面波，其平均声能密度、平均声强和平均声功率分别如下所示。

平均声能密度

$$\bar{\varepsilon} = p_e^2/\rho_0 c^2 \tag{2-9}$$

平均声强

$$\bar{I} = \frac{p_e^2}{\rho_0 c} \tag{2-10}$$

式中 $\rho_0 c$——空气的阻抗。

平均声功率

$$\overline{W} = \bar{I}S \tag{2-11}$$

式中 S——平面声波波阵面的面积。

2.4 声级概念及声级计算

引起人耳听觉的可听声的频率约在 20Hz 到 20kHz 之间。大量实测指出，一定频率声波的声压或声强有上、下两个限值。在下限以下，人耳听不到声音，在上限以上，人耳会有疼痛感觉。正常人耳刚可听到的最小声压值叫闻阈声压，使人耳产生疼痛感觉的界限声压叫痛阈声压。对于 1000kHz 的纯音来说，从闻阈声压到痛阈声压，数值相差一百万倍，可见直接用声压的大小来表示声音的强弱是不方便的。另一方面对声音强度的感觉并不正比于强度的绝对值，而更接近正比于其对数值。正是由于这个原因，在声学中普遍使用对数标度。

2.4.1 分贝的定义

由于对数的宗量是无量纲的，用对数标度时必须先选定基准量，然后用被量度的量与基准量的比值取对数，这个对数值称为被量度量的“级”。如果所取对数是以 10 为底，则级的单位为贝尔（B）。由于贝尔的单位过大，故常将 1 贝尔分为 10 挡，每一挡的单位称为分贝（dB）。

2.4.2 声压级、声强级和声功率级的定义

声音的声压级 L_p 是被量度声音的有效声压与基准声压之比的常用对数再乘以 20，它的数学表达式为：

$$L_p = 20\lg\left(\frac{p}{p_0}\right) \tag{2-12}$$

式中 L_p——声压级，dB；

p——被量度声音的有效声压，Pa；

p_0——基准声压，2×10^{-5}Pa。

由于人耳感觉到的以及声学测量仪器测量到的声压，都是有效声压，在实际应用中和本书的以后章节中，若没有另加说明，声压 p 均指有效声压。

闻阈声压级 $L_p = 0$dB，痛阈声压 $L_p = 120$dB，这样，把声压值相差一百万倍的变化范围，用声压级表示，就变成了 0~120dB 的变化范围。

从式 2-12 可以看出，声压级增加 6dB，声压值增加 1 倍；声压级每变化 20dB 或

40dB，就相当于声压值变化 10 倍或 100 倍。可见在噪声控制中，如果使噪声降低 20dB 或 40dB，是个相当大的变化。

声音的声强级 L_I 是被量度声音的声强与基准声强之比的常用对数乘以 10，数学表达式为：

$$L_I = 10\lg\left(\frac{I}{I_0}\right) \tag{2-13}$$

式中 L_I——声强级，dB；

I——声强，W/m^2；

I_0——基准声强，$10^{-12}W/m^2$。

声源的声功率级 L_W 等于被量度声源的声功率与基准声功率之比的常用对数乘以 10，其数学表达式为：

$$L_W = 10\lg\left(\frac{W}{W_0}\right) \tag{2-14}$$

式中 L_W——声功率级，dB；

W——声功率，W；

W_0——基准声功率，$10^{-12}W$。

2.4.3 声强级与声压级的关系

在自由声场中，平面波的声强级与声压级的关系经变换可得下式：

$$L_I = 10\lg\frac{I}{I_0} = 10\lg\left(\frac{p^2}{p_0^2} \times \frac{p_0^2}{I_0\rho c}\right) = L_p + 10\lg\frac{p_0^2}{I_0\rho c} = L_p + \Delta L \tag{2-15}$$

在一个大气压下，38.9℃的空气的 $\rho c = 400Pa \cdot s/m$ 时，此时对于空气中传播的平面波有：$L_I = L_p$。在一般情况下，ΔL 较小，可以忽略不计，即可认为声场中某点的声压级在数值上近似等于该点声强级。

2.4.4 声功率级与声强级的关系

在自由声场中，对于均匀辐射的声源 $W = IS$，将该式代入声功率级表达式，经整理得

$$L_W = L_I + 10\lg S \tag{2-16}$$

式中 S——垂直于声波传播方向的声源的封闭面积，m^2。

对于确定的声源，其声功率是不变的，但空间各处的声强级是变化的。在自由声场中，球面波的半径为 r 时：

$$L_W = L_I + 10\lg 4\pi r^2 = L_I + 20\lg r + 11 \tag{2-17}$$

在自由声场中，距离 r 增加一倍，声强级减小 6dB。

2.4.5 声功率级与声压级的关系

对于自由声场中的球面波

$$L_W = L_p + 20\lg r + 11 + \Delta L \tag{2-18}$$

当 $\Delta L<0.5$dB 时，上两式可表示为：

$$L_W = L_p + 20\lg r + 11 \tag{2-19}$$

2.4.6 声波的叠加

在实际工程中遇到的噪声一般含有多个频率或多个声源，这就涉及到声波的叠加问题。声波叠加的原理是：多列声波合成声场的瞬时声压等于每列波瞬时声压之和。用数学式表示为：

$$p_t = p_1 + p_2 + \cdots + p_n \tag{2-20}$$

式中　p_t——合成声场的瞬时声压，Pa；
p_1，…，p_n——第 n 列声波的瞬时声压，Pa。

2.4.6.1　相干波和驻波

频率相同的两列波，在声场中某点至两声源的距离为 x_1、x_2，两列波的瞬时声压

$$p_1 = p_{A1}\cos(\omega t - kx_1) = p_{A1}\cos(\omega t - \varphi_1)$$

$$p_2 = p_{A2}\cos(\omega t - kx_2) = p_{A2}\cos(\omega t - \varphi_2)$$

应用叠加原理，合成声压为：

$$p_t = p_1 + p_2 = p_{A1}\cos(\omega t - \varphi_1) + p_{A2}\cos(\omega t - \varphi_2) = p_{At}\cos(\omega t - \varphi_0)$$

式中

$$p_{At}^2 = p_{A1}^2 + p_{A2}^2 + 2p_{A1}p_{A2}\cos(\varphi_2 - \varphi_1) \tag{2-21}$$

$$\varphi_0 = \arctan\frac{p_{A1}\sin\varphi_1 + p_{A2}\sin\varphi_2}{p_{A1}\cos\varphi_1 + p_{A2}\cos\varphi_2} \tag{2-22}$$

由于这两列波频率相同，其相位差 $\Delta\varphi$ 为：

$$\Delta\varphi = (\omega t - \varphi_1) - (\omega t - \varphi_2) = \varphi_2 - \varphi_1 = \frac{2\pi}{\lambda}(x_2 - x_1)$$

从上式可以看出，$\Delta\varphi$ 与时间无关，又因在声场中某固定点的 x_1、x_2 为定值，所以 $\Delta\varphi$ 为定值。这种具有相同频率和固定相位差的声波称为相干波。

两个频率相同的声波，合成后仍是同频率的简谐波，其声压幅值为 p_{At}，对于不同的地点，相位差不同，p_{At}在空间分布也不同，当 $\Delta\varphi = 0$，　$\pm 2\pi$，　$\pm 4\pi$，… 时，p_{At}为极大值 $p_{Atmax} = p_1 + p_2$；在另外的位置，当 $\Delta\varphi = \pm\pi$，　$\pm 3\pi$，　$\pm 5\pi$，… 时，p_t 为极小值，$p_{Atmin} = p_1 - p_2$。这种 p_{At} 随着空间不同位置有极大值和极小值声压分布的声场，称为驻波声场。当 $p_1 = p_2$ 时，$p_{Atmax} = 2p_1$，$p_{Atmin} = 0$，驻波现象最明显，驻波的极大值和极小值分别称为波腹和波节。

从能量上考虑，合成后总声场的声能密度可由声能密度表达式代入式 2-21 获得：

$$\bar{\varepsilon} = \bar{\varepsilon}_1 + \bar{\varepsilon}_2 + \frac{p_{A1}p_{A2}}{\rho_0 c^2}\cos(\varphi_2 - \varphi_1) \tag{2-23}$$

式中

$$\bar{\varepsilon}_1 = \frac{p_{A1}^2}{2\rho_0 c^2}, \quad \bar{\varepsilon}_2 = \frac{p_{A2}^2}{2\rho_0 c^2}$$

2.4.6.2　不相干波

在一般的噪声问题中，所遇到的声波频率不同，或不存在固定相位差，或两种兼有，

那么这两个波或两个以上的波叠加后的声场不会出现驻波现象。因为这时 $\Delta\varphi$ 不再是一个固定的常数，而是随时间作随机的变换，不同的瞬时，$\Delta\varphi$ 呈现不同的值，而人耳及声学测量仪器是一段时间内的平均，即

$$\overline{\cos(\varphi_2 - \varphi_1)} = \frac{1}{T}\int_0^T \cos\Delta\varphi \mathrm{d}t = 0$$

因此有

$$\overline{\varepsilon}_t = \overline{\varepsilon}_1 + \overline{\varepsilon}_2 \quad (2\text{-}24)$$

$$p_t^2 = p_1^2 + p_2^2 \quad (2\text{-}25)$$

式中，p_1、p_2 分别为两个声波的有效声压值。

将前式推广到 n 个声源的情况，有：

$$\overline{\varepsilon}_t = \overline{\varepsilon}_1 + \overline{\varepsilon}_2 + \cdots + \overline{\varepsilon}_n \quad (2\text{-}26)$$

$$p_t^2 = p_1^2 + p_2^2 + \cdots + p_n^2 \quad (2\text{-}27)$$

2.4.7 声级计算

2.4.7.1 级的叠加（分贝和）

由于声压级是对数量度，在求几个声源的共同效果时，不能简单地将各自产生的声压级求代数和，而是要进行能量叠加。由于噪声是由不同频率、无固定相位差的声波组成，不发生干涉。多个声源在某一测点处产生的总声压为：

$$p_t^2 = p_1^2 + p_2^2 + \cdots + p_n^2$$

按声压级定义，有：

$$p = p_0 \times 10^{\frac{L_p}{20}} \quad (2\text{-}28)$$

将该式代入上式，等式两边取对数，并整理得：

$$L_{pt} = 10\lg\sum_{i=1}^{n} 10^{0.1L_{pi}} \quad (2\text{-}29)$$

如果有几台机器同时开动，每台机器对某点的声压级几乎都一样，则总声压级可按下式计算：

$$L_{pt} = L_p + 10\lg n \quad (2\text{-}30)$$

式中 L_p—— 一台机器的声压级，dB；

n——机器台数。

级的叠加还可以查图或表进行计算。

设两声压级分别为 L_{p1} 和 L_{p2}，并且 $L_{p1}>L_{p2}$，令 $L_{p1}-L_{p2}=\Delta L_p$，则

$$L_{p2} = L_{p1} - \Delta L_p$$

由式 2-29 有：

$$L_{pt} = L_{p1} + 10\lg(1 + 10^{-0.1\Delta L_p}) = L_{p1} + \Delta L_p' \quad (2\text{-}31)$$

式中设

$$\Delta L_p' = 10\lg(1 + 10^{-0.1\Delta L_p}) = 10\lg(1 + 10^{-0.1(L_{p1}-L_{p2})}) \quad (2\text{-}32)$$

从式 2-32 看出，$\Delta L_p'$ 仅是已知量 L_{p1} 和 L_{p2} 的函数，故可用 L_{p1} 与 L_{p2} 之差计算 $\Delta L_p'$，从而求出总声压级。以 $L_{p1}-L_{p2}$ 为横坐标，$\Delta L_p'$ 为纵坐标绘制成图 2-2 的曲线。

用图或表计算分贝和的步骤是：

（1）把要相加的分贝值从大到小排列；

（2）计算 $\Delta L_p = L_{p1} - L_{p2}$；

（3）由 ΔL_p 查图或表得 $\Delta L'_p$，然后计算出第 1 和第 2 个分贝值之和 L_{pt}；

（4）用第 1、第 2 个分贝和的值与第 3 个分贝值相加，依次加下去，直到两分贝之差大于 10dB，可停止相加，此时得到的分贝和即为总分贝和。

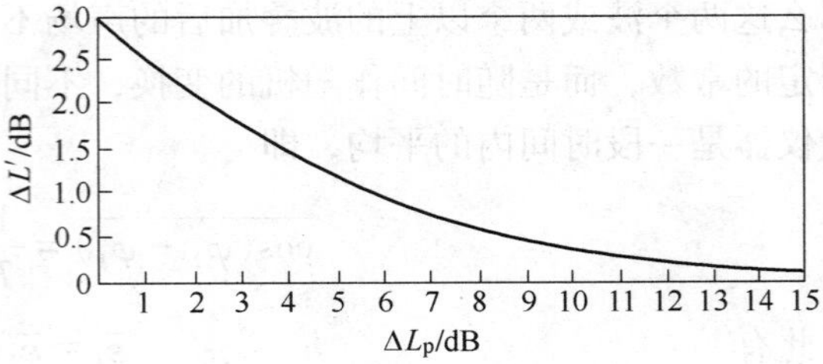

图 2-2 分贝相加曲线

2.4.7.2 级的减法（分贝差）

本底噪声也称背景噪声。在有本底噪声的环境里，被测对象的噪声是无法直接测定的，只能测定到机器运转时的声压级与机器停止时的本底噪声声压级。从测量结果中扣除本底噪声，从而得到机器真实的声压级，这就涉及到级的减法运算。

设环境本底噪声为 L_{PB}，机器的真实噪声级为 L_{PS}，包括本底噪声在内的总声压级为 L_{PT}

$$L_{PT} = 10\lg[10^{0.1L_{PB}} + 10^{0.1L_{PS}}]$$

$$L_{PS} = 10\lg[10^{0.1L_{PT}} - 10^{0.1L_{PB}}] \tag{2-33}$$

令

$$\Delta L_{PB} = L_{PT} - L_{PB}$$

则

$$L_{PB} = L_{PT} - \Delta L_{PB}$$

$$\begin{aligned} L_{PS} &= 10\lg[10^{0.1L_{PT}} - 10^{0.1(L_{PT}-\Delta L_{PB})}] \\ &= L_{PT} + 10\lg[1 - 10^{-0.1(L_{PT}-L_{PB})}] \\ &= L_{PT} - \Delta L_{PS} \end{aligned} \tag{2-34}$$

令

$$\Delta L_{PS} = -10\lg[1 - 10^{-0.1(L_{PT}-L_{PB})}] \tag{2-35}$$

将式 2-35 绘制成图 2-3，由总声压级与本底声压级之差，查图可以得到应从总声压级中减去的修正值 ΔL_{PS}。

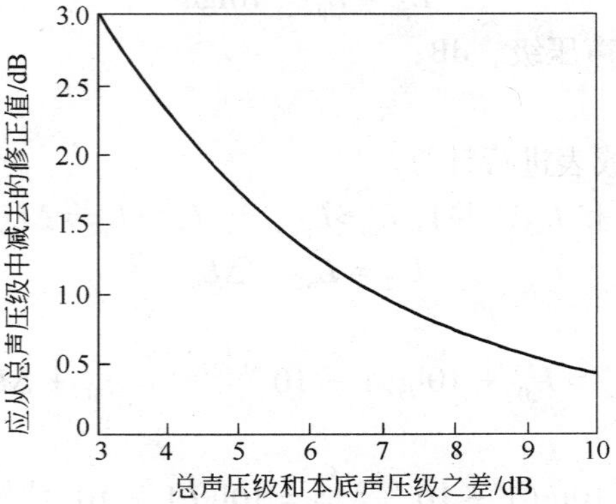

图 2-3 分贝相减曲线

2.4.7.3　分贝的平均

在噪声测量中，经常会遇到在同一位置多次测量声压级取平均的情况，这时就会涉及到分贝平均问题。

设有 n 个声压级，分别为 L_{p1}，L_{p2}，…，L_{pn}，其平均值可由如下公式计算：

$$\overline{L}_{p} = 10\lg\left(\frac{1}{n}\sum_{i=1}^{n}10^{0.1L_{pi}}\right) \tag{2-36}$$

2.5　声波的传播特性

2.5.1　声波的反射、透射和折射

声波在传播途径中，会遇到障碍物，这时一部分声波会在界面发生反射，一部分则透射到第二种媒质去。假设传播到界面上的声波是平面波，如图 2-4 所示。

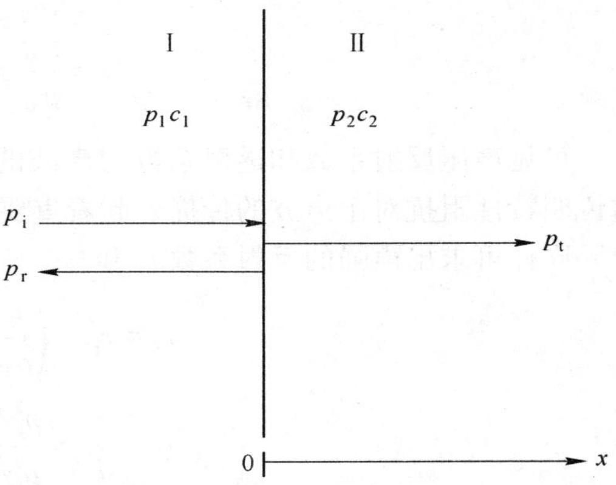

图 2-4　平面声波的反射和透射

平面声波 p_i 垂直入射到媒质Ⅰ和媒质Ⅱ的分界面 $x=0$ 上，由于界面的反射，在媒质Ⅰ中除了入射声波 p_i 外，还有反射声波 p_r，这样媒质Ⅰ中的总声压为两个波的叠加：$p_1=p_i+p_r$，而在第二个媒质中只有透射声波 p_t，所以媒质Ⅱ中总声压 $p_2=p_t$。

两个媒质的界面是很薄的一层，因此在两个媒质中的声压在边界处是连续的，即在 $x=0$ 处有 $p_1=p_2$，又因两种媒质保持恒定接触，在界面上两个媒质中的质点法向振动速度应相等，即在 $x=0$ 处有 $u_1=u_2$。

设入射声波、反射声波和透射声波分别表示为：

$$p_i = p_{Ai}\cos(\omega t - k_1 x)$$

$$p_r = p_{Ar}\cos(\omega t + k_1 x)$$

$$p_t = p_{At}\cos(\omega t - k_2 x)$$

由边界条件有：

$$p_{Ai} + p_{Ar} = p_{At} \tag{2-37}$$

声场中媒质质点振动速度可分别表示为：

$$u_i = u_{Ai}\cos(\omega t - k_1 x) = \frac{p_{Ai}}{\rho_1 c_1}\cos(\omega t - k_1 x)$$

$$u_r = u_{Ar}\cos(\omega t + k_1 x) = -\frac{p_{Ar}}{\rho_1 c_1}\cos(\omega t + k_1 x)$$

$$u_t = u_{At}\cos(\omega t - k_2 x) = \frac{p_{At}}{\rho_2 c_2}\cos(\omega t - k_2 x)$$

式中，u_{Ai}、u_{Ar}、u_{At}分别表示入射、反射、透射声波媒质质点的振动速度幅值。

由边界条件

$$u_{Ai} + u_{Ar} = u_{At} \tag{2-38}$$

得到

$$\frac{p_{Ai} - p_{Ar}}{\rho_1 c_1} = \frac{p_{At}}{\rho_2 c_2} \tag{2-39}$$

定义声压的反射系数 r_p 为反射声压幅值与入射声压幅值之比，声压透射系数 τ_p 为透射声压幅值与入射声压幅值之比，即

$$r_p = \frac{p_{Ar}}{p_{Ai}} = \frac{\rho_2 c_2 - \rho_1 c_1}{\rho_2 c_2 + \rho_1 c_1} \tag{2-40}$$

$$\tau_p = \frac{p_{At}}{p_{Ai}} = \frac{2\rho_2 c_2}{\rho_2 c_2 + \rho_1 c_1} \tag{2-41}$$

可见声压反射系数和透射系数与声波的声压大小无关，仅决定于两媒质的特性阻抗，这说明特性阻抗对于声波的传播，起着重要作用。

同样可求出声强的反射系数 r_I 和τ_I：

$$r_I = r_p^2 = \left(\frac{\rho_2 c_2 - \rho_1 c_1}{\rho_2 c_2 + \rho_1 c_1}\right)^2 \tag{2-42}$$

$$\tau_I = \frac{I_t}{I_i} = \frac{p_t^2/\rho_2 c_2}{p_i^2/\rho_1 c_1}$$

$$= \tau_p^2 \frac{\rho_1 c_1}{\rho_2 c_2} = \frac{4\rho_1 c_1 \rho_2 c_2}{(\rho_1 c_1 + \rho_2 c_2)^2} \tag{2-43}$$

由 $r_I + \tau_I = 1$ 可以看出是符合能量守恒定律的。

若$\rho_2 c_2 > \rho_1 c_1$，媒质Ⅱ比媒质Ⅰ“硬”。若$\rho_2 c_2 \gg \rho_1 c_1$，说明媒质Ⅱ对媒质Ⅰ来说是十分“坚硬”，如空气中的声波传播到空气与水界面上就近似于这种情况，此时 $r_p \approx 1$，$\tau_p \approx 2$和$r_I \approx 1$，$\tau_I \approx 0$。在媒质Ⅰ界面上，声波发生全反射，入射声波与反射声波的声压幅值、频率大小相等，形成驻波。在界面上总声压达到极大值，近似于 $2p_i$。在媒质Ⅱ中只有压强的静态传递，并不产生疏密交替的透射波。例如人在空气中讲话，几乎没有什么声波透射水中，坚实的墙面也和水面一样都是很好的刚性反射面。

在噪声控制工程中，经常利用不同材料具有不同阻抗特性，使声波在材料界面上产生反射，达到控制噪声传播的目的。材料间阻抗差别越大，反射性越强，因此在多层隔声板结构中经常将软硬材料交替设置。

当平面声波不是垂直入射于两媒质的界面时，声波的反射和折射的规律与光学中的反射和折射规律相同，如图 2-5 所示。入射线与法线成 θ_i 角入射到界面上，反射线与法线成 θ_r 角，且 $\theta_i = \theta_r$。在第二媒质中，透射声波 p_t 与入射声波 p_i 不再保持同一传播方向形成声

波折射，折射线 p_t 与法线成 θ_t 角。入射角的正弦与折射角正弦之比等于在第一媒质中的声速与第二媒质中的声速之比，即

$$\frac{\sin\theta_i}{\sin\theta_t}=\frac{c_1}{c_2} \tag{2-44}$$

在同一种媒质中，由于媒质本身特性的变化会引起各处的声速不同，同样会产生折射现象。例如，在晚上靠近地面的气温较低，声速较小，因而声速随高度增加，声线向下折射；反之，在白天地面温度上升，靠近地面的大气温度较高，因此声速随高度降低，声线向上折射，如图 2-6 所示。这可以解释为什么声音在晚上比白天传得远的原因。

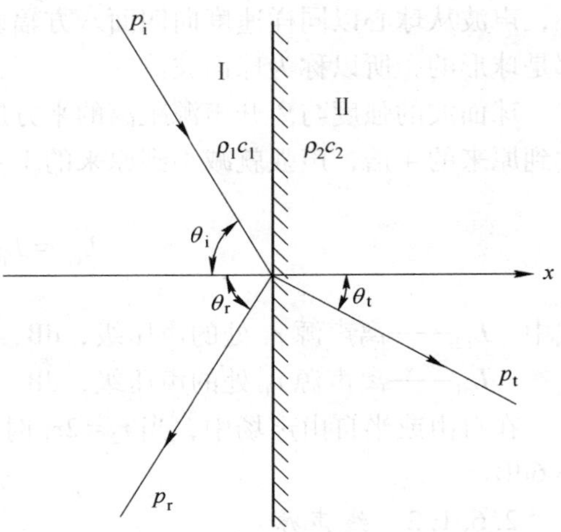

图 2-5 声波的反射和折射

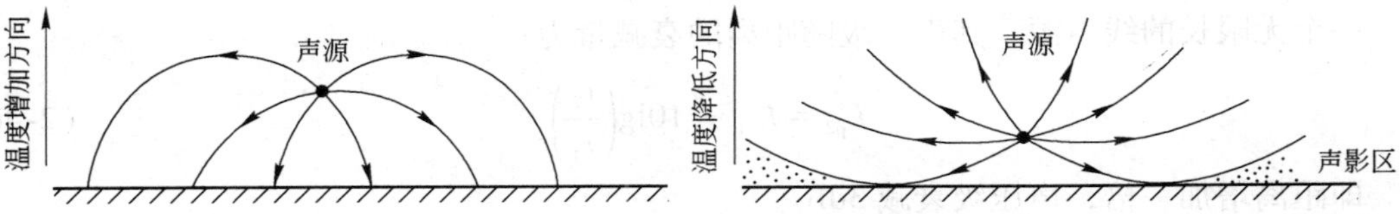

图 2-6 气温变化引起声线折射
(a) 夜间声线的弯曲；(b) 白天声线的弯曲

2.5.2 声波的绕射

声波在传播过程中，遇到障碍物或孔洞时，如果波长 λ 比障碍物或孔洞大得多时，声波能够绕过孔洞或障碍物的边缘前进，这种现象称为声波的绕射。声波频率不同，绕射能力也不同，低频声波比高频声波易发生绕射。因声波的绕射，会使隔声屏等隔声构件的隔声能力变差。

2.6 声波在传播中的衰减

声波在媒质里传播时，其声压或声强将随离开声源距离的增加而逐渐衰减，这种衰减称为发散性衰减，是声波传播过程中的主要衰减。此外，还存在空气吸收、地面吸收、屏障以及气象条件等对声波传播能量的附加衰减。

2.6.1 声发散衰减

按声源类型可分为点声源、线声源及面声源三类。声源类型不同，所发出声波的波阵面形状也不一样，随距离增加而衰减的规律也不相同。下面按声源类型分别进行研究。

2.6.1.1 *点声源*

如果声源尺寸不大，比波长小得多，这样可以把声源看作为点声源。点声源像一个球

心，声波从球心以同样速度向四面八方辐射出去。对于点声源来说，在任何时候，波阵面都是球形的，所以称为球面波。

球面波的强度与离开声源距离的平方成反比。距离增加到原来的 2 倍，球面面积就增大到原来的 4 倍，声强就减小到原来的 1/4。对于点声源，声压级随距离的衰减量为：

$$L_{p2} = L_{p1} - 20\lg\left(\frac{r_2}{r_1}\right) \tag{2-45}$$

式中 L_{p2}——离声源 r_2 处的声压级，dB；

L_{p1}——离声源 r_1 处的声压级，dB。

在自由或半自由声场中，当 $r_2=2r_1$ 时，声压级降低 6dB。即距离增加一倍，声压级减小 6dB。

2.6.1.2 线声源

线声源可以认为是由大量的分布在同一条直线上且十分靠近的点声源所组成。如马路上接连不断地行驶的汽车噪声，一长串火车噪声等。线声源所发出的声波是一个柱面波。

一个无限长的线声源，其声压级随距离的衰减量为：

$$L_{p2} = L_{p1} - 10\lg\left(\frac{r_2}{r_1}\right) \tag{2-46}$$

即距离增加一倍，声压级衰减 3dB。

若是有限长的线声源（图 2-7），长度为 l(m)，则声压级随距离的衰减分两种情况：

（1）$r_0 \leqslant \dfrac{l}{\pi}$时，声压级的距离衰减量近似于无限长线声源的距离衰减，按式 2-46 计算。

（2）$r_0 \geqslant \dfrac{l}{\pi}$时，声压级的距离衰减量近似于点声源的衰减量，按式 2-45 计算。

2.6.1.3 面声源

若一矩形面声源（图 2-8），其边长分别为 a、b，且 $a<b$。设测点 A 距离声源中心的垂直距离为 r_0，分以下三种情况讨论声压级衰减：

（1）若 $r_0<a/\pi$，声源辐射平面声波，声压级衰减值为零。即在面声源附近，声源发射的是平面波，声压级不变化。

（2）若 $a/\pi \leqslant r_0 \leqslant b/\pi$，声压级衰减近似于无限长线声源，按式 2-46 计算，距离增加一倍，声压级衰减 3dB。

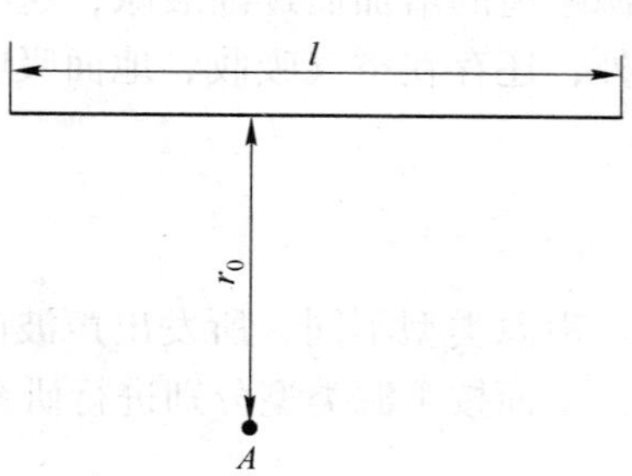

图 2-7 有限长声源的距离衰减

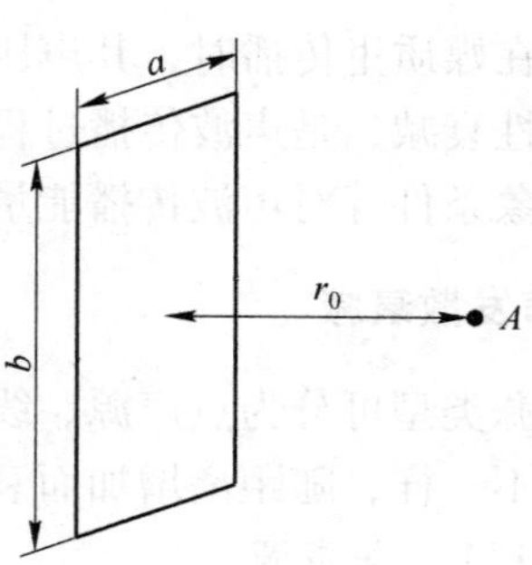

图 2-8 面声源的距离衰减

（3）若 $r_0 \geqslant b/\pi$ 时，声压级衰减近似于点声源，按式 2-45 计算，即距离增加一倍，声压级衰减 6dB。

2.6.2　空气吸收的附加衰减

声波在传播时，因空气的黏滞性和热传导，在压缩和膨胀过程中，使一部分声能转化为热能而损耗。因空气吸收造成的噪声衰减量，与气压、温度、湿度有关。尤其是频率的影响最为显著。表 2-2 列出了常温下，声波传播 1000m 后，不同频率的声压衰减值 ΔL。由表可看出，高频声波比低频声波衰减快，所以高频声波是传不远的。从远处传来的强噪声，例如飞机声、炮声等都比较低沉，这就是在长距离的传播过程中，高频成分衰减得较快的缘故。

表 2-2　频率与衰减值的关系　（dB/km）

频率/Hz	125	500	4000	8000
ΔL/dB	0.3	1.6	25	78

在噪声控制工程中，当温度为 20℃，因空气吸收造成的衰减量常用下式表示：

$$A_a = 7.4\frac{f^2 r}{\phi} \times 10^{-8} \tag{2-47}$$

式中　A_a——衰减量，dB；

f——频率，Hz；

r——传播距离，m；

ϕ——相对湿度，取值范围 0~100。

2.6.3　地面吸收的附加衰减

当声波沿地面传播较长距离时，地面的声阻抗对传播将有较大影响。不同的地面条件，衰减量有较大差异。声波在厚的草原上或穿过灌木丛的传播，在 1000Hz 衰减较大，可高达 25dB/100m，其衰减量可由下式近似计算：

$$A_{g1} = (0.18\lg f - 0.31)r \tag{2-48}$$

式中　A_{g1}——声波表试量；

f——声波频率，Hz；

r——距离，m。

声波穿过树林或森林的传播实验表明，不同树林的衰减相差很大。从浓密的常绿树 100Hz 时有 23dB/100m 的衰减，到地面稀疏树干只有 3dB/100m 甚至还小的衰减。各种树木的平均附加衰减可用下式近似表示：

$$A_{g2} = 0.01 f^{\frac{1}{3}} r \tag{2-49}$$

2.6.4　气象条件对声传播影响

雨、雪、雾等对声波的散射均会引起声波能量的衰减，但这些因素引起的衰减量很小，大约每 1000m 衰减不到 0.5dB，因此可以忽略不计。

2.7 噪声频谱

2.7.1 倍频程

可听声的频率从 20Hz 到 20000Hz，变化范围高达 1000 倍。为了方便和实用的需要，通常把宽广的频率变化范围划分为若干个较小的频段，称为频带或频程。

在噪声测量中，最常用的是倍频程和 1/3 倍频程。在倍频程中，上限频率 f_2 与下限频率 f_1 的比值为 2。在 1/3 倍频程中，上限频率与下限频率的比值 $\sqrt[3]{2}$。

通常用中心频率 f_0 来表征一个频程，中心频率与上、下限频率的关系可表示为：

$$f_0 = \sqrt{f_1 f_2} \tag{2-50}$$

式中 f_1——下限频率；

f_2——上限频率。

倍频程和 1/3 倍频程中心频率及频率范围如表 2-3 所示。

表 2-3 倍频程和 1/3 倍频程中心频率及上、下限截止频率

倍频程/Hz			1/3 倍频程/Hz		
f_1	f_0	f_2	f_1	f_0	f_2
			22.4	25	28.2
22	31.5	45	28.2	31.5	35.5
			35.5	40	44.7
			44.7	50	56.2
45	63	90	56.2	63	70.8
			70.8	80	89.1
			89.1	100	112
90	125	180	112	125	141
			141	160	178
			178	200	224
180	250	355	224	250	282
			282	315	355
			355	400	447
355	500	710	447	500	562
			562	630	708
			708	800	891
710	1000	1400	891	1000	1122
			1122	1250	143
			1413	1600	1778
1400	2000	2800	1778	2000	2239
			2239	2500	2818

续表 2-3

倍频程/Hz			1/3 倍频程/Hz		
f_1	f_0	f_2	f_1	f_0	f_2
2800	4000	5600	2818 3548 4467	3150 4000 5000	3548 4467 5623
5600	8000	11200	5623 7079 8913	6300 8000 10000	7079 8913 11220
11200	16000	22400	11220 14130 17780	12500 16000 20000	14130 17780 22390

由表 2-3 可以看出，人耳可听声范围包含 10 个频程。但由于 31.5Hz 接近次声和 16kHz 接近超声，人耳对这两个频程声音敏感程度低，因此在实际噪声控制中，主要关注对 63Hz~8kHz 这 8 个频程噪声的控制效果。

2.7.2 频谱分析

在工程实际中很少遇到单一频率的声音，绝大多数声音是由多个频率组合而成的复合声。若以频率为横坐标，以反映相应频率处声信号强弱的量（例如声压、声强、声压级等）为纵坐标，即可绘出声音的频谱图。图 2-9 为几种典型的噪声频谱。这些频谱反映了声能量在各个频率处的分布特性。

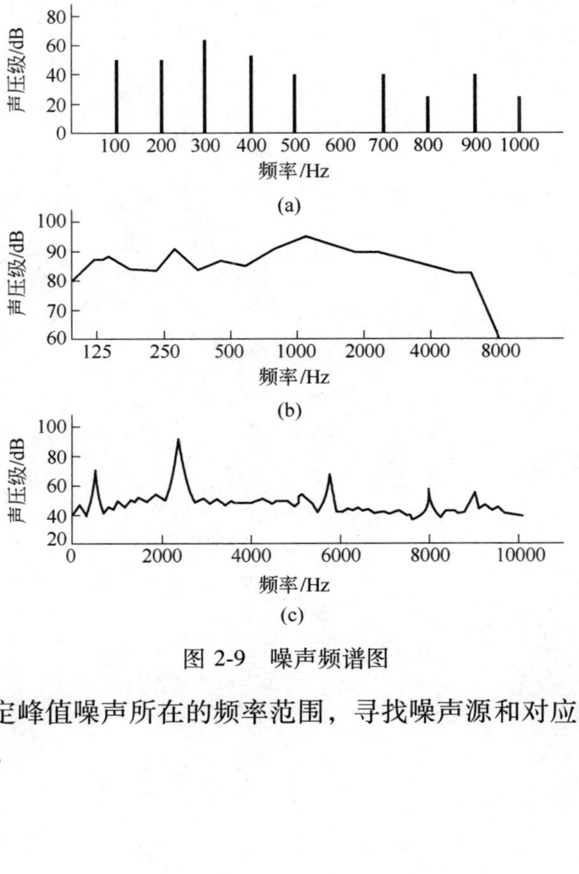

图 2-9 噪声频谱图

根据频谱图，确定峰值噪声所在的频率范围，寻找噪声源和对应的噪声控制措施是噪声控制中的关键问题。

习 题

2-1 已知空气中声速为340m/s，空气密度ρ= 1.2kg/m^3，平面波的声压级为100dB，求该声波的平均声能密度和声强。

2-2 在半自由声场中，一点声源辐射半球面波，在距声源1m处，测得声压级为90dB，若空气吸收可忽略不计，问10m处、20m处声压级各是多少？

2-3 一工人操作4台机器，在他的操作位置，机器的声压级分别为85dB、84dB、88dB和82dB，问在操作岗位上，机器产生的声压级有多少dB？

2-4 若在某点测得机器1、机器2、机器3分别运转时声压级为85dB、87dB和91dB，三台机器都停止时测得声压级为82dB，试求仅由三台机器在该点产生的总声压级。

3 噪声评价和标准

3.1 噪声的评价量

3.1.1 等响度曲线、响度及响度级

声音给人耳的感觉，主要是响的感觉。对某两种声音来说，如果它们的频率和声压级不同，人们就感到它们不一样响；如果它们的频率不同，即使声压级相同，人耳感觉的响亮程度也不同。例如空压机和电锯产生的声压级都是 100dB，可是听起来电锯声要比空压机声响得多，究其原因就是空压机辐射的是低频噪声，而电锯声属于高频。

那么人耳对于某一声音响亮程度的感觉，究竟与其声压级和频率有什么关系呢？为了定量地确定这种关系，人们首先把某频率的声音引起人耳的感觉相当于 1000Hz 纯音多少分贝，定义为该频率纯音的响度级，其单位为方（phon）。这就是说，假如 1000Hz 纯音的声压级为 80dB 时与某一机器发出的声音听起来同样地响，那么不管这台机器噪声的声压级是多少分贝，它的响度级都被认为是 80phon。由响度级的定义，我们不难看出，对 1000Hz 的纯音，其以 dB 为单位的声压级和以方为单位的响度级在数值上是相等的。在此基础上，人们对 18~25 岁听力正常的人做了大量试听实验，以测定响度级与频率及声压级的关系，从大量测量的统计结果中，得到一般人对不同频率的纯音感觉为同样响的响度级与频率的关系曲线，这就是等响曲线，如图 3-1 所示。

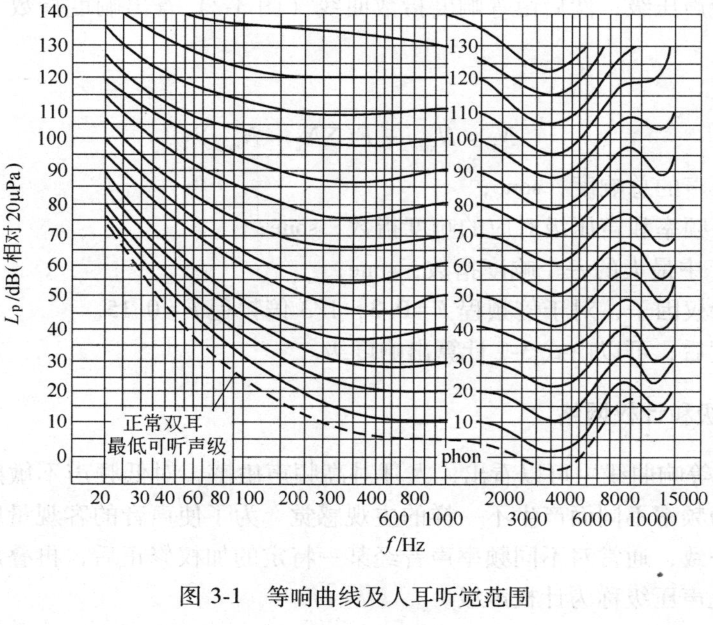

图 3-1 等响曲线及人耳听觉范围

图 3-1 中每一条曲线是用频率为 1000Hz 的纯音对应的声压级数值作为该曲线的响度级。每条曲线表示不同频率、不同声压级的纯音具有相同的响度级。最下面的曲线为听阈曲线，即 0 方响度级曲线。这条曲线上的点表明人耳刚能听到声音的频率和声压级，低于这条曲线的点所表示的声音，人耳都听不到。120 方曲线是痛阈曲线，在这条曲线上方的声音，给耳朵的感觉主要是疼痛。

观察等响度曲线可知，在同一条曲线上，低频对应的声压级高，高频对应的声压级低，说明人耳对高频声敏感。例如在 60phon 曲线上，要使 100Hz 声音与 1000Hz 的声音同样响，声压级必须提高到 67dB。根据这个道理，汽车喇叭声和救护车笛声的频率一般都设计在 1000~5000Hz 范围内。

当声压级高于 100dB，等响度曲线逐渐拉平，说明当声压级高于 100dB 时，人耳分辨高、低频声音的能力变差，此时声音的响度级与频率关系不大，而主要取决于声压级。

声音响亮的程度叫响度，响度的单位是宋。频率为 1000Hz、声压级为 40dB 的纯音所产生的响度定义为 1 宋（sone），即响度级为 40phon 的纯音为 1 宋（sone）。响度级增加 10phon，响度加倍。若用 N 表示响度，L_N 表示响度级，它们之间有如下关系：

$$L_N = 40 + 33.3\lg N \tag{3-1}$$

响度是表示声音强弱的绝对量，响度加倍，会使声音听起来也加倍响，两个不同响度的声音可以加减，这在声学计算上很方便。同时用响度表示声音大小也比较直观，可直接算出某种噪声控制措施实施前后声音减小的百分比。

3.1.2 斯蒂文斯响度

响度和响度级均不能直接测量，需通过计算得到。Stevens 计算响度的方法是：首先测出噪声的倍频带声压级，然后由等响度指数曲线（图 3-2）查出响度指数，再根据下式计算总响度。

$$N_t = N_{max} + F(\Sigma N_i - N_{max}) \tag{3-2}$$

式中 N_t——噪声的总响度，sone；

N_i——某频率和声压级对应的响度指数，sone；

N_{max}——N_i 中最大的一个响度指数，sone；

F——计权因子，对于倍频程 $F=0.3$，1/3 倍频程 $F=0.15$。

求出总响度后，可以由式 3-1 计算出响度级。

3.1.3 计权声级和计权网络

从图 3-1 的等响曲线中可以看出，人耳对高频声敏感，对低频声不敏感，即声压级相同的声音会因为频率不同而产生不一样的主观感觉。为了使声音的客观量度和人耳的主观感受近似取得一致，通常对不同频率声音经某一特定的加权修正后，再叠加计算得到噪声的总声压级，此声压级称为计权声级。

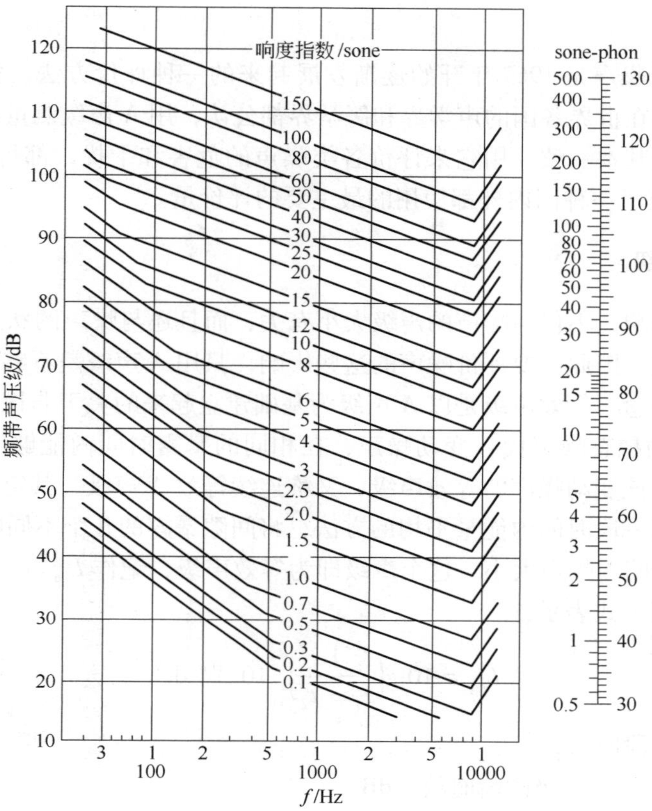

图 3-2　Stevens 等响度指数曲线

计权网络是近似以人耳对纯音的响度级频率特性，通常采用的有 A、B、C、D 四套计权网络，如图 3-3 所示。A 计权网络相当于 40phon 等响度曲线的倒置；B 计权网络相当于 70phon 等响度曲线的倒置；C 计权网络相当于 100phon 等响度曲线的倒置；B、C 计权已经较少被采用。D 计权网络常用于航空噪声的测量。从图中可以看出，当声音信号进入 A 计权网络时，中、低频的声音就按比例衰减通过，而 1000Hz 以上的声音无衰减地通过，这与人耳对宽频带声音的灵敏度相当。

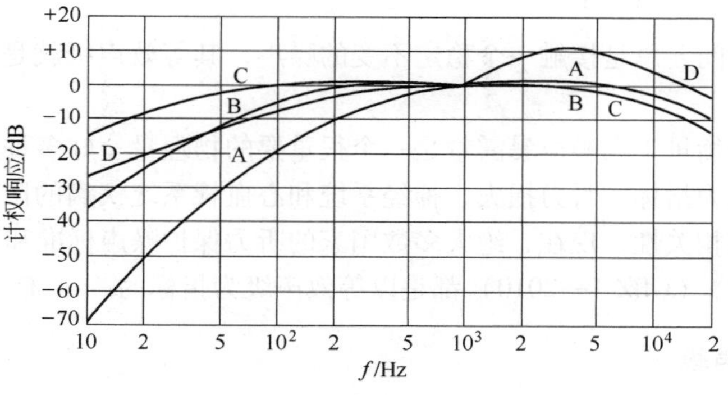

图 3-3　计权网络的频率特性

3.1.4 A 声级

用 A 声级评价噪声是 1967 年开始逐渐发展起来的一种评价方法。多年来，经过大量的实验和测量，现在世界各国的声学界和医学界都公认，用 A 声级测量得到的结果与人耳对声音的响度感觉基本一致，用它来评价各类噪声的危害和干扰，都得到了良好的结果。因此 A 声级已经成了一种国内外都使用的最主要的评价量。

3.1.5 等效 A 声级

既然噪声的影响，不仅与噪声的声级大小有关，而且还与噪声的状态性质以及噪声作用的时间长短有关，因此，要评价噪声的这些影响，只用 A 声级是不够的。于是，人们又引入等效声级的概念。等效声级是以 A 声级为基础建立起来的关于非稳态噪声的噪声评价量，它以 A 声级的稳态噪声代替变动噪声，在相同的暴露时间内能够给人以等数量的声能，这个声级就是该变动噪声的等效声级，又称连续等效 A 声级，其定义为，在声场中一定点位置上，用某一段时间内能量平均的方法，将间隙暴露的几个不同的 A 声级，以一个 A 声级表示该段时间内噪声大小，这个声级即为等效声级，记作 L_{eq}。

等效声级可用下式表示：

$$L_{eq} = 10\lg\left(\frac{1}{t_1 - t_2}\int_{t_1}^{t_2} 10^{0.1L_{PA}} dt\right) \tag{3-3}$$

式中 t_1-t_2——某段时间；

L_{PA}——变化 A 声级的瞬时值，dB。

对于有限个声级测定值，上式可简化为：

$$L_{eq} = 10\lg\left(\frac{1}{\sum_i t_i}\sum_i 10^{0.1L_{PAi}} t_i\right) \tag{3-4}$$

式中 L_{PAi}——第 i 个 A 声级的测定值，dB。

例题 某人一天工作 8h，其中 4h 在 A 声级为 90dB 的噪声下工作，3h 在 A 声级为 85dB 的噪声下工作，1h 在 A 声级为 80dB 的噪声下工作，计算等效 A 声级。

$$L_{eq} = 10\lg\frac{1}{4+3+1}(10^{0.1\times90} \times 4 + 10^{0.1\times85} \times 3 + 10^{0.1\times80} \times 1) = 82.4\text{dB}$$

如果在一段时间，总是接触一个稳定不变的噪声，其等效声级就是这个稳态噪声的 A 声级。

等效声级对于衡量工人噪声暴露量是一个很重要的物理量。好多种噪声生理效应的评价都可以等效声级为指标。听力损失、神经系统和心血管系统疾病的阳性率，也都发现与等效声级有较好的相关性。现在，绝大多数国家的听力保护噪声标准和我国颁布的《工业企业设计卫生标准》（GBZ 1—2010）都是以等效声级为指标的。

3.1.6 昼夜等效声级

昼夜等效声级 L_{dn}，是用来评价环境噪声的一个量，它考虑了夜间噪声对人的影响特别严重的因素，对夜间噪声作了增加 10dB 的加权处理，其计算公式为：

$$L_{dn} = 10\lg\left[\frac{1}{24}\left(16 \times 10^{0.1L_d} + 8 \times 10^{0.1(L_n+10)}\right)\right] \tag{3-5}$$

式中　L_d——白天(6:00~22:00)的等效声级，dB；

L_n——夜间(22:00~6:00)的等效声级，dB。

3.1.7　累计百分数声级

对于随机起伏的非稳态噪声，例如道路交通噪声可用累计百分数声级，表示噪声级出现的时间概率或者累积概率。

在非稳态噪声的测量中，可将测量的数据从大到小排列。L_x 表示 $x\%$ 的测量时间所超过的噪声级，例如 L_{10} = 80dB，表示测量期间内有 10%的时间噪声级超过 80dB，其他 90%的时间噪声级低于 80dB。通常认为 L_{10}、L_{50} 和 L_{90}，分别相当于交通噪声的峰值、平均值和本底值。

美国联邦公路局以 L_{10} 作为公路设计噪声的限值。车流量较大情况下的道路交通噪声，其统计特性基本符合正态分布的噪声，此时累计百分数声级与等效连续 A 声级之间有如下关系存在：

$$L_{eq} \approx L_{50} + \frac{(L_{10} - L_{90})^2}{60} \tag{3-6}$$

3.1.8　交通噪声指数 *TNI*

交通噪声指数是城市道路交通噪声评价的一个重要参量，其定义为：

$$TNI = 4(L_{10} - L_{90}) + L_{90} - 30 \tag{3-7}$$

式中第一项表示“噪声气候”的范围，说明噪声的起伏变化程度；第二项表示本底噪声状况；第三项是为获得比较习惯的数值而引入的调节量。

基本测量方法为：在 24h 内进行大量的室外 A 计权声压级取样，取样时间不连续，将这些取样进行统计，求得统计声级 L_{10} 和 L_{90}，然后计算 *TNI* 值。

TNI 是根据交通噪声特性，经大量测量和调查而得出的，它只适用于机动车辆噪声对周围环境干扰的评价，而且只限于车辆比较多的地段和时间内。

3.1.9　噪声污染级

噪声污染级是用来评价噪声对人的烦恼程度的一个评价量，它既包括了对噪声能量的评价，同时也包括了噪声涨落的影响。噪声能量用等效 A 声级来表示；而噪声的涨落用标准偏差来反映，标准偏差越大，表示噪声的离散程度越大，即噪声的起伏越大。噪声污染级可表示为：

$$L_{NP} = L_{eq} + K\sigma \tag{3-8}$$

$$\sigma = \sqrt{\frac{1}{n-1} \times \sum_{i=1}^{n} (L_i - \bar{L})^2} \tag{3-9}$$

式中 σ——规定时间内噪声瞬时声压级的标准偏差，dB；

$\overline{L}$——声压级的算术平均值，dB；

L_i——第 i 次声压级，dB；

n——取样总数；

K——常量，一般取 2.56。

对于随机分布的噪声，噪声污染级和等效声级或累计百分声级之间存在如下关系：

$$L_{NP} = L_{eq} + (L_{10} - L_{90}) \tag{3-10}$$

或

$$L_{NP} = L_{50} + (L_{10} - L_{90}) + \frac{1}{60}(L_{10} - L_{90})^2 \tag{3-11}$$

从以上关系式可以看出，L_{NP}不但和L_{eq}有关而且和噪声的起伏值（$L_{10}-L_{90}$）有关，当（$L_{10}-L_{90}$）增大时，L_{NP}比L_{eq}能更显著地反映出噪声的起伏。

3.1.10 噪声评价数（*NR*）曲线

1962 年，C. W. Kosten 和 Vanos 基于等响度曲线，提出一组评价曲线（即 *NR* 曲线），如图 3-4 所示。曲线号数与该曲线在 1000Hz 的声压级值相同。1971 年 *NR* 曲线被国际标准化组织采纳，建议用来评价公众对户外噪声的反应，简单表示为 *NR*。

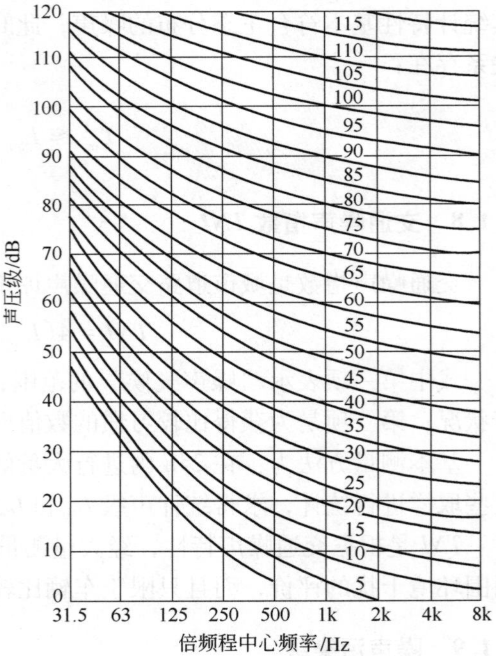

图 3-4 噪声评价曲线

噪声评价曲线的声压级范围是 0~120dB，频率范围是 31.5~8000Hz 9 个倍频程。在 *NR* 曲线簇上，1000Hz 声音的声压级等于噪声评价数 *NR*。实测得到的各个倍频程声压级 L_p 与 *NR* 的关系为：

$$L_{pi} = a + bNR_i \tag{3-12}$$

式中 L_{pi}——第 i 个频程声压级，dB；

a，b——与各倍频程声压级有关的常数，见表 3-1。

噪声评价数 *NR* 与 A 声级有较好的相关性，它们之间的关系可近似表示为

$$L_{PA} = NR + 5 \tag{3-13}$$

表 3-1 *a*、*b* 常数表

频率/Hz	31.5	63	125	250	500	1k	2k	4k	8k
a	55.4	35.5	22	12	4.8	0	-3.5	-6.1	-8.0
b	0.681	0.79	0.87	0.93	0.974	1.00	1.015	1.025	1.03

近年来，各国规定的噪声标准都以 A 声级或等效 A 声级作为评价标准，如生产车间

噪声标准规定为 90dB，则根据上式可知，90dB 相当于 NR-85。由此可知，NR-85 曲线上各倍频程声压级的值即为允许标准。

3.1.11 噪度和感觉噪声级

噪声对人的干扰程度的评价涉及到心理因素。一般认为，高频噪声比同样响的低频噪声更“吵闹”；噪声涨落程度大的噪声比涨落程度小的噪声更“吵闹”；夜间出现的噪声比白天出现的噪声更“吵闹”。与人们主观判断噪声的“吵闹”成比例的数量称为噪度，用 N_a 表示，单位为呐（noy）。定义为在中心频率为 1kHz 的倍频带上，声压级为 40dB 的噪度为 1noy。噪度为 3noy 的噪声听起来是噪度 1noy 的噪声 3 倍“吵闹”。

克雷特（Kryter）根据反复的调查得出了类似于等响度曲线的等感觉噪度曲线，如图 3-5 所示。

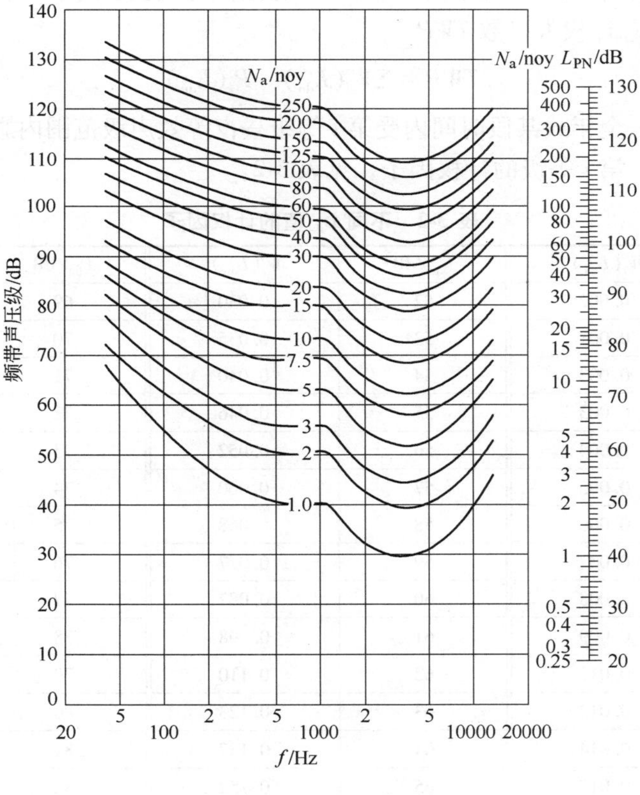

图 3-5 等感觉噪度曲线

图 3-5 中同一呐值曲线感觉噪度相同。计算复合噪声总的感觉噪度时，先根据各频带声压级，从图 3-5 中查出各频带对应的感觉噪度值，找出感觉噪度值中的最大值 N_m，用下式计算符合噪声的总噪度。

$$N_a = N_m + F\left(\sum_{i=1}^{n} N_i - N_m\right) \tag{3-14}$$

式中 N_m——最大感觉噪度，noy；

F——频带计权因子，倍频程时为 1，1/3 倍频程时为 1/2；

N_i——第 i 个频带的噪度。

将噪度转化成分贝指标，称为感觉噪声级，用 L_{PN} 来表示，单位为 dB。感觉噪度每增加 1 倍，感觉噪声级增加 10dB，它们之间的关系可用下式表示：

$$L_{PN} = 40 + 10\log_2 N_a \tag{3-15}$$

实际测量中常近似将 A 计权声级加 13dB 处理，用公式表示为：

$$L_{PN} = L_A + 13 \tag{3-16}$$

3.1.12 噪声冲击指数

评价噪声对环境的影响，除要考虑噪声级的分布外，还应考虑噪声影响的人数。声压级相同的条件下，如果人口密度不同，噪声对人群的干扰程度不同。为此，引入噪声对人群影响的噪声冲击总计权人口数 TWP

$$TWP = \Sigma W_i(L_{dn}) \cdot P_i(L_{dn}) \tag{3-17}$$

式中 $P_i(L_{dn})$——全年或某段时间内受第 i 等级昼夜等效声级范围内影响的人口数；

$W_i(L_{dn})$——第 i 等级的计权因子，见表 3-2。

表 3-2 不同 L_{dn} 值的计权因子

L_{dn}/dB	$W_i(L_{dn})$	L_{dn}/dB	$W_i(L_{dn})$	L_{dn}/dB	$W_i(L_{dn})$
35	0.002	52	0.030	69	0.224
36	0.003	53	0.035	70	0.245
37	0.003	54	0.040	71	0267
38	0.003	55	0.046	72	0.291
39	0.004	56	0.052	73	0.315
40	0.005	57	0.060	74	0.341
41	0.006	58	0.068	75	0.369
42	0.007	59	0.077	76	0.397
43	0.008	60	0.087	77	0.427
44	0.009	61	0.098	78	0.459
45	0.011	62	0.110	79	0.492
46	0.012	63	0.123	80	0.526
47	0.014	64	0.137	81	0.562
48	0.017	65	0.152	82	0.600
49	0.020	66	0.168	83	0.640
50	0.023	67	0.185	84	0.681
51	0.026	68	0.204	85	0.725

根据上式计算出每个人受到的冲击强度，称为噪声冲击指数，用 NNI 来表示，其计算式为：

$$NNI = \frac{TWT}{\Sigma P_i(L_{dn})} \tag{3-18}$$

NNI 可作为对环境质量的评价及不同环境受噪声影响程度的比较。

3.1.13　噪声掩蔽

由于噪声的存在，降低了人耳对另外一种声音听觉的灵敏度，使听阈发生迁移，这种现象叫做噪声隐蔽。听阈提高的分贝数称为掩蔽值。

在噪声掩蔽中，被掩蔽纯音的频率接近掩蔽音时，掩蔽值大，即频率相近的纯音掩蔽效果显著；掩蔽音的声压级越高，掩蔽量越大，掩蔽的频率范围越宽。掩蔽音对比其频率低的纯音掩蔽作用小，而对比其频率高的纯音掩蔽作用强。

由于噪声的隐蔽效应，在高噪声环境中人们之间的交谈会感觉困难，此时为克服噪声的隐蔽作用，人们只能提高讲话声音的声压级。

3.1.14　语言清晰度指数和语言干扰级

语言清晰度指数是一个正常语言信号能被听者听懂的百分数。在语言清晰度评价实验中，选择具有正常听力的男性和女性组成试听小组，而试听材料则是由意义不连贯的音节和单句来组成，通过试听来得到被测试者对音节所作出的正确响应与发送的音节总数的百分比，称为音节清晰度；如果测试得到的是单句正确响应的百分比，则称为语言清晰度指数 *AI*。语言清晰度指数与声音的频率有关，高频声比低频声的语言清晰度指数高。其次，语言清晰度指数与背景噪声以及谈话者之间的距离有关，见图 3-6。

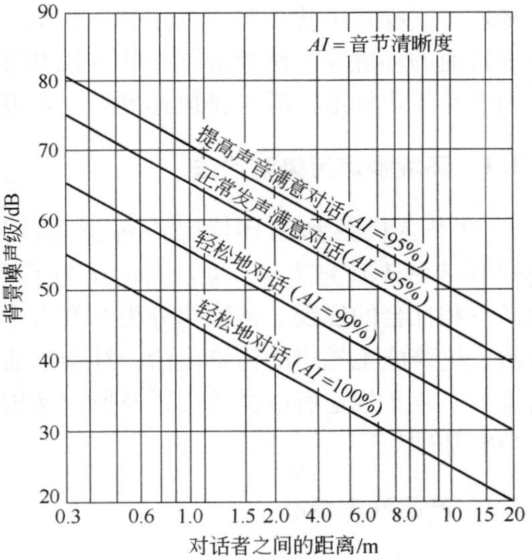

图 3-6　清晰度受干扰程度

从图 3-6 可以看出，在对话者之间距离一定的条件下，背景噪声值增大时，语言清晰度降低，一般保证 95%的清晰度就可以进行语言对话。

Beranek 提出语言干扰级 *SIL* 作为语言清晰度指数的简化代用量，它是中心频率 600~4800Hz的 6 个倍频带声压级的算术平均值。后来研究发现低于 600Hz 的低频噪声的影响不能忽略，于是对原有的语言干扰级 *SIL* 作了修改，提出以 500Hz、1000Hz、2000Hz 为中心频率的三个倍频带的平均声压级来表示，称为更佳语言干扰级 *PSIL*。更佳语言干扰级 *PSIL* 与语言干扰级 *SIL* 之间的关系为；

$$PSIL = SIL + 3 \tag{3-19}$$

更佳语言干扰级 *PSIL* 与讲话声音的大小、背景声压级之间的关系如表 3-3 所示。

表 3-3 中的分贝值表示以稳态噪声作为背景噪声的 *PSIL* 值，列出的数据只是勉强保持有效的语言通信，干扰级是男性声音的平均值，女性减 5dB。测试条件是讲话者与听者面对面，用意想不到的字，并假定附近没有反射面加强语言声级。

表 3-3 更佳语言干扰级

讲话者与听者之间的距离/m	*PSIL*/dB			
	声音正常	声音提高	声音很响	非常响
0.15	74	80	86	92
0.30	68	74	80	86
0.60	62	68	74	80
1.20	56	62	68	74
1.80	52	58	64	70
3.70	46	52	58	64

3.2 环境噪声法规和标准

噪声的危害很大，必须对它予以严格的控制。但是，如果要把世界上的噪声完全消除或隔绝，既没有必要，也不可能实现，并且人在没有一点声音的环境里生活也是很不舒服的。那么，究竟应该把噪声控制到什么程度呢？为了保护人的听力和健康，保证生活和工作环境不受噪声干扰，需要采用调查研究和科学分析的方法，制定环境噪声法规和标准。我国目前的环境噪声法律有《中华人民共和国环境噪声污染防治法》，环境噪声标准可以分为产品噪声标准、噪声排放标准、企业卫生标准、环境质量标准几大类。

3.2.1 环境噪声污染防治法

《中华人民共和国环境噪声污染防治法》1996 年 10 月经全国人民代表大会通过，1997 年 3 月 1 日起施行。立法目的是为了保护和改善人们的生活环境，保障人体健康，促进经济和社会的发展。该法律分为八章六十四条，从污染防治的监督管理、工业噪声污染防治、建筑施工噪声的污染防治、社会生活噪声的污染防治这几方面做出明确规定，并对违反其中各条规定所应受的惩罚及所应承担的法律责任做出明确规定，它是制定各种噪声标准的基础。

3.2.2 产品噪声标准

对所有机电产品制定噪声允许标准，超标产品不准进入市场，这样就能保证在声源处将噪声控制在一定范围内。我国对产品的噪声标准还在不断完善中，这些产品噪声标准包括各类家用电器、办公类用品及其他机电产品。由于产品种类繁多，因而产品噪声标准也很多，在此主要介绍汽车和家电产品的噪声标准。

3.2.2.1 机动车辆噪声标准

交通噪声是现代化大城市一个主要的噪声源。因此制定机动车辆噪声标准，用来限制和降低交通噪声，是保护城市区域环境的重要措施。

《汽车定置噪声限值》（GB 16170—1996）对城市道路允许行驶的在用汽车规定了定置噪声的限值。汽车定置是指车辆不行驶，发动机处于空载运转的状态，定置噪声反映了车辆主要噪声源——排气噪声和发动机噪声的状况。各类汽车的定置噪声限值参见表 3-4。

表 3-4 各类车辆定置噪声（A 声级）限值

车辆类型	燃料种类	车辆出厂日期	
		1998 年 1 月 1 日前	1998 年 1 月 1 日后
轿 车	汽 油	87	85
微型客车、货车	汽 油	90	88
轻型客车、货车、越野车	汽油 $n \leqslant 4300$r/min	94	92
	汽油 $n > 4300$r/min	97	95
	柴 油	100	98
中型客车、货车、大型客车	汽 油	97	95
	柴 油	103	101
重型货车	额定功率 $N \leqslant 147$kW	101	99
	额定功率 $N > 147$kW	105	103

3.2.2.2 家用制冷器具、冷藏冷冻箱噪声声功率级限值

家用制冷器具、冷藏冷冻箱噪声声功率级限值参见表 3-5。

表 3-5 家用制冷器具、冷藏冷冻箱噪声声功率级（A 声级）限值

制冷器容积/L	声功率级 /dB
<250	52
>250	55

3.2.3 职业卫生标准

职业卫生标准是以保护劳动者健康为目的，对劳动条件（工作场所）的卫生要求做出的技术规定，是实施职业卫生法律、法规的技术规范，是卫生监督和管理的法定依据。

3.2.3.1 工作场所有害因素职业接触限值

《工作场所有害因素职业接触限值》（GBZ 2.2—2007）适用于存在或产生物理因素的各类工作场所。适用于工作场所卫生状况、劳动条件、劳动者接触物理因素的程度、生产装置泄露、防护措施效果的监测、评价、管理、工业企业卫生设计及职业卫生监督检查等。规定了工作场所辐射、噪声、振动、温度等方面的物理因素职业接触限值。噪声职业接触限值规定，每周工作 5d，每天工作 8h，稳态噪声限值为 85dB（A），非稳态噪声等效声级的限值为 85dB（A）；每周工作 5d，每天工作时间不等于 8h，需计算 8h 等效声级，限值为 85dB（A）；每周工作不是 5d，需计算 40h 等效声级，限值为 85dB（A）。详见表 3-6。

表 3-6 工作场所噪声职业接触限值

接触时间	接触限值/dB(A)	备 注
5d/w，=8h/d	85	非稳态噪声计算 8h 等效声级
5d/w，≠8h/d	85	计算 8h 等效声级
≠5d/w	85	计算 40h 等效声级

3.2.3.2 工业企业设计卫生标准

《工业企业设计卫生标准》（GBZ 1—2010）规定了工业企业选址与总体布局、工作场所、辅助用室以及应急救援的基本卫生学要求。噪声方面，规定作业劳动者接触噪声声级的设计要求应符合《工作场所有害因素职业接触限值》（GBZ 2.2—2007）中的相关要求（见表3-6）；非噪声工作地点的噪声声级的设计要求应符合表3-7的规定设计要求。

表3-7 非噪声工作地点噪声声级设计要求

地点名称	噪声声级/dB(A)	工效限值/dB(A)
噪声车间观察（值班）室	≤75	
非噪声车间办公室、会议室	≤60	≤55
主控室、精密加工室	≤70	

3.2.4 工业企业噪声控制设计规范

《工业企业噪声控制设计规范》（GB/T 50087—2013），适用于工业企业中的新建、改建、扩建与技术改造工程的噪声控制设计。《工业企业噪声控制设计规范》规定，对生产过程和设备产生的噪声，应首先从声源上进行控制，以低噪声的工艺和设备代替高噪声的工艺和设备；如仍达不到要求，应采取隔声、消声、吸声、隔振以及综合控制等噪声控制措施。对于采取相应噪声控制措施后，其噪声级仍不能达到噪声控制设计限制的车间和作业场所，应采取个人防护措施。具体噪声限值见表3-8。

表3-8 各类工作场所噪声限值

工 作 场 所	噪声限值/dB(A)
生产车间	85
车间内值班室、观察室、休息室、办公室、实验室、设计室室内背景噪声级	70
正常工作状态下精密装配线、精密加工车间、计算机房	70
主控制室、集中控制室、通讯室、电话总机室、消防值班室，一般办公室、会议室、设计室、实验室室内背景噪声级	60
医务室、教室、值班宿舍室内背景噪声级	55

注：1. 生产车间噪声限值为每周工作5d，每天工作8h等效声级；对于每周工作5d，每天工作时间不等于8h，需计算8h等效声级；对于每周工作日不是5d，需计算40h等效声级。
2. 室内背景噪声级指室外传入室内的噪声级。

3.2.5 声环境质量标准

关于噪声对人们的交谈、工作与休息、睡眠以及吵闹感觉等多方面的影响，都属于声环境质量标准。我国在进行大量测试、评价和研究工作后，于1993年颁布《城市区域环境噪声标准》（GB 3096—1993），并于2008年升级为《声环境质量标准》（GB 3096—2008）。要求按区域的使用功能特点和环境质量要求，声环境功能区分为五种类型：

0类声环境功能区：指康复疗养区等特别需要安静的区域。

1类声环境功能区：指以居民住宅、医疗卫生、文化教育、科研设计、行政办公为主要功能，需要保持安静的区域。

2类声环境功能区：指以商业金融、集市贸易为主要功能，或者居住、商业、工业混杂，需要维护住宅安静的区域。

3类声环境功能区：指以工业生产、仓储物流为主要功能，需要防止工业噪声对周围环境产生严重影响的区域。

4类声环境功能区：指交通干线两侧一定距离之内，需要防止交通噪声对周围环境产生严重影响的区域，包括4a类和4b类两种类型。4a类为高速公路、一级公路、二级公路、城市快速路、城市主干路、城市次干路、城市轨道交通（地面段）、内河航道两侧区域；4b类为铁路干线两侧区域。

各类声环境功能区规定的环境噪声等效声级限值见表3-9。

表3-9 环境噪声限值 （dB(A)）

声环境功能区类别		时段	
		昼间	夜间
0类		50	40
1类		55	45
2类		60	50
3类		65	55
4类	4a类	70	55
	4b类	70	60

3.2.6 噪声排放标准

3.2.6.1 工业企业厂界噪声限值

为控制工业企业辐射的噪声对厂区外环境的污染，规定厂界噪声的限值，我国制定了《工业企业厂界环境噪声排放标准》（GB 12348—2008）。该标准适用于工业企业噪声排放的管理、评价及控制。机关、事业单位、团体等对外环境排放噪声的单位也按本标准执行。测量应在无雨雪、无雷电天气，风速为5m/s以下时进行。测点选在工业企业厂界外1m、高度1.2m以上、距任一反射面距离不小于1m的位置。当厂界有围墙且周围有受影响的噪声敏感建筑物时，测点应选在厂界外1m、高于围墙0.5m以上的位置。各类声环境功能区中的厂界噪声标准值见表3-10。

表3-10 工业企业厂界环境噪声排放限值 （dB(A)）

厂界外声环境功能区类别	时段	
	昼间	夜间
0	50	40
1	55	45
2	60	50
3	65	55
4	70	55

3.2.6.2 建筑施工场界噪声限值

建筑施工往往带来较大的噪声，对城市建筑施工期间施工场地产生的噪声，国家标准《建筑施工场界环境噪声排放标准》（GB 12523—2011）规定了建筑施工场界环境噪声排放限值及测量方法。适用于周围有噪声敏感建筑物的建筑施工噪声排放的管理、评价及控制。市政、通信、交通、水利等其他类型的施工噪声排放可参照本标准执行。不适用于抢修、抢险施工过程中产生噪声的排放监管。建筑施工过程中，场界环境噪声排放限值为昼间 70dB(A)，夜间 55dB(A)。应在无雨雪、无雷电天气，风速 5m/s 以下时进行测量。测点应设在对噪声敏感建筑物影响较大、距离较近的位置。一般在建筑施工场界外 1m，高度 1.2m 以上。测量时段为施工期间，测量连续 20min 的等效声级，夜间同时测量最大声级。

习　题

3-1 某噪声的倍频程频谱如下表所示，按照斯蒂文斯法计算该噪声的响度级。

频率/Hz	63	125	250	500	1000	2000	4000	8000
声压级/dB	55	60	57	64	70	62	58	56

3-2 某地区白天的等效 A 声级为 64dB，夜间为 45dB；另一地区，白天为 60dB，夜间为 50dB。试问哪一个地区的环境噪声对人影响大？

3-3 甲每天在 A 声级为 82dB 的噪声环境下工作 8h，乙在 A 声级为 81dB 下工作 2h，在 84dB 下工作 4h，在 86dB 下工作 2h。问谁受到的噪声影响大？

3-4 某一工人在 A 声级为 92dB 的噪声环境下工作 2h，在 90dB 下工作 4h，在 80dB 下工作 2h，问其工作环境的噪声等效声级是多少？是否符合企业噪声卫生标准？

3-5 某噪声的倍频程声频谱如下表所示，求该噪声的 A 计权声级及其 *NR* 数。

频率/Hz	63	125	250	500	1000	2000	4000	8000
声压级/dB	65	60	68	64	75	82	65	58

4 噪声测量技术

无论是环境噪声评价、噪声研究还是噪声控制，都需要对噪声进行测量。不同噪声测试目的和测试对象，所用测试仪器和测试方法会有较大差别。本章主要介绍在环境噪声测量中常用的一些仪器和相关的测量方法。

4.1 噪声测量仪器

噪声测量仪器，依其用途和目的不同而有许多种，本节简要介绍声级计、频谱分析仪、电平记录仪、磁带记录仪（录音机）等仪器的原理。

4.1.1 声级计

声级计是一种按频率计权和时间计权测量声音声级的仪器，是声学测量中最常用的基本仪器。

声级计按用途可以分为一般声级计、脉冲声级计、积分声级计、噪声暴露计、统计声级计和频谱声级计。按准确度分为四种类型：0 型声级计作为标准声级计，固有误差为±0.4dB；1 型声级计作为实验室精密声级计，固有误差为±0.7dB；2 型声级计作为一般用途的普通声级计，固有误差为±1.0dB；3 型声级计作为噪声监测的普查型声级计，固有误差为±1.5dB。

声级计由传声器、前置放大器、衰减器、放大器、模拟人耳听觉特性的频率计权网络和有效值指示表头等部分构成，其结构框图见图 4-1。

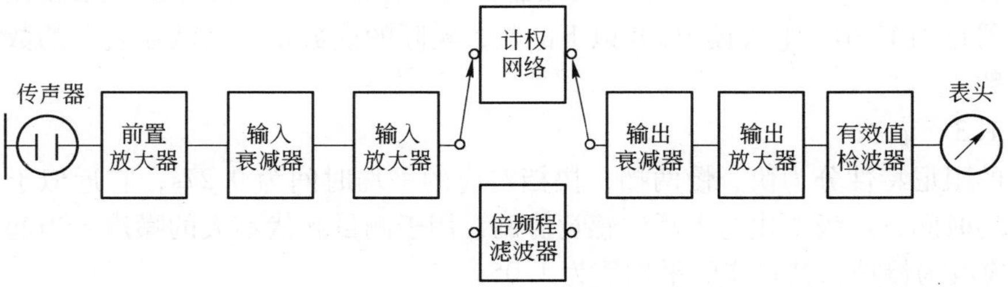

图 4-1 声级计结构框图

声级计的工作原理是：由传声器将声音转换成电压信号，由衰减器控制输入信号的大小，经过放大器、计权网络或滤波器检波后，由表头显示分贝值，若要记录噪声波形，可由输出端连接到记录器上。

4.1.1.1 传声器

传声器是将声能转换成电能的电声换能器。按照换能原理和结构不同，传声器可分为晶体传声器、电动式传声器、电容式传声器和驻极体传声器。其中最常用的是电容式传声器，它具有频率范围宽、频率响应平直、灵敏度变化小、长时间温度性好等优点，多用于精密声级计中。缺点是内阻高，需要用阻抗变换器与后面的衰减器和放大器匹配，而且要加极化电压才能正常工作。晶体传声器的优点是灵敏度较高，频率响应较平直，结构简单，价格便宜，但它受温度影响较大，一般用于普通声级计。驻极体传声器灵敏度高，频率响应特性好，体积小，稳定性比较好，价格便宜。但它的输出阻抗高，必须采用阻抗变换器，在高频时，频率响应不够平直。电动式传声器现已很少采用。

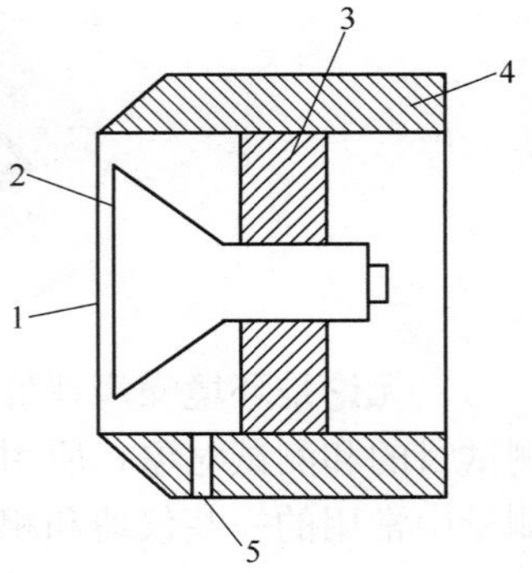

图 4-2　电容传声器

1—膜片；2—后极板；3—绝缘体；4—外壳；5—均压孔

电容传声器的结构如图 4-2 所示。当膜片受到声压作用时，使膜片与后极板之间的距离改变，引起电容量的变化而产生输出电压，输出电压与位移成正比。

晶体传声器的原理是，当声压作用在膜片上时，膜片产生振动，该振动通过策动杆使压电材料产生形变，从而在压电元件两端有电信号输出。

驻极体传声器是一种新型的用于精密测量的传声器。它的工作原理与电容传声器一样，区别在于它的膜片在外表面有金属覆盖层，并已永久极化，因此不再需要极化电压。

4.1.1.2　放大器和衰减器

声音通过传声器后，输出的电压是很小的，因此，声级计内必须有放大系统，使信号进入放大器放大后才能进行有效的测量，所以设计了几级放大器，使信号放大到所需要的强度。

衰减器是为适应大小不同的声音而设计的，因为声级计的表头读数最清楚的部分只有 10dB，而声级计所测声音大小的范围一般为 20～130dB，同时为了使各级放大器不致过载而产生失真等问题，所以设置了几级衰减器和放大器配合，以适应不同的情况。一般声级计，当声音在 70dB 以下时，只用输出衰减器；当声音在 70dB 以上时，还要使用输入衰减器。衰减器每挡 10dB，电表读 10dB 以下的数，实际的读数是把衰减器表示的数加上电表上的指示数。

4.1.1.3　表头

表头的阻尼特性分为快、慢两挡，快挡对应的平均时间为 0.27s，它近似于人耳听觉的生理平均时间，声级变化与人耳的感觉协调，用于测量起伏不大的噪声。当起伏值超过 4dB 时，应改为慢挡，其对应的平均值为 1.05s。

4.1.1.4　声级计的校准

为使测量结果准确，每次测量前后或测量中必须对仪器进行校准。通常使用活塞发声器、声级或其他声压校准器进行声学校准。

使用活塞发声器进行声学校准时，声级计的计权开关应置于“线性”或“C”计权位置。因为活塞发声器发出的是 250Hz 的声音，“线性”和“C”计权在 250Hz 处的频率响应是平直的，而“A”和“B”计权在 250Hz 处分别有 8.6dB 和 1.3dB 的衰减，不能用于校准。校准时，把活塞发声器紧密套入电容传声器的头部，推开活塞发声器的开关，发出

124dB 声压级的声音。调节声级计读数，使其读数刚好是 124dB。关闭并取下活塞发声器，声级计校准完毕。

用声级校准器进行声学校准时，因它发声的频率是 1000Hz，声级计可以置于任何计权开关位置。这是因为在 1000Hz 处，任何计权或线性响应，灵敏度都相同。校准时，把声级校准器套入电容传声器的头部，调节声级计"校准"电位器，使声级计读数刚好是声级校准器产生的声压级。

4.1.1.5 声级计的主要附件

防风罩是一种用多孔的泡沫塑料或尼龙细网做成的球。在室外测量时，为了防止风吹到传声器上而产生附加的风噪声，应将风罩套在传声器头上，这时可以大大衰减风噪声，而对声音并不衰减。防风罩的使用有一定的限度，当风速大于 5m/s 时，即使采用防风罩，对不太高的声级测量结果仍有影响。所测声压级越高，风速的影响越小。

在定方向的高速气流中测量噪声，应将传声器装上鼻形锥，并使锥的尖端朝向来流，以减轻传声器对气流的阻力，从而降低因气流而产生的噪声的影响。

4.1.2 频谱分析仪和滤波器

在工程实际中很少遇到单一频率的声音，绝大多数声音是由多个频率组合而成的复合声，常需要对声音进行频谱分析。

具有对声信号进行频谱分析功能的设备称为频谱分析仪。频谱分析仪通常分为两类：一类是恒定带宽的分析仪，另一类是恒定百分比带宽的分析仪。一般噪声测量中多用恒定百分比带宽的分析仪。

频谱分析仪的核心是滤波器。图 4-3 是一个典型的带通滤波器的频率响应，带宽 $\Delta f = f_1 - f_2$。滤波器的作用是让频率在 f_1 和 f_2 间的所有信号通过，且不影响信号的幅值和相位，同时阻止频率在 f_1 以下和 f_2 以上的任何信号通过。对于恒定百分比带宽的分析仪，其滤波器的带宽是中心频率的一个恒定百分比值，故带宽随中心频率的增加而增大，即高频时的带宽比低频时宽。噪声测量中经常使用的滤波器是 1/3 倍频程和倍频程滤波器。

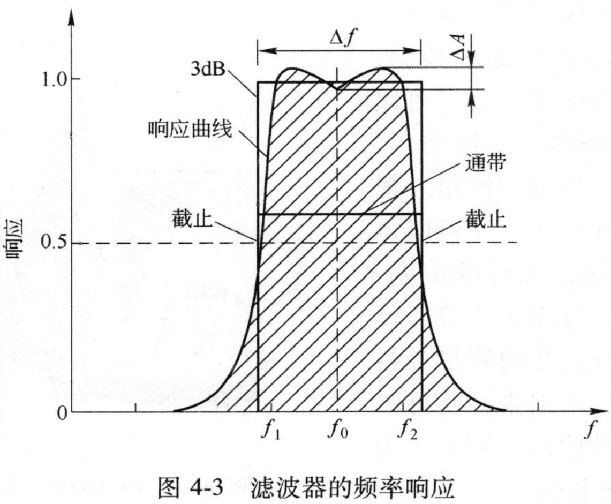

图 4-3 滤波器的频率响应

4.1.3 电平记录仪

电平记录仪是实验室经常使用的一种记录仪器。它可以把声级计、振动计、频谱仪等的电信号直接记录在坐标纸上，以便于保存和分析。常用的记录方式有两种：一种是级—时间图形，一种是级—频率图形。如果把声级计的信号输入电平记录仪，在记录纸上可得到噪声级随时间变化的时间谱。如果把频谱分析仪和电平记录仪联动，则可得到噪声的频谱。

4.1.4 录音机

用录音机把现场的声音记录下来，以便于保存和在实验室里重新播放进行分析。所需要的录音机最好选择交直流两用的多通道高质量录音机，对它的技术要求为：频响要宽，信噪比要大，非线性失真要小，抖动率要小等等。

4.1.5 噪声统计分析仪

噪声统计分析仪又称统计声级计，是用来测量噪声级的统计分布，并直接指示 L_n（如 L_5、L_{10}、L_{50}、L_{90}、L_{95}等）的一种声级计。这种仪器一般还能测量并用数字显示 A 声级、等效连续 A 声级 L_{eq}、均方偏差等，并通过外接打印机将上述测量结果打印出来。此外，还能用来 24h 噪声环境监测，每小时测量一次，可显示或打印出每小时的噪声值（L_{eq}、L_{10}、L_{50}、L_{90}、SD 等），并画出 24h 的噪声分布曲线。噪声统计分析仪最适用于各级环境监测部门进行环境噪声自动监测。

AWA6218B 是一种交、直流电两用电源的携带式测量噪声级的仪器，满足 1 型声级计的要求。具有积分声级计、噪声统计分析仪、数据采集器和噪声剂量计等几种仪器的功能。它由电路、微机和打印机组成。电路部分与声级计基本一样，它将接收到的声压转变为电压，经过模拟量转换为数字量输入微机，经微机处理分析的结果可从显示屏显示出，或由打印机打印在纸带上。微机中储存器，可以储存所需要的各种声级和评价声级，所以这种仪器不仅可以测得现场数据，而且还能同时分析和处理数据，得出所需要的各种综合结果。用它可以测得公共噪声、航空噪声、交通噪声，或作任何其他的统计分析噪声测量。根据编入储存器内的各种程序，还可以迅速得出各种噪声评价量，如标准偏差、平均值，等效声级、百分率声级等。仪器中的打印机可以将所需要的测量分析结果，根据需要立即打印出来，还可以打印出分析结果的各种曲线。图 4-4 为 AWA6218B 噪声统计分析仪。

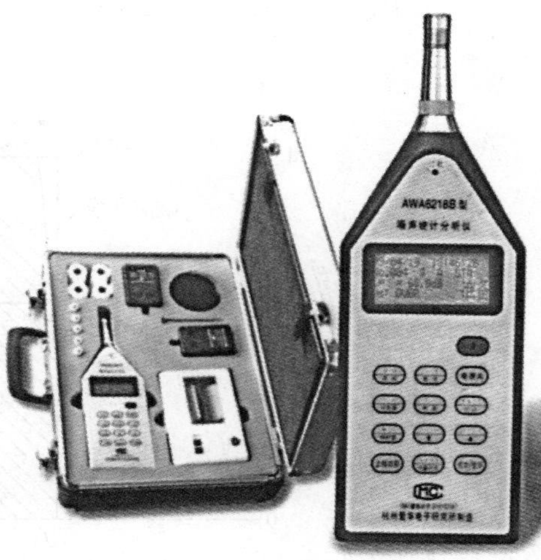

图 4-4 AWA6218B 噪声统计分析仪

4.2 噪声测量方法

4.2.1 道路交通噪声测量

城市道路交通噪声是由各种机动车辆在道路上行驶形成的，是城市环境噪声的主要声源，对城市居民影响很大。道路交通噪声的测量仪器为2型或2型以上的积分声级计或噪声统计分析仪。在测量前后应使用声级校准器进行校准，要求测量前后校准偏差不大于2dB。测量应在无风无雨的天气条件下进行，风速要求在5m/s以下。

道路交通噪声的测点应选在市区交通干线（交通干线是指每小时机动车流量不小于100辆的道路）两路口之间，距离两交叉路口应大于50m，在道路边人行道上，距马路沿20cm处。传声器距离地面大于1.2m，并尽可能避开周围的反射物（离反射物至少3.5m），以减少周围反射对测试结果的影响。按上述要求布置的测点所测的噪声可代表两路口间该段道路的噪声。

道路交通噪声除与车辆本身发出的噪声有关外，还与车流量有很大关系。所以在测量过程中，除记录噪声值外，必须同时记录在测量时间内的各种车辆的流量，因各种车辆发出的噪声频谱和声级相差很大。此外，还应对测量日期、时间以及测点条件，如道路、宽度、是否开阔或半开阔场地、附近建筑物高度做出一般描述或绘出简单示意图，以供对一些测试结果作比较分析。

测量时，使用声级计“慢”挡，传声器垂直指向马路。在规定的时间内，每隔5s读取一瞬时A声级，连续读取200个数据，以声级大小依次排列，从高声级数起，累积数到第20个的声级值为累积百分声级L_{10}，如第20个声级是84dB，则$L_{10}=84$dB，同样数到累积数第100个的声级值为累积百分声级L_{50}，数到第180个的声级值为累积百分声级L_{90}。我国多用L_{10}，L_{50}和L_{90}分别代表峰值、中值和环境声级。在测量时段内声级涨落如果符合正态分布，则可从累积百分声级得到这一段时间的等效声级。

$$L_{eq} = L_{50} + \frac{(L_{10} - L_{90})^2}{60} \tag{4-1}$$

4.2.2 城市区域环境噪声测量

我国对城市环境噪声普测的方法是网格布点测量方法。而对于常规监测，一般采用定点测量法。普测网格布点是指在城市的地图上划成500m×500m的方格，方格数不小于100。如果达不到100，则可缩小网格尺寸到250m×250m。

测量时，距离任何反射物（地面除外）至少3.5m，传声器高度一律为1.2m。如果测点所在网格中心遇到障碍物，则应把测点适当偏离网格中心，在测量结果中注明。如果该网格布点没有包括到具有典型性噪声的某些点，例如中心繁华区或疗养区等，需另加测点。在测量的这段时间内，要同时凭测量者的听觉识别该点的噪声源属于城市噪声源中的哪一类。测量中要避免围观现象，避免人群对声场的破坏。

测量应在无雨雪、无雷电天气，风速5m/s以下时进行。测量仪器精度为2型及2型以上的积分平均声级计或环境噪声自动监测仪器。测量前后使用声校准器校准测量仪器的示值偏差不得大于0.5dB，否则测量无效。测量时传声器应加防风罩。

0~3类声环境功能区普查监测，分别在昼间工作时间和夜间22：00~24：00（时间不足可顺延）进行，每次每个测点测量10min的等效声级 *Leq*，同时记录噪声主要来源。监测应避开节假日和非正常工作日。4类声环境功能区普查监测稍为复杂，读者可参阅《声环境质量标准》（GB 3096—2008）。

另外在普测之前，为掌握噪声与时间变化关系，宜选取市区内有代表性的几个固定点进行24小时测量，取得噪声与时间变化曲线，以便可以从中选取声级比较稳定的时间段内进行普测。由于普测需要的人力和物力较多，一些大城市只需每年测一次。

城市的环境噪声监测，可采用人工测量和自动测量。可以在地面上选取具代表性典型地区进行监测，也可以选取市内比较高的具有代表性的几幢建筑物顶上设立测点作高空监测。

高空监测数据与地面测得的数据有些出入，但它可以代表测点周围一定区域内噪声变化规律。

4.2.3 厂界噪声测量

《工业企业厂界环境噪声排放标准》（GB 12348—2008）规定，测量应在被测声源正常工作时间进行，同时注明当时的工况。测量应在无雨雪、无雷电天气，风速为5m/s以下时进行。不得不在特殊气象条件下测量时，应采取必要措施保证测量准确性，同时注明当时所采取的措施及气象情况。

测量仪器为积分平均声级计或环境噪声自动监测仪，其性能应不低于2型仪器的要求。测量35dB以下的噪声应使用1型声级计。每次测量前、后必须在测量现场进行声学校准，其前、后校准示值偏差不得大于0.5dB，否则测量结果无效。测量时传声器加防风罩。测量仪器时间计权特性设为“F”档，采样时间间隔不大于1s。

分别在昼间、夜间两个时段测量。夜间有频发、偶发噪声影响时同时测量最大声级。对于稳态噪声（起伏不大于3dBA），测量1min的等效声级；对于非稳态噪声，测量有代表性时段的等效声级，必要时测量被测声源整个正常工作时段的等效声级。

根据工业企业声源、周围噪声敏感建筑物的布局以及毗邻的区域类别，在工业企业厂界布设多个测点，其中包括距噪声敏感建筑物较近以及受被测声源影响大的位置。一般情况下，测点选在工业企业厂界外1m、高度1.2m以上、距任一反射面距离不小于1m的位置。当厂界有围墙且周围有受影响的噪声敏感建筑物时，测点应选在厂界外1m、高于围墙0.5m以上的位置。

噪声测量值与背景噪声值相差大于10dB(A）时，噪声测量值不做修正。噪声测量值与背景噪声值相差在3~10dB(A）之间时，噪声测量值与背景噪声值的差值取整后，按表4-1进行修正。

表4-1 测量结果修正表

差值/dB(A)	3	4~5	6~9
修正值/dB(A)	−3	−2	−1

噪声测量值与背景噪声值相差小于 3dB(A) 时，修正情况稍为复杂，请参阅《工业企业厂界环境噪声排放标准》(GB 12348—2008)。

4.2.4　企业生产环境噪声测量

车间噪声测量的目的是了解工作环境中的噪声强度对职工身体健康的危害。在正常工作时，将传声器置于操作人员耳朵附近，或是在工人观察和管理生产过程中经常活动的范围内，以人耳高度为准选择数个测点进行测量。声级计采用 A 计权网络“慢”挡。对于稳态噪声直接读取 A 声级。车间内部各处声级分布变化小于 3dB，则只需在车间内选择 1~3个测点，取其算术平均值。若车间内各处 A 声级波动大于 3dB，则需按声级大小，将车间分成若干区域，每个区域内的声级波动应小于 3dB，每个区域取 1~3 个测点。测点布置应包括操作人员位置。测量记录见表 4-2。

表 4-2　生产环境噪声测量记录表

<table>
<tr><td rowspan="4">测量仪器</td><td colspan="3">名　称</td><td colspan="3">型　号</td><td colspan="4">校准方法</td><td colspan="2">备　注</td></tr>
<tr><td colspan="3"></td><td colspan="3"></td><td colspan="4"></td><td colspan="2"></td></tr>
<tr><td colspan="3"></td><td colspan="3"></td><td colspan="4"></td><td colspan="2"></td></tr>
<tr><td colspan="3"></td><td colspan="3"></td><td colspan="4"></td><td colspan="2"></td></tr>
<tr><td rowspan="5">车间设备状况</td><td colspan="3" rowspan="2">机器名称</td><td colspan="3" rowspan="2">型　号</td><td rowspan="2">功率</td><td colspan="3">运转状态</td><td colspan="2" rowspan="2">备　注</td></tr>
<tr><td colspan="2">开（台）</td><td>停（台）</td></tr>
<tr><td colspan="3"></td><td colspan="3"></td><td></td><td colspan="2"></td><td></td><td colspan="2"></td></tr>
<tr><td colspan="3"></td><td colspan="3"></td><td></td><td colspan="2"></td><td></td><td colspan="2"></td></tr>
<tr><td colspan="3"></td><td colspan="3"></td><td></td><td colspan="2"></td><td></td><td colspan="2"></td></tr>
<tr><td>设备分布及测点示图</td><td colspan="12"></td></tr>
<tr><td rowspan="5">数据记录</td><td rowspan="2">测点</td><td colspan="2">声级</td><td colspan="9">倍频程声压级（dB）</td></tr>
<tr><td>A</td><td>C</td><td>31. 5Hz</td><td>63Hz</td><td>125Hz</td><td>250Hz</td><td>500Hz</td><td>1kHz</td><td>2kHz</td><td>4kHz</td><td>8kHz</td></tr>
<tr><td></td><td></td><td></td><td></td><td></td><td></td><td></td><td></td><td></td><td></td><td></td><td></td></tr>
<tr><td></td><td></td><td></td><td></td><td></td><td></td><td></td><td></td><td></td><td></td><td></td><td></td></tr>
<tr><td></td><td></td><td></td><td></td><td></td><td></td><td></td><td></td><td></td><td></td><td></td><td></td></tr>
</table>

4.2.5　车间内机器噪声测量

对机器噪声的测量是为了了解机器噪声的大小，为评价和控制措施提供科学依据。由于现场条件很复杂，现场机器噪声简易测量时的测点距离，原则上视机器尺寸而定。小型机器（外形尺寸不大于30cm），测点距离其表面30cm；中型机器（外形尺寸在0.5~1m左右），测点距其表面0.5m；大型机器（外形尺寸大于1m），测点距其表面1m；特大型或特殊的机械设备，可根据具体情况选择测点位置。一般情况下，在机器四周均匀布置4~8个测点，在A声级最大的那个点进行频谱分析。

4.2.6　进、排气噪声测量

企业内动力设备如通风机、鼓风机、空压机在运行时常发出很强的空气动力性噪声，进气噪声测点选在进气口轴向，与管口平面距离d=0.5~1.0m，或等于管口直径；排气噪声测点应取在排气口轴线成45°角的方向上，距管口平面中心线0.5~1.0m，如图4-5所示。

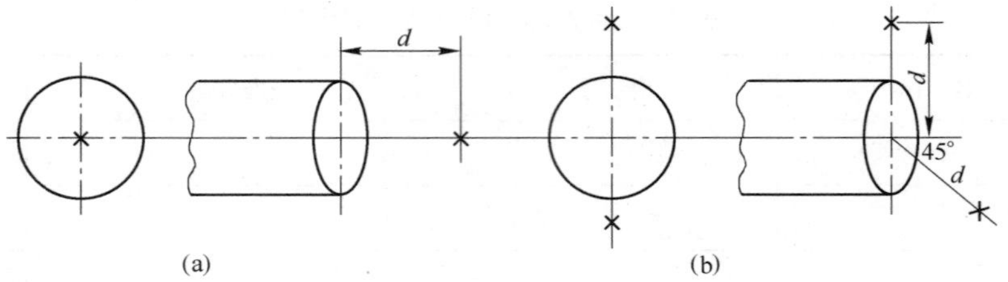

图4-5　进、排气口测点位置
（a）进气口；（b）排气口

4.2.7　机动车辆噪声测量

交通噪声是城市环境噪声的主要污染源，而交通噪声主要来源于机动车辆。由于车辆噪声与行驶状况有关，因此国标针对机动车辆不同行驶状况规定了噪声测试规范。《汽车加速行驶车外噪声限值及测量方法》（GB 1495—2002）中规定了机动车辆行驶噪声的测量方法，包括车内噪声和车外噪声测量；《声学—机动车辆定置噪声测量方法》（GB/T 14365—1993）规定了机动车辆定置噪声测量方法。机动车车辆包括汽车、摩托车和轮式拖拉机等，下面主要介绍汽车噪声测量方法。

对城市环境密切相关的是车辆行驶时的车外噪声。车辆行驶又可分为加速行驶和匀速行驶，下面简单介绍匀速行驶时车外噪声的测量方法。

要求测量场地平坦开阔，在测试中心以25m为半径范围内不应有大的反射物。测试跑道应有20m以上平直干燥的沥青路面或混凝土路面，且路面坡度不超过0.5%。环境背景噪声应比被测车辆噪声至少低10dB(A)。测试时风速应低于5m/s，传声器应加防风罩。

车辆以常用行驶挡位、油门保持稳定，以50km/h的速度匀速通过测量区。传声器应分别放置在20m跑道中心点两侧，各距中心线7.5m。传声器距地面1.5m，用三脚架固定，传声器与地面平行，其轴线垂直于车辆行驶方向。当车辆匀速通过测量区时，使用声级计“快”挡，测量A计权声级，读取车辆通过时声级计的最大读数。要求同样的测量往返各进行一次，车辆同侧两次测量结果不应大于2dB(A)，计算两次测量结果的平均值，并取两侧平均值中的最大值作为被测车辆的最大噪声级。

4.3　吸声材料吸声系数的测量

4.3.1　混响室法测量吸声材料无规入射吸声系数

4.3.1.1　基本原理

声源在密闭空间起动后，就产生混响声，而在声源停止发声后，室内空间的混响声逐渐衰减，声压级衰减 60dB 的时间为混响时间。当房间的体积确定后，混响时间的长短与房间内的吸声能力有关。根据这一关系，吸声材料的无规入射吸声系数就可以通过混响时间的测量来确定。

根据混响室安装吸声材料前后测得的混响时间，可按式 4-2 计算出安装吸声材料前后吸声量的变化 ΔA。

$$\Delta A = \frac{55.3V}{c}\left(\frac{1}{T_2} - \frac{1}{T_1}\right) \tag{4-2}$$

式中　V——混响室体积，m^3；

T_2——安装材料后的混响时间，s；

T_1——混响室的空室混响时间，s；

c——空气中的声速，m/s。

如果考虑安装材料的面积与混响室内表面积相比很小，被材料覆盖那部分的地面吸声系数很小，吸声系数可以表示为：

$$\alpha = \frac{\Delta A}{S} = \frac{55.3V}{cS}\left(\frac{1}{T_2} - \frac{1}{T_1}\right) \tag{4-3}$$

式中　S——吸声材料的面积；

α——被测材料的无规入射吸声系数。

只要测得安装试件前后的混响时间，并已知混响室的体积及被测材料的面积，即可按公式计算材料的无规入射吸声系数。

4.3.1.2　测试装置及要求

测试混响时间的装置如图 4-6 所示，其中包括噪声发生器、功率放大器、扬声器、测量传声器、滤波器、分析记录仪等测量仪器。混响室应具有光滑坚硬的内壁，其无规入射吸声系数应尽量小。混响室壁面常用瓷砖、水磨石、大理石等材料，并且应具有良好的隔

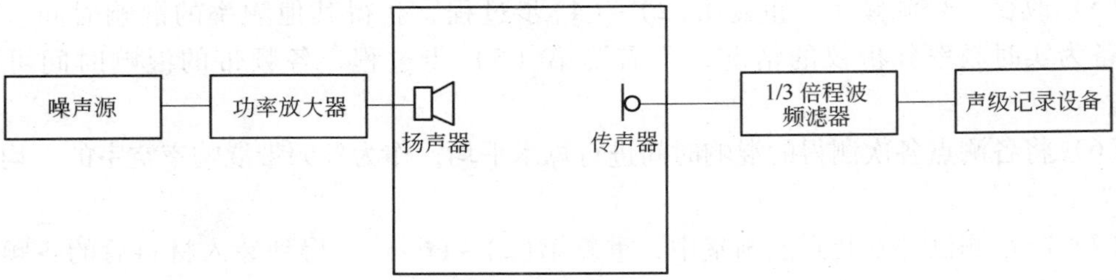

图 4-6　混响时间测试装置

声和隔振性能。按测量标准要求混响室的容积大于 $200m^3$。对于容积小于 $200m^3$ 的混响室，其有效可测量的下限频率按式 4-4 确定。

$$f = 125\left(\frac{200}{V}\right)^{1/3} \tag{4-4}$$

混响室内的声场由扬声器产生，为使扬声器尽可能地激发室内简正振动的模式，扬声器应置于角隅并朝向主对角线方向。测试信号采用白噪声或粉红噪声。如果接收设备是具有 1/3 倍频程滤波器的实时频率分析仪，则测试信号可采用宽带白噪声或粉红噪声，这时所有被测频带的混响时间测量可一次性完成；如果接收设备不具有实时频率分析功能，则测试信号采用经过 1/3 倍频程滤波器滤波的白噪声或粉红噪声，这时各频带的混响时间测量要分别进行。

接收声信号的传声器应采用无指向性传声器，各测点之间的距离至少相隔 2m，并且离任何壁面、地板及被测物体表面的距离要大于半个波长。接收系统及室内环境必须有 40dB 以上的信噪比，以保证可以准确测量室内声压级有 35dB 以上的衰减过程。

被测材料的面积应在 $10 \sim 12m^2$ 之间，对于体积小于 $200m^3$ 或大于 $250m^3$ 的混响室，测试试件的面积可按式 4-5 调整，对矩形的平面试件，其长宽比应为 0.6~1.0。

$$S = (10 \sim 12) \times \left(\frac{V}{200}\right)^{\frac{2}{3}} \tag{4-5}$$

式中 S——测试材料的面积，m^2；

V——混响室的体积，m^3。

4.3.1.3 测试方法及步骤

测试方法及步骤为：

（1）安装好测试系统，首先测试空室混响时间。

（2）将测试传声器放置在第一测点，打开信号源并调整到所需测试的频率范围，调整功率放大器使得在室内获得足够声级。

（3）发声器发出的噪声信号通过功率放大器放大后反馈给混响室内的扬声器，扬声器在室内激发许多简正振动模式，使得在室内建立的声场尽量接近于扩散声场。当室内声场达到稳态声场时，很快切断信号源，同时记录室内声压级衰减过程，得到衰减曲线并由此确定混响时间。

（4）多次重复以上第（3）步，获得同一测点的多次混响时间测量结果。

（5）改变信号源频率，重复第(2)~(4)步过程，获得其他频率的混响时间。对接收设备为实时频率分析仪的情况，不需要第（5）步过程，各频带的混响时间可同时完成。

（6）将各测点各次测得的混响时间进行算术平均，作为各频带混响室空室的平均混响时间 T_1。

（7）将被测试件安装到混响室中，重复第(2)~(6)步，得到装入材料后的各频带的平均混响时间 T_2。

（8）根据混响室体积和测得的试件面积的数值计算各频带的无规入射吸声系数。

4.3.2 驻波管方法测量吸声材料的垂直入射吸声系数

4.3.2.1 实验装置及测试原理

典型的测量材料吸声系数用的驻波管系统如图 4-7 所示。驻波管是一个具有刚性内壁的圆形或矩形截面的管子。在管的一端安装扬声器，另一端安装吸声材料。管中有一个探管与管外传声器相连，用于测量探测管端部的管内声压级。当扬声器向管中辐射的声波频率与管子截面的几何尺寸满足式 4-6 或式 4-7 时，则在管中只有沿轴向传播的平面波。

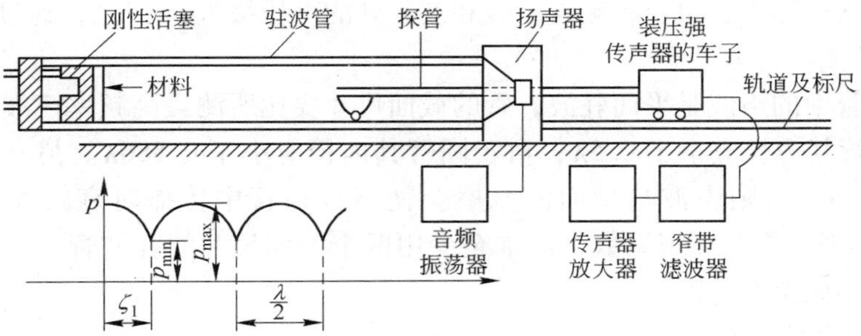

图 4-7 驻波管结构及测量装置

圆管
$$f < \frac{1.84c}{\pi D} \tag{4-6}$$

方管
$$f < \frac{c}{2L} \tag{4-7}$$

式中 D——圆管直径，m；

L——方管边长，m；

c——空气中声速，m/s。

测试时，信号发生器产生正弦信号后由扬声器发声，在管内产生平面声波。当声波入射到另一端吸声材料表面时产生反射。反射波与入射波在管中形成驻波。用 p_i，p_r 分别表示入射声波和反射声波的振幅，用 p_{max}，p_{min} 分别表示管中驻波波腹和波谷处的振幅：

$$p_{max} = p_i + p_r \tag{4-8}$$

$$p_{min} = p_i - p_r \tag{4-9}$$

用 S 表示驻波比，即

$$S = \frac{p_{max}}{p_{min}} \tag{4-10}$$

又根据吸声系数 α_0 定义有

$$\alpha_0 = 1 - \left(\frac{p_r}{p_i}\right)^2 \tag{4-11}$$

整理得

$$\alpha_0 = \frac{4S}{(S+1)^2} \tag{4-12}$$

管中波腹与波谷声压级差 $\Delta L = L_{max} - L_{min} = 20\lg S$

$$S = 10^{\Delta L/20} \tag{4-13}$$

代入上式得

$$\alpha_0 = \frac{4 \times 10^{\Delta L/20}}{(1 + 10^{\Delta L/20})^2} \tag{4-14}$$

移动传声器探测管，很容易测得波腹和波谷处的声压级 L_{max}、L_{min}，通过计算得到 ΔL，由式 4-14 计算 α_0。

为了保证管中的声波是平面驻波，管的截面尺寸要比所测最高频率声波所对应的波长 λ 小，对于方管其边长应小于 0.5λ；对于圆管其内径应小于 0.586λ。另一方面，管子的截面也不应太小，否则声波与壁面的摩擦会使声波在管中传播时衰减太大。为了测量 100~5000Hz 频率范围的吸声系数，通常至少用两个不同尺寸的驻波管。试件安装时，试件与管壁之间不能留有缝隙。

4.3.2.2 实验步骤

利用驻波管测试材料吸声系数的步骤如下：

（1）调整单频信号发生器的频率到指定的数值，并调节信号发生器的输出以得到适宜的音量。

（2）移动传声器小车到除极小值以外的任一位置，改变接收滤波频带中的中心频率，使测试仪器得到最大读数。这时接收滤波器频带的中心频率与管中实际声波频率准确一致。

（3）将探管端部移至试件表面处，然后慢慢离开，找到一个声压极大值，并改变测量放大器的增益，使测试仪器的表头的指针正好处在满刻度的位置，然后小心地找出相邻的第一个极小值，这样就得到 S 或 ΔL，根据公式计算 α_0。

（4）调整单频信号发生器到其他频率，重复上述步骤，就可得到各测试频率的吸声系数。

习　题

4-1 简述声级计的结构及工作原理。

4-2 声级计的校准方法有哪些？

4-3 简述混响室法测量吸声材料吸声系数的原理。

4-4 简述驻波管法测量吸声材料吸声系数的原理。

5 噪声污染控制技术

5.1 噪声控制的基本原理和方法

声学系统一般由声源、传播途径和接受者三个环节组成。声源可以是单个，也可以是多个同时作用，传播途径也常不止一条，且非固定不变；接收者可能是人，也可能是若干灵敏设备。对噪声而言，只有当声源、声音传播的途径和接收者三因素同时存在时，才形成干扰。因此，控制噪声必须从这三个环节研究解决，既要分别进行研究，又要将这三个环节当作一个整体系统综合考虑；既要满足降噪量需要，又要使技术经济指标合理，权衡利弊，确定一个较合理的方案。

5.1.1 从声源控制噪声

从声源控制噪声是一种最积极最彻底的措施。通过研制和选用低噪声设备和改进生产工艺，提高设备的制造和安装精度，使发声体变为不发声体或者大大降低发声体的辐射声功率，就可以从根本上解决或降低噪声的污染，从而简化传播途径上的控制措施。

5.1.1.1 改进机械设计以降低噪声

在研制机械设备时，选用发声小的材料，采取发声小的结构形式或传动方式，均能取得降低噪声的效果。

一般金属材料，如钢、铝等，内阻尼、内摩擦较小，消耗振动能量的本领较弱，因此用这些材料做成的机械零件，在振动力的作用下，机件表面会辐射出较强的噪声。如果用材料内耗大的高分子材料或高阻尼合金（减振合金）会使噪声大大减弱。例如锰-铜-锌合金与45号钢试件比较，在同样力的作用下，前者辐射的噪声比后者低27dB。因此，制造机械部件或工具时，若采用减振合金代替一般的钢等金属材料，可获得明显的降噪效果。

通过改进设备的结构减小噪声的潜力也很大。例如风机叶片的不同形式，其噪声大小差别很大。如果风机叶片由直片形改成后弯形，可降低噪声10dB左右。

对旋转的机械设备，采用不同的传动装置，其噪声大小是不一样的。从控制噪声角度考虑，应尽量选用噪声小的传动方式。实测表明，一般正齿轮传动装置噪声较大，而改用斜齿轮或螺旋齿轮，因啮合时重合系数大，可降低噪声3～10dB，若用皮带传动代替正齿轮传动，可降低噪声16dB。

5.1.1.2 改革工艺和操作方法降低噪声

改进工艺流程和操作方法，也是解决声源噪声的一个重要方面。例如铆枪和汽锤都是强烈的打击声源，而用无声焊接代替高噪声的铆接，用无声锻压代替高噪声的锻打等，都可以从根本上解决声源噪声的问题。

5.1.1.3 提高加工精度和装配质量的方法降低噪声

机械运行中，由于机件间的撞击、摩擦或由于动平衡不好，都会导致噪声增大。可采用提高机件加工精度和机械装配质量的方法降低噪声。例如，提高传动齿轮的加工精度，即可减小齿轮的啮合摩擦，也使振动减小，这样就会减小噪声。实测结果表明，在齿轮转速为1000r/min的条件下，齿形误差从17μm降为5μm时，则其噪声值可降低8dB。若将轴承滚珠加工精度提高一级，则轴承噪声可降低10dB。电动机、通风机旋转等机械设备的静、动态性能愈好，其噪声愈低，使用寿命也越长。故目前我国许多机械产品都制定了有关产品的噪声允许标准。

5.1.2 传播途径控制

常常由于某种技术和经济上的原因，从声源上控制噪声难以实现，这时就要从传播途径上加以考虑，即在传播途径上阻断声波的传播，或使声波传播的能量随距离衰减，通常可采用以下几种办法：

（1）总体设计上布局要合理。就一个城市而言，在城市规划上尽量把高噪声的工厂或车间与居民区分区建立；对一个工厂来说，应把噪声强的车间和作业场所及一般车间与职工住宅区隔开，各车间同类型的噪声源如空压机等集中在一个空压机站房内，这不仅防止声源过于分散，扩大噪声的污染面，同时也便于采取声学技术处理措施。

（2）改变声源方向。声源大体上都有指向性，在距离声源一定距离处，因方向不同其声级也不同：比如高压锅炉、鼓风机及受压容器的排气放空等，要辐射出强烈噪声，如果把它的排放口朝上空或朝野外，有比朝向生活区低5~10dB的效果。

（3）局部声学技术控制措施。采用上述几种噪声控制措施仍不能满足要求时，可以采取消声、隔声、吸声、减振等局部声学技术措施解决。这些措施，既有各自的特点，又互有联系，在实践应用中，需要针对噪声传递的具体情况，分清主次，互相配合，综合治理才能达到预期的效果。

5.1.3 接收者的防护

在声源和传播途径上无法采取措施，或采取了声学技术措施仍然达不到预期的效果时，就要对工人进行个人防护。让工人佩戴耳塞，防声棉、耳罩、帽盔等防噪声用品，以保护工人免受听力损失。

5.1.3.1 耳塞

耳塞是插入外耳道的护耳器，通常由软橡胶（如氯丁橡胶）或软塑料（如聚氯乙烯树脂）制成。国产耳研-5型耳塞，低频隔声量10~15dB，中频隔声量20~30dB，高频隔声量超过30dB。国产棉铁塑1型耳塞高频隔声量可达30~48dB。对一些刺耳的高频声为主的车间，如球磨机车间、铆焊车间、织布车间及空压机站等，这些耳塞有着显著的隔声效果。

耳塞的优点是隔声量大，体积小，携带方便且价格便宜。缺点是戴起来不舒服，有时还可能引起耳道疼痛。

5.1.3.2 耳罩

耳罩是将整个耳廓封闭起来的护耳器。耳罩的外壳一般由硬质材料制成，如硬塑料。金属板、硬橡胶等，内衬以泡沫塑料。耳罩高频率隔声量可达15~30dB。耳罩的优点是只需要一种尺寸，形状也没有耳塞要求严格，缺点是高频率隔声量比耳塞小，而且体积大，佩戴不方便。

5.1.3.3 帽盔

帽盔又称航空帽，戴在整个头颅上，其优点是隔声量大，可以减少声音通过颅骨传导和对内耳的损伤，对头部有防振和保护作用。缺点是体积大，价格昂贵，操作不方便，尤其是在炎热天气使用时不通气，感到闷热。

5.2 噪声控制的一般原则

噪声控制设计一般应坚持科学性、先进性和经济性的原则，即：

(1) 科学性。首先应正确分析发声机理和声源特性，然后采取针对性的相应控制措施。

(2) 控制技术的先进性。这是设计追求的重要目标，但应建立在有可能实施的基础上。控制技术不能影响原有设备的技术性能或工艺要求。

(3) 经济性。经济上的合理性也是设计追求的目标之一。噪声污染属物理污染，即声能量污染，控制目标为达到允许的标准值，但国家制定标准有其阶段性，必须考虑当时在经济上的承受能力。

5.3 噪声控制的基本程序

基本程序应是从声源特性调查入手,通过传播途径的调查和分析,降噪量的确定等一系列步骤再选定最佳方案,最后对噪声控制工程进行评价。噪声控制基本程序框图如图 5-1 所示。

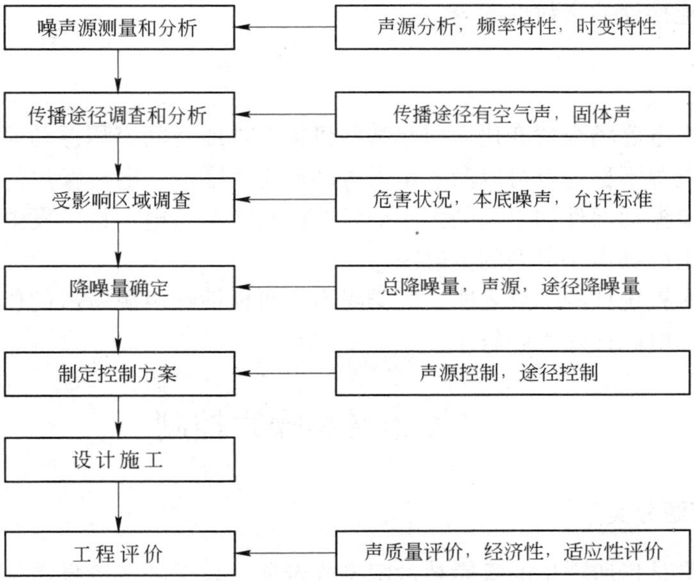

图 5-1 噪声控制基本程序

5.4 噪声源分析

噪声源的发声机理可分为机械噪声、空气动力性噪声和电磁噪声。通常，声源不是单一的，即使是一种机械设备，也可能是由几种不同发声机理的噪声组成。

5.4.1 机械噪声

机械噪声是由于机械设备运转时，部件间的摩擦力、撞击力或非平衡力，使机械部件和壳体产生振动而辐射噪声。机械噪声的特性（如声级大小、频率特性和时间特性等）与激发力特性、物体表面振动的速度、边界条件及其固有振动模式等因素有关。齿轮变速箱、织布机、球磨机、车床等发出的噪声是典型的机械噪声。

提高机器制造的精度，改善机器的传动系统，减少部件间的撞击和摩擦，正确地校准中心调整好平衡，适当提高机壳的阻尼等等，都可以使机械振动尽可能地减低，这也是从声源上降低噪声的办法。实际上，对于特定型号的机器来说，运转产生的噪声越低表明它的机械性能越好，精密度越高，使用寿命也越长。也就是说，噪声的高低也是机械产品的一项综合性的质量指标。

5.4.2 气动力性噪声

空气动力性噪声是一种由于气体流动过程中的相互作用，或气流和固体介质之间的相互作用而产生的噪声。气流噪声的特性与气流的压力、流速等因素有关。常见的气流噪声有风机噪声、喷气发动机噪声、高压锅炉放气排空噪声和内燃机排气噪声等。

从声源上降低气流噪声可由以下几方面着手：降低流速，减少管道内和管道口产生扰动气流的障碍物，适当增加导流片，减小气流出口处的速度梯度，调整风扇叶片的角度和形状，改进管道连接处的密封性等等。

5.4.3 电磁噪声

电磁噪声是由电磁场交替变化而引起某些机械部件或空间容积振动而产生的。对于电动机来说，由于电源不稳定也可以激发定子振动而产生噪声。电磁噪声的主要特性与交变电磁场特性、被迫振动部件和空间的大小形状等因素有关。电动机、发电机、变压器和霓虹灯镇流器等发出的噪声是典型的电磁噪声。

我国各省市调查统计的结果表明，三类噪声中机械性噪声源所占的比例最高，空气动力性噪声源次之，电磁性噪声源较小。

5.5 城市环境噪声控制

5.5.1 城市噪声源分类

环境噪声污染是指所产生的噪声超过国家或者地方规定的环境噪声标准，影响人们的正常生活、工作和学习的声音。污染城市声环境的主要噪声源有工业生产噪声、交通运输噪声、建筑施工噪声和社会生活噪声。

5.5.1.1 工业生产噪声

工业生产噪声在我国城市环境噪声构成中占有相当的比例，平均约为20%，它不仅影响生产作业环境，而且污染周围的生活环境，扰乱居民的正常生活和工作。工业生产噪声主要来自工厂生产车间动力、机器设备等辐射的声能，它不仅直接给工人带来危害，而且干扰附近居民，分散在居住区内的工厂对居民的干扰更为严重。一般工厂车间内噪声级大多在75~105dB，也有部分在75dB以下，有少数车间或设备的噪声级高达110~120dB，表5-1给出部分工厂车间的噪声级。生产设备噪声的大小与设备种类、功率、型号、安装状况以及周围环境条件等有关。常见工业设备噪声级范围见表5-2。由此可见，工业设备的噪声级一般较高，因此对工人的危害及周围居民的干扰较大。

表5-1 部分工厂车间的噪声级

工厂（车间）	噪声级/dB	工厂（车间）	噪声级/dB
钢 铁	80~110	铁 路	80~115
石 油	80~110	印 刷	70~90
机 械	80~110	食 品	70~90
建 工	80~115	造 纸	80~90
电 子	70~90	发 电	85~110
纺 织	80~105	水 泥	80~115

表5-2 常见工业设备噪声级范围

设备名称	噪声级范围/dB	设备名称	噪声级范围/dB
飞机发动机	107~140	轧 机	91~110
振动筛	93~130	冲压机	91~95
球磨机	87~128	剪板机	91~95
织布机	96~130	粉碎机	91~105
鼓风机	80~126	磨粉机	91~95
引风机	75~118	冷冻机	91~95
空压机	73~116	抛光机	96~100
破碎机	85~114	锉锯机	96~100
蒸汽锤	86~113	挤压机	96~100
锻 机	89~110	卷扬机	80~90
电动机	75~107	退火炉	91~100
发电机	71~106	拉伸机	91~95
水 泵	89~103	细纱机	91~95
车 床	91~95	木工机械	85~120
冲 床	74~98	木工圆锯机	93~101
砂 轮	91~105	木工带锯机	95~105
风铲（镐）	91~110		

5.5.1.2 交通运输噪声

交通运输噪声主要是机动车辆、飞机、火车和轮船的噪声。这些声源是流动的，影响面很广。地面运输噪声的来源主要是机动车辆和火车，其中尤以机动车辆噪声对环境影响最大。要想减少地面运输噪声，最根本的途径是限制运输工具，特别是机动车辆本身的声辐射。1960~1990年期间，许多国家都规定了机动车辆的噪声限值，并且要求所有的新车辆均要按照一个国际标准进行噪声测试，即按国际标准化组织（ISO）所推荐的测量方法（R362）测试。我国《汽车加速行驶车外噪声限值及测量方法》（GB 1495—2002）和《汽车定置噪声限值》（GB 16170—1996）原则上与国际标准相同。

表 5-3 为欧洲各不同时期的机动车辆噪声限值标准。表 5-3 表明到 1995 年，新生产的载重卡车噪声限值将从 84dB 降到 80dB，小轿车则从 77dB 降为 74dB。

表 5-3 欧洲各不同时期的机动车辆噪声限值（A 声级） (dB)

实行时间	小轿车	载重车
1976~1982 年	82	91
1982~1988 年	80	88
1988~1995 年	77	84
1995 年以后	74	80

铁路运输噪声对环境的影响相对道路交通噪声要小一些，它的等效声级要低 5~15dB，这是因为火车运行的时间间隔长。但是，随着城市轨道交通的发展和高速列车的出现，铁路噪声也日益突出。目前一种新的盘式刹车技术已被采用，从而使轮轨噪声降低约 10dB。现代火车正朝高速发展以缩短行车时间，这就要求设计更加安静的引擎和车厢。磁悬浮列车依靠磁力悬空于轨道之上滑动行进，不仅高速快捷，还给人以“安静”的形象。但科学家发现，它实际上一点也不“安静”，发出的噪声比轮轨列车更让人心慌意乱。根据上海磁悬浮线的实测，在时速 200km，距线路中心 35m 处的噪声为 84. 3dB，时速 400km 时，声级为 94. 1dB。根据德国环保部门的调查，在噪声水平相等的情况下，人们在视觉和感觉上，磁悬浮列车的噪声明显高于高速列车。随着民用航空运输的发展，飞机噪声已成为主要交通噪声源之一。尽管人们花了近半个世纪的努力去控制飞机噪声，但航空噪声仍然居高不下。表 5-4 给出一些民用飞机的噪声值。

表 5-4 一些民用飞机的噪声值

机 种	认证年份	噪声级/dB	机 种	认证年份	噪声级/dB
Boeing707-300	1960	123	MD-80	1980	93①
DC-8-20	1960	118	Airbus300-B2	1981	88①
Coronado CV990	1964	110	Boeing767-200R	1985	91①
Trident HS21	1965	108	Airbus310-300	1987	87①
Boeing747-200	1970	105①	Airbus320	1988	84①
DC-10-10	1971	99①			

①表示低于国际民航组织规定的最安静飞机级别标准。

在我国，近年来民航事业迅速发展，机场噪声已引起有关部门的重视，已经制定了机场周围环境噪声标准及测量方法。

5. 5. 1. 3 建筑施工噪声

建筑施工噪声，主要来源于各种建筑机械噪声。建筑施工虽然对某一地区是暂时的，但对整个城市与建筑工人来说，却是经常性的。打桩机、混凝土搅拌机、推土机、运料车等的噪声级均在 90dB 以上。表 5-5 给出了主要建筑施工机械的噪声级。

表 5-5 建筑施工机械噪声级 (dB)

机械名称	距声源 10m		距声源 30m	
	声级范围	平 均	声级范围	平 均
打桩机	93~112	105	84~103	91
地钻机	68~82	75	57~70	63
铆 枪	85~98	91	74~86	80
压缩机	82~98	88	73~86	78
破路机	80~92	85	74~80	76

5.5.1.4 社会生活噪声

社会生活噪声，是指人为活动所产生的除工业生产噪声、交通运输噪声和建筑施工噪声之外的干扰周围生活环境的声音。商业、文娱、体育活动等的空调器、冷却塔、音响等发出的噪声以及人群的喧闹声。当前，在我国许多城市中，一些营业舞厅、歌厅的噪声级在 95~110dB。不仅严重影响娱乐者，而且严重干扰附近居民的休息和睡眠。我国环境噪声污染防治法对此类噪声的污染防治做了明文规定。我国 2006 年 3 月 1 日实施的《娱乐场所管理条例》规定，“娱乐场所的边界噪声，应当符合国家规定的环境噪声标准。”有的地方政府规定娱乐场所的噪声限值为 96dB。另一类不可忽视来源于家庭用具的社会生活噪声，如电风扇、冰箱、空调等，它们的声级范围见表 5-6。

表 5-6 家用电器噪声级 (dB)

名 称	声级范围	名 称	声级范围
洗衣机	50~80	缝纫机	45~70
降尘器	60~80	吹风机	45~75
钢 琴	60~95	窗式空调	50~65
电 视	60~80	食品搅拌机	65~75
风 扇	40~60	高压锅（吹气）	58~65
电冰箱	40~55	脱排油烟机	55~60

5.5.2 城市环境噪声控制措施

城市噪声污染来源于各个方面，因此噪声的控制方法也必须是多方面的。下面主要对规划措施、管理措施及绿化降噪进行简要介绍。

5.5.2.1 规划性措施

在我国环境噪声污染防治法中规定：“地方各级人民政府在制定城乡建设规划时，应当充分考虑建设项目和区域开发、改造中所产生的噪声对周围生活环境的影响，统筹规划，合理安排功能区和建设布局，防止或减轻噪声污染。”城市用地规划和建设影响深远，在城市建设中一定要考虑环境噪声允许标准，对城市未来的噪声污染趋势做出科学的估计。规划得合理，城市才会有一个理想的声学环境。规划不合理，将会造成严重的噪声污染，带来难以挽回的后果。

A　区域规划

城市布局应按功能分区，妥善安排工业、交通运输、居住等用地的相对位置。运用噪声随距离衰减的特性，把不易降低噪声的高噪声源安排在远离居住区的地方，使人们有一个较安静的环境。把城市的机场、火车站和汽车站及工业区布置在城市外围，把有噪声污染的地区与居住区用防护带隔开等。

B　道路规划

随着我国经济的快速增长，交通噪声污染问题越来越严重。因此为控制交通噪声，应该从加强城市道路规划上下工夫。主要措施包括：为减少穿行市中心的车辆，在市区边缘建外环路，使过境车辆在外环通过。在车流量大的路段建立交桥，减少车辆停车和加速的次数，可明显降低噪声。在同样车流量下，立交桥处的噪声比一般交叉路口噪声降低5~10dB。交通干道离居住区要有足够的距离，一般不应小于30m。一级公路、二级公路不应穿过居民区、文教区。道路两侧设置一些绿化隔离带来屏蔽噪声。总之，合理地进行城市道路规划和建设是控制交通噪声的有效措施。表5-7为利用城市规划方法控制交通噪声的效果。

表5-7　利用城市规划方法控制交通噪声的效果

控制噪声方法	实用效果
居住区远离交通干线和重型车辆通行道路	距离增加1倍，噪声降低4~6dB
按噪声功能区进行合理规划	5~10dB
利用商店等公共场所作临街建筑，隔离噪声	7~25dB
道路两侧采用专门设计的声屏障	5~20dB
减少交通流量	流量减少1倍，噪声降低3~5dB
降低车辆行驶速度	每减少10km/h，噪声降低2~3dB
减少车辆中重型车比例	每减少10%，噪声降低1~2dB
增加临街建筑的窗户隔声效果	5~20dB
临街建筑的房间合理规划	10~20dB
禁止汽车使用喇叭	2~5dB

C　控制人口密度

研究表明，城市噪声随人口密度增加而增加。美国、日本等国城市噪声与人口密度之间的关系，可用下式表示。

$$L_{dn} = 10\lg\rho + 26 \tag{5-1}$$

式中　L_{dn}——昼夜等效A声级，dB；

ρ——人口密度，人/km^2。

5.5.2.2　行政管理措施

人们生活的环境中完全没有噪声是不可能的，也没有必要，因此把噪声降低到什么程度就需要制定一个控制标准。20世纪70年代以来，我国相继制定了一系列噪声标准。1996年全国人大通过了《中华人民共和国环境噪声污染防治法》（1997年3月1日实施）。噪声法律法规和标准是噪声管理的依据。许多地方政府，根据国家环境质量标准，划定其管辖行政区各类声环境质量标准的适用区域，并进行管理。一些地区和城市，还制定了适用于本地区的标准和条例。例如许多城市规定市区内主要街道禁止鸣喇叭等。

5.5.2.3　绿化降噪

绿化不仅可以改造自然、净化空气、改善环境，而且一定面积的树丛、草坪，还能引起声能的衰减。

声波在厚草地上或灌木丛传播时，衰减量可用式 2-48 计算。声波在树林中传播时，衰减量可用式 2-49 计算。

习　题

5-1　按照发生机理，噪声可分为哪几类？

5-2　城市环境噪声源可分为哪几类？

5-3　论述噪声控制的基本方法。

5-4　简述噪声控制的基本程序。

6 吸声和室内声场

当设置在工厂车间、站房或试验室内的机器发出噪声时，由于天花板、地板、内墙表面对声音的反射作用，操作人员不仅听到由机器传来的直达声，而且还会听到由室内表面多次反射形成的反射声（也称混响声）。直达声和反射声叠加，加强了室内噪声的强度。实验表明，把同一声源放在室内与室外相比，由于室内表面反射声的作用，将使声音提高5~10dB。这就是平常人们感到在车间内机器声比室外响得多的原因。

如果在室内天花板和墙面上装饰吸声材料或吸声结构，那么当机器发出的噪声碰到这些吸声材料时，就会有一部分能被吸收掉，使反射声能减弱。这时操作人员听到的主要是直达声，从而使总的噪声降低。这种降低噪声的方法通常叫做“吸声”。

6.1 材料的声学分类及吸声特性

6.1.1 吸声材料的分类

任何材料（结构），由于它的多孔性、薄膜作用或共振作用，对入射声能或多或少都有吸声能力，通常把平均吸声系数超过0.2的材料才称为吸声材料。

吸声材料和吸声结构的品种繁多，按材料的类型和吸声原理基本上可分为两大类：多孔吸声材料及共振吸声结构。

多孔吸声材料，由于具有结构简单、安装方便、价格便宜且吸声系数高等优点，在工厂噪声控制工程中获得广泛的应用。按照其构造不同，分为纤维类、泡沫类和颗粒类。常用多孔吸声材料的吸声系数见表6-1。

表6-1 常见材料的吸声系数（α_0）

材料或结构名称	密度 /kg·m^{-3}	厚度 /cm	频率/Hz						备注
			125	250	500	1000	2000	4000	
超细玻璃棉	15	2.5	0.02	0.07	0.22	0.59	0.94	0.94	
	15	5	0.05	0.24	0.72	0.97	0.90	0.98	
	15	10	0.11	0.85	0.88	0.83	0.93	0.97	
	20	5	0.15	0.35	0.85	0.85	0.86	0.86	
	20	10	0.25	0.60	0.85	0.87	0.87	0.85	
	20	15	0.50	0.80	0.85	0.85	0.86	0.80	
超细玻璃棉（玻璃布护面）	20	10	0.29	0.88	0.87	0.87	0.98		天津产
	20	15	0.48	0.87	0.85	0.96	0.99		

续表 6-1

材料或结构名称		密度 /kg·m^{-3}	厚度 /cm	频率/Hz						备 注
				125	250	500	1000	2000	4000	
超细玻璃棉（穿孔钢板护面）	$\phi4$，$p1.9\%$	25	15	0.62	0.75	0.57	0.45	0.24		天津产 ϕ—穿孔孔径(mm)； p—穿孔率； t—板厚(mm)
	$\phi5$，$p4.8\%$	20	15	0.79	0.74	0.73	0.64	0.35		
	$\phi5$，$p2\%$，t_1	25	15	0.85	0.70	0.60	0.41			
	$\phi5$，$p5\%$，t_1	25	15	0.60	0.65	0.60	0.55	0.40	0.30	
	$\phi5$，$p10\%$，t_1	30	6	0.38	0.63	0.60	0.56	0.54	0.44	
	$\phi5$，$p20\%$，t_1	30	6	0.13	0.63	0.60	0.66	0.69	0.67	
防水超细玻璃棉		20	10	0.25	0.94	0.93	0.90	0.96		
矿 渣 棉		150	8	0.30	0.64	0.73	0.78	0.93	0.94	
		240	6	0.25	0.55	0.78	0.75	0.87	0.91	
		240	8	0.35	0.65	0.65	0.75	0.88	0.92	
		300	8	0.35	0.43	0.55	0.67	0.78	0.92	

共振吸声结构包括：薄膜共振吸声结构、薄板共振吸声结构、穿孔板共振吸声结构、微穿孔板吸声结构。

在噪声控制和厅堂音质设计中，吸声材料和结构可广泛用于：

（1）缩短和调整室内混响时间，消除回声，以改善室内的听闻条件；

（2）降低室内噪声级；

（3）作为管道衬垫或消声器件的原材料，以降低通风系统的噪声；

（4）在轻质隔声结构内和隔声罩内表面作为辅助材料，以提高构件隔声量。

6.1.2 吸声系数和吸声量

6.1.2.1 吸声系数

当声波入射到吸声材料或结构表面上时（图 6-1），部分声能被反射，部分声能被吸收，还有一部分声能透过它继续向前传播，故吸声系数的定义为：

$$\alpha = \frac{E_a + E_t}{E} = \frac{E - E_r}{E} = 1 - r \tag{6-1}$$

式中 E——入射总声能，J；

E_a——吸声材料或吸声结构吸收的声能，J；

E_t——透过吸声材料或吸声结构的声能，J；

E_r——在吸声材料或吸声结构表面反射的声能，J；

r——反射系数。

可见吸声注重于入射一侧反射声能的大小，反射越小，吸声效果越好。

吸声系数 α 值的变化一般在 0~1 之间。$\alpha=0$，表示入射声完全被反射，材料不吸声。实际上自然界中任何一种材料都有一定吸声能力，例如钢板的平均吸

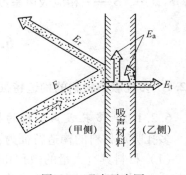

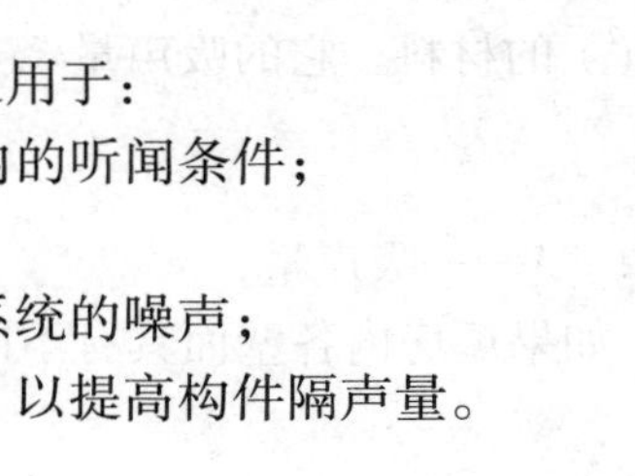

图 6-1 吸声示意图

声系数 $\alpha=0.01$，水泥地面的吸声系数 $\alpha=0.02$。当 $\alpha=1$ 表示声能完全被吸收，无声能反射。α 值越大，材料的吸声性能越好。

材料的吸声系数与声波入射角度有关，同一种材料因入射角度不同，吸声系数会有差异。吸声系数 α 的测量方法有混响室（无规入射）和驻波管（垂直入射）两种方法。混响室法测得的吸声系数用 α_T 表示，驻波管法测得的吸声系数用 α_0 表示，一般 $\alpha_T>\alpha_0$。其测定方法见第四章吸声系数测量部分。

另外，材料的吸声系数与入射声波频率有关，同一种材料，对于不同频带的声波具有不同的吸声系数，因此表征吸声系数时，必须要指明是哪个频带，通常是取 125Hz、250Hz、500Hz、1000Hz、2000Hz、4000Hz 六个频带的吸声系数来表征，切不可简便从事，采用一个频带或几个频带吸声系数的平均值来表示，因为这样做不够全面，当不同的频带吸声系数相差较大时，误差更为突出。例如 25mm 厚、容重 $15kg/m^3$ 的超细玻璃棉，4000Hz 的吸声系数为 0.94，而在 125Hz 时为 0.02，用其平均值来表示显然得不到正确的结论。

6.1.2.2 吸声量

吸声系数只表明材料所具有的吸声能力，而一个车间作吸声处理后的实际吸声量不仅与材料的吸声系数有关，而且还与材料的使用面积有关。对于吸声系数为 α，面积为 $S(m^2)$ 的材料，它的吸声量

$$A = S\cdot\alpha \tag{6-2}$$

式中 A——吸声量，m^2。

如果厂房内各壁面具有不同吸声系数的材料时，则该厂房内总吸声量

$$A = S_1\alpha_1 + S_2\alpha_2 + \cdots + S_n\alpha_n \tag{6-3}$$

房间的平均吸声系数

$$\bar{\alpha} = \frac{A}{S} = \frac{S_1\alpha_1 + S_2\alpha_2 + \cdots + S_n\alpha_n}{S_1 + S_2 + \cdots + S_n} = \frac{\sum_i S_i\alpha_i}{\sum_i S_i} \tag{6-4}$$

式中 A——室内各壁面的总吸声量，m^2；

S——室内吸声面的总面积，m^2；

S_1，S_2，…，S_n——相应吸声系数分别为 α_1，α_2，…，α_n 的壁面面积，m^2。

6.2 多孔性吸声材料

6.2.1 多孔吸声材料的构造特征及吸声机理

6.2.1.1 多孔吸声材料的构造特征

多孔吸声材料的构造特征为：

(1) 材料具有大量的微孔和间隙，孔隙率高，而且孔隙应尽可能细小，并在材料内部均匀分布，这样材料内部筋络总表面积大，有利于声能吸收。例如，容重为 $20kg/m^3$ 的超

细玻璃棉，玻璃纤维所占体积不到1%，而孔隙率达到99%以上。

（2）材料内部的微孔应该是互相贯通的，而不应该是密闭的，单独的气泡和密闭间隙不起吸声作用。

（3）微孔向外敞开，使声波易于进入微孔内。

6.2.1.2 吸声机理

当声波入射到多孔吸声材料表面时，一部分在材料表面反射，一部分则透入到材料内部向前传播。在传播过程中，引起孔隙中的空气振动，并与固体筋络发生摩擦，由于黏滞性和热传导效应，使相当一部分声能转化为热能而消耗掉。入射声波的频率越高，空气振动速度越快，消耗的声能越多，因此多孔吸声材料对中高频声波吸声系数大，对低频声波吸声系数小。

6.2.2 多孔吸声材料的吸声性能及其影响因素

多孔吸声材料的吸声性能主要受入射声波和所用材料的性质影响，其中，声波性质除和入射角有关外，主要和频率有关。一般多孔吸声材料对高频声吸收效果较好，而对低频声吸收效果较差。而材料的性质主要包括流阻、孔隙率、厚度、体积密度、背景空腔、面层等因素。

6.2.2.1 流阻

材料的透气性可用流阻这一结构参数来定义，流阻是空气质点通过材料空隙中的阻力。在稳定的气流状态下，吸声材料中的压力梯度与气流线流速之比，定义为材料的流阻（R_f），单位为 Pa·s/m；单位厚度（d）的流阻称为材料的流阻率（R_s），单位为Pa·s/m^2。

通过调整材料的流阻（如增加或减小材料的体积密度），可以改变材料的声阻，从而调整材料的吸声频率特性，因此流阻是定型吸声制品出厂的重要质量指标。通过对高、中、低三种流阻材料的驻波管吸声系数测定，反映了如下的变化关系，参见图6-2。

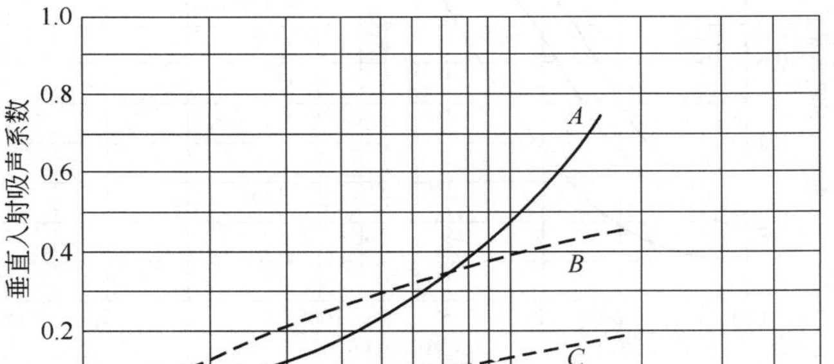

图6-2 不同流阻板材的吸声频率特性
（厚度均为20mm）
A—流阻1200Pa·s/m；B—流阻3060Pa·s/m；C—流阻8100Pa·s/m

从图6-2可以看出，对于低流阻材料，低频段吸声系数很低，到某一中、高频段后，曲线以较大的斜率陡然上升，高流阻材料与低流阻材料相比，高频吸声系数明显下降，低中频吸声系数有所提高。

对于一定厚度的多孔性材料，有一个相应的合理流阻值，过高和过低的流阻值都无法使材料有良好的吸声性能。

材料的流阻控制还可以从以下分析中得出：由于流阻的量值与空气特性阻抗 $\rho_0 c$ 相同，依据吸声理论以及材料的成型要求，材料的流阻在 2~4 倍空气特性阻抗时，可以得到良好的吸收能力。当材料后面留有空腔时，可取低数值。

6.2.2.2　孔隙率

孔隙率是材料内部空气体积与材料总体积之比，即：

$$P = \frac{V_a}{V_m} \tag{6-5}$$

式中　P——孔隙率，%；

V_a——材料中与大气相连通的空气体积；

V_m——材料的总体积。

吸声材料的孔隙率一般在 70%以上，多数达 90%左右。孔隙率与流阻有较好的对应关系，孔隙率大，流阻小；反之，孔隙率小，则流阻大。因此对于一定厚度的材料也存在最佳孔隙率。

6.2.2.3　厚度

多孔吸收材料的低频吸声系数一般较低，当材料厚度增加时，吸声最佳频率向低频方向移动。对同一种材料而言，材料厚度加倍，吸声系数的最大频率向低频方向移动一个倍频程。

吸声材料厚度对吸声系数的影响见图 6-3。从图中可以看出，增加材料的厚度，低频吸收增加很快，对高频的吸收影响很小。

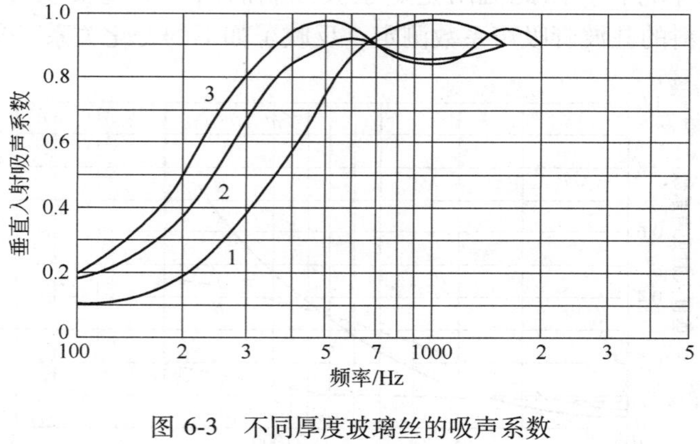

图 6-3　不同厚度玻璃丝的吸声系数

（体积密度 200kg/m^3）

1—厚度 50mm；2—厚度 70mm；3—厚度 90mm

材料的厚度与材料平均吸声系数的关系见图 6-4。从图中可以看出，玻璃棉板从厚 30mm 增加到 40mm 时，其平均吸声系数从 0.5 提高到 0.6；而当板厚由 80mm 增加到 100mm 时，其吸声系数增量仅在 0.05。当材料的厚度相当大时，就看不到由于材料厚度引起的吸声系数变化。

6.2.2.4 体积密度

多孔材料的体积密度和纤维、筋络、颗粒本身的大小或直径以及固体密度有密不可分的关系，如纤维直径不同，同一体积密度的材料，其吸声系数会有不同；一定的体积密度对某一材料是合适的，对另一种材料则可能是不合适的，因此，体积密度对多孔材料吸声特性的影响并不那么简单。在实用范围内，材料体积密度或纤维直径的影响，比材料厚度所引起的吸声系数变化要小，它们对吸声材料的选择，可以认为是第二位的。

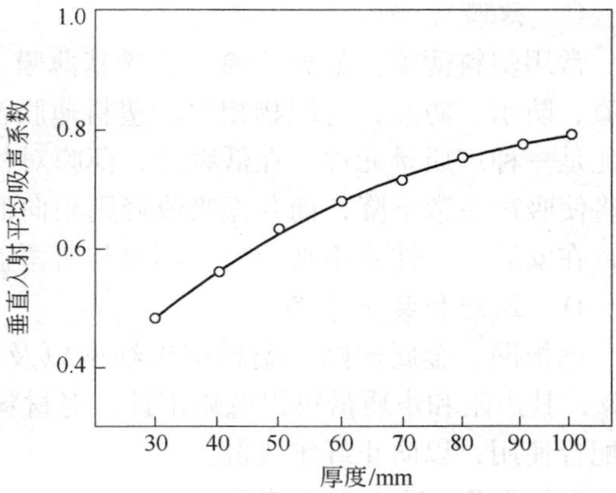

图 6-4 玻璃棉板厚度与平均吸声系数的关系
（体积密度 $100kg/m^3$，纤维直径 13~15μm）

在一定条件下，当厚度不变时，增大体积密度可提高低频吸声系数，不过比增加厚度所引起的变化要小。体积密度过大过于密实的材料，其吸声系数也不会高。

体积密度过大或过小，都将使吸声系数降低，因此，在一定条件下，材料的体积密度存在着最佳值，它可根据频谱要求选定，并由实验得出。

6.2.2.5 背后空气层的影响

多孔材料置于刚性墙面前一定距离，即材料背后具有一定深度的空气层或空腔，其作用相当于加大材料的厚度，可以改善低频的吸收（见图 6-5）。它比增加材料厚度来提高低频吸收的措施要节省材料。一般当空气层深度为入射声波 1/4 波长时，吸声系数最大；当空气层深度为 1/2 波长或其整数倍时，吸声系数最小。

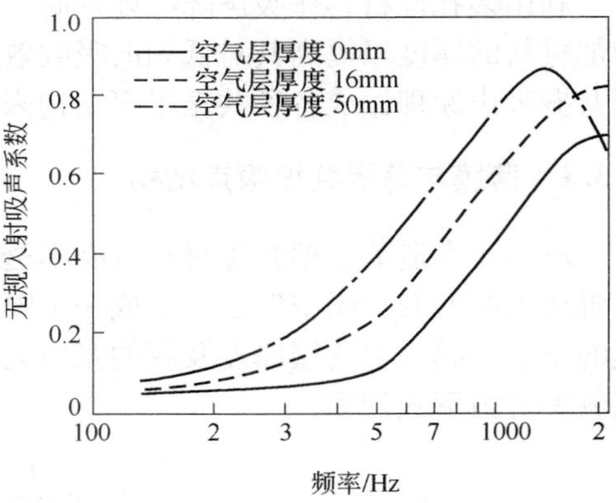

图 6-5 背后空气层对玻璃棉吸声系数的影响

6.2.2.6 护面层的影响

松散多孔材料往往需要护面层以满足使用要求，透气性差的护面层主要对高频吸收有影响，以下为几种不影响材料吸声性能的护面处理。

A 织物

常用护面织物，如玻璃纤维布、粗布、麻纤维布一类，其透气性很高，流阻率很低，对材料吸声性能的影响可忽略不计。但在加工中要防止粘结剂或油漆堵塞布孔，避免全面粘贴。

B 穿孔罩面板

需与织物配合使用，孔径在 10mm，穿孔板的穿孔率应比较高，例如大于 20%时，不论是正方排列或三角排列、圆形孔或各种几何形状的孔，其声质量都很小，它不起共振吸声作用，而主要起护面或罩面作用，所保护的吸声材料层是整个吸声结构的主体。

C 薄膜

常用塑料薄膜，如聚乙烯、乙烯基薄膜，厚约0.05mm，它作为护面层主要用于防止掉渣、防水、防潮，与织物相比，塑料薄膜没有透气孔，主要靠薄膜本身振动传递声波，因此是一种声质量元件。在低频段，薄膜对材料吸声性能的影响可以忽略不计，但在高频段将使吸声系数下降，而共振吸收峰则稍向低频方向移动，因而薄膜护面较适合于中、低频，在安装时，注意不加拉力，不要与所覆盖的材料紧贴。

D 罩网和装饰木条

钢板网、金属丝网、塑料挤出纱网以及装饰木条是常用的护面层，其开口率远大于20%，其声阻和声质量可以忽略不计，对材料吸声性能没有不利影响，上述护面层需与织布配合使用，以防止纤维飞散。

6.2.2.7 温度和湿度影响

多孔吸声材料在使用中，外界温度升高，会使材料的吸声性能向高频方向移动，反之，则向低频方向移动。湿度增大，会使多孔吸声材料的孔隙内吸水量增加，堵塞材料中的细孔，使吸声系数下降，因此对于湿度大的车间作吸声处理时，应选用吸水量较小、耐潮湿的材料。

6.3 共振吸声结构

利用多孔性材料作吸声降噪处理时，其最大的缺点是对低频的吸收效果往往很差，而增加材料的厚度以提高其对低频的吸收效果的做法既不经济也不科学，因此，目前普遍利用共振吸声原理做成各种共振吸声结构来增加对低频声的吸收。

6.3.1 薄膜与薄板共振吸声结构

皮革、人造革、塑料等材料具有不透气、柔软、受拉时有弹性等特性。这些弹性膜后设置适当厚度的封闭空气层，形成一个膜和空气层组成的共振系统。共振频率由单位面积膜的质量、膜后空气层厚度及膜的张力大小决定。对于不施加张力或张力很小的膜，其共振频率可由下式计算：

$$f_0 = \frac{1}{2\pi}\sqrt{\frac{\rho_0 c^2}{M_0 D}} = \frac{60}{\sqrt{M_0 D}} \tag{6-6}$$

式中 M_0——薄膜单位面积的质量，kg/m²；

D——膜与刚性壁面之间空气层的厚度，m。

薄膜吸声结构的共振频率通常在200~1000Hz范围，最大吸声系数约为0.3~0.4，一般作为中频范围的吸声材料。

将胶合板、金属板等板材周边固定在框架上，板后设置适当厚度的封闭空气层，也形成一个共振系统。

当声波入射到薄板结构时，薄板在声波交变压力激发下而振动，使板发生弯曲变形（其边缘被嵌固），出现了板内部摩擦损耗，在共振频率时，消耗声能最大。

影响薄板共振吸声结构吸收的主要因素，与板是否容易振动和变形有关，且板材本身重量和弹性系数或刚度、结构的不同组成形式和尺寸、结构的安装方法、板后空气层厚度等，均对吸声特性有影响。

薄板共振结构的共振频率（Hz）可用下式计算：

$$f_0 = \frac{1}{2\pi}\sqrt{\frac{\rho_0 c^2}{M_0 D} + \frac{K}{M_0}} \tag{6-7}$$

式中 M_0——薄板单位面积的质量，kg/m³；

D——薄板后空气层厚度，m；

ρ_0——空气密度，kg/m³；

c——空气中的声速，m/s；

K——结构的刚度因素，kg/(m²·s²)，一般板材的 K 值为 $1\times10^6 \sim 3\times10^6$。

当板的刚度因素 K 和空气层厚度都比较小时，式 6-7 根号中第二项比第一项小得多，可以略去，结果与式 6-6 相同。这时的薄板结构可以看成薄膜结构。

实际工程中薄板厚度常取 3~6mm，空气层厚度 30~100mm，共振频率在 80~300Hz 之间，吸声系数为 0.2~0.5。

值得强调指出的是，薄板共振吸声结构的吸声带宽较窄，吸声系数也不高。为了改善这种结构的吸声性能，可在空气层中填入一些多孔吸声材料，如玻璃棉、矿渣棉等，或者采用不同单元大小的薄板及不同腔深的吸声结构，来增大吸声频带的宽度。如果在空气层中，特别是在空气层一带填以多孔吸声材料，将会增加结构的系数，特别是在接近薄板共振频率的范围。

6.3.2 穿孔板共振吸声结构

单孔共振吸声结构是一个封闭的空腔，在腔壁上开一小孔与外部空气相通的结构。如图 6-6（b）所示。当入射声波的波长比腔体和孔口尺寸大得多时，孔颈中的空气柱视为不可压缩的流体，它相当于弹性系统图 6-6（a）中的质量 M，声学上称为质量，而充满空气的空腔可视作弹簧 K，它能阻抗外来声波的压力，相当于劲度，称为声顺。于是整个系统类似于弹簧振动系统，称为亥姆霍兹共振器。

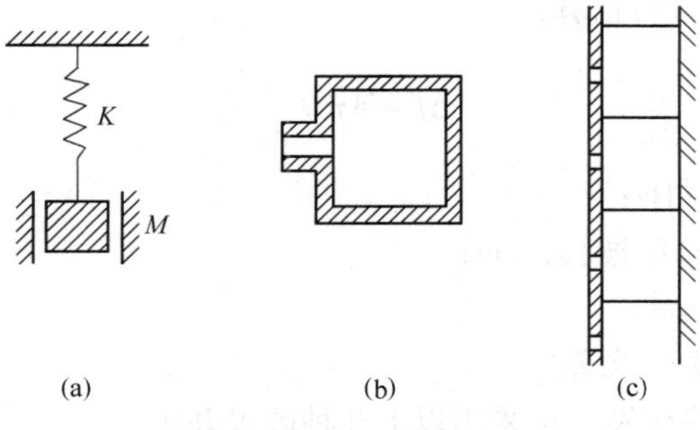

图 6-6 穿孔板共振吸声结构示意图

（a）弹簧振动系统；（b）单孔共振吸声结构；（c）穿孔板共振吸声结构

每一个共振器都具有一定的固有振动频率 f_0，这个固有振动频率由小孔孔径 d、板厚 l_e、腔深 D，即由共振器的声质量、声阻、声顺所决定。当外来声波的频率与共振器的固有频率一致时发生共振，此时，孔颈中的空气柱往返振动最强烈，振动中，空气柱与孔壁摩擦而消耗声能，从而起到吸声效果。

亥姆霍兹共振器的特点是吸收低频噪声并且频率选择性强，因此多用在有明显单调的低频噪声场合。若在孔口处加一些诸如玻璃棉之类的多孔材料，或加贴一些尼龙布等透声织物，可以增加孔口部分的摩擦，增宽吸声频带。

穿孔板共振吸声结构如图 6-6（c）所示。它是由穿以一定数量孔的薄板（金属板、胶合板或塑料板等）及在其后的空气层（空腔）所组成的吸声结构。它可以看成是由单腔共振吸声结构并联而成。

6.3.2.1 共振频率

穿孔板共振吸声结构的共振频率 f_0 可由下式求出：

$$f_0 = \frac{c}{2\pi}\sqrt{\frac{S}{ADl_e}} = \frac{c}{2\pi}\sqrt{\frac{P}{Dl_e}} \tag{6-8}$$

式中 P——穿孔率（穿孔面积/全面积），%；

c——空气中的声速，一般取 $c=340\text{m/s}$；

S——孔颈开口面积，m^2；

A——全面积，m^2；

D——空腔深度，m；

l_e——穿孔有效长度，$l_e = l_0 + (\pi/4)d$，其中 d 为孔径，l_0 为板厚，m。

由式 6-8 可以看出，f_0 与 p 成正比，即是说，板的穿孔面积越大，则吸收的频率越高，并且，f_0 与 D 及 l_e 成反比，即空腔越深或颈口有效深度越大，则吸收的频率越低。因此，在工程设计中，板厚、腔深和穿孔率的大小不能任意选取，而应根据所需吸收的频率，选择一个比较合适的尺寸。

6.3.2.2 有效吸声频带宽度

穿孔板共振吸声结构的缺点是频率的选择性很强，在共振频率 f_0 附近具有最大的吸声性能，偏离共振频率，它的吸声效果急剧下降。因此，设计结构尺寸时应尽可能地使吸声频带宽一些。通常取共振频率 f_0 处的吸声系数 α_0 的 50%范围内的频带宽为使用区。其吸声频带宽 Δf 可由式 6-9 进行估算：

$$\Delta f = 4\pi D\frac{f_0}{\lambda_0} \tag{6-9}$$

式中 Δf——吸声带宽，Hz；

λ_0——共振频率 f_0 的波长，cm；

D——空腔深度，cm。

6.3.2.3 吸声带宽的改善

为了提高结构的吸声带宽，可采用以下几种改善办法：

（1）缩小穿孔板的孔径，提高孔内的阻尼效应，例如微穿孔板吸声结构就属这种类型。

（2）在穿孔板后面蒙一层阻性材料，如薄布、玻璃布等，以增加其孔径摩擦，提高频带宽度。

（3）在穿孔板后面的空腔中填充疏松的吸声材料。

（4）针对所需吸收的频率，设计多种不同尺寸的共振吸声结构。

6.3.2.4 穿孔板的排列及穿孔率的计算

穿孔板中穿孔的排列形式有正方形排列与等边三角形排列两种，其穿孔率 P 的计算公式如下：

正方形排列

$$P = \frac{\pi}{4} \times \frac{d^2}{B^2} \tag{6-10}$$

等边三角形排列

$$P = \frac{\pi}{2\sqrt{3}} \times \frac{d^2}{B^2} \tag{6-11}$$

式中 P——穿孔率，%；

d——圆孔直径，mm；

B——孔心距，mm。

6.3.3 微穿孔板吸声结构

为克服穿孔板共振吸声结构吸声频带较窄的缺点，我国声学专家马大猷教授在普通穿孔板结构的基础上，研究出一种新型的微穿孔板吸声结构。它是由板厚小于 1mm、孔径也小于 1mm、穿孔率为 1%~4%的薄金属微穿孔板与板后的空腔所组成的吸声结构。薄板常用铝板或钢板制作，有单层、双层和多层之分。

微穿孔板吸声结构实质上仍属于共振吸声结构，因此其吸声机理与共振吸声结构相同。利用空气柱在小孔中的来回摩擦消耗声能，用板后的腔深大小控制吸声峰值的共振频率，腔越深，共振频率越低。但因为板薄、孔细，与普通穿孔板相比，声阻显著增加，声质量显著减小，因而明显提高了吸声系数，增宽了吸声频带宽度。微穿孔板吸声结构的吸声系数很高，有的可达 0.9 以上；吸声频带，可达 4~5 个倍频程以上，因此属于性能优良的宽频带吸声结构。减小微穿孔板的孔径，提高穿孔率，或使用双层或多层微孔板，可增大吸声系数，展宽吸声带宽，但孔径太小，易堵塞，故多选用 0.5~1mm，穿孔率多以 1~3 为好。微穿孔板吸声结构吸声峰值的共振频率与多孔板共振结构类似，主要由腔深决定；若以吸收低频声为主，空腔宜深；若以吸收中高频声为主，空腔宜浅。腔深一般取 50~200mm。

微穿孔板吸声结构可用于多种场合，包括高速气流管道中。耐高温、耐腐蚀，不怕潮湿和冲击，甚至可承受短暂的火焰。其缺点是加工比较困难复杂，使用时容易堵塞，所以在实际工程中应针对实际情况合理选用。

在微穿孔板吸声结构理论研究与实践应用领域，我国处于国际领先地位。一个十分典型的例子是，德国新议会大厦的会议大厅为玻璃墙面建成的圆形建筑，耗资 2.7 亿马克，但建成后，由于存在声聚焦和声场不均匀等声学缺陷而无法使用。德国聘请了许多专家都没有解决。1993 年一位中国访问学者根据微穿孔理论，在 5mm 厚的有机玻璃板上用激光穿孔（孔径为 0.55mm，孔距为 6mm，穿孔率在 1.4%左右），将其装于原玻璃墙内侧，成功地解决了这一声学缺陷，在德国和西欧传为佳话。

6.3.4 空间吸声体

空间吸声体是一种悬挂在室内空间中专为吸声目的而制作的吸声结构。它与一般吸声结构的区别在于它不是与顶棚、墙体等壁面组成的吸声结构，而是自成体系，由于可以预先制作，并直接进行现场吊装，故便于卸装维修。空间吸声体由于吸声效率很高，而且吸声频带也较宽，充分发挥了材料的吸声作用，特别适合于已建成房间的声学处理，有利于节省材料和投资，所以在声学控制中得到广泛应用。

空间吸声体一般是由木制、塑料制或钢制框架，内填充多孔吸声材料，其护面层用塑料窗纱、玻璃布及钢丝网或穿孔薄板等构成，有时无须框架而直接由多孔材料与塑料布及玻璃布缝成被褥结构形式，独自一块一块吊挂在屋架下弦处或悬挂在墙面上。吸声材料大多选用超细玻璃棉或毡。超细玻璃棉的填充密度和厚度，应根据待降噪声频率特性确定。在各种护面层中，金属网、塑料窗纱的穿孔率大，对材料的吸声性能不会有什么影响，玻璃纤维布、麻布透气性好，孔隙率高，流阻小，所以对吸声材料的影响可忽略不计。穿孔板作护面层时，穿孔率一般不应小于20%，孔径应为6mm左右，这样对吸声材料的原有吸声性能基本上没有什么影响。

吸声体的结构形式很多，有矩形板状、圆柱形、六棱形、波浪形等，如图6-7所示。吸声体可以水平悬挂，也可以垂直悬挂，根据现场条件灵活安装。吸声体的尺寸不宜太大，否则过于笨重，不便于运输和吊挂，一般常见的规格有0.5m×0.5m、1m×0.5m、1m×1m等数种。

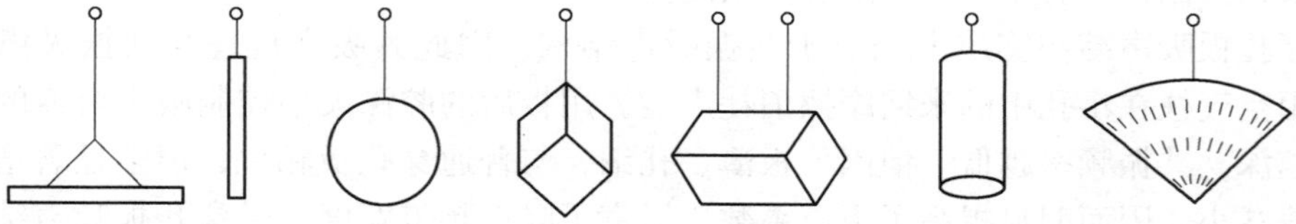

图6-7 几种形状的吸声体

吊挂吸声体时应注意以下原则：

（1）实验证明，悬挂吸声体的面积为厂房平顶面积的25%左右时，即可达到较好效果。在实际吸声降噪工程中，悬挂吸声体的面积比，一般以30%～40%为佳。这样做，基本接近整个平顶满铺吸声材料的降噪效果。

（2）在吸声面积比相同的条件下，吸声体水平悬吊与垂直悬吊的降噪效果相差不大，因此，在设计布置空间吸声体时，可根据现场实际情况灵活运用。

（3）吸声体的悬挂高度，通常宜控制在厂房净高的1/7～1/5处。实际工程中，一般常使吸声体吊悬在屋架下弦处。

（4）根据1/4波长的原理，于厂房内墙壁上垂直悬挂吸声体，可改善某些频率峰值的吸收效果。

（5）吸声体分散悬挂比集中悬挂效果好。特别是对中、低频的吸声效率可提高40%～50%。因此，在条件允许的情况下，应尽量采取分散悬挂方式。一般可采取下弦下吊挂60%，墙壁上悬挂40%。

6.3.5 吸声尖劈

在消声室等一些特殊声学结构中，要求在一定频率范围内，室内各表面都具有极高的吸声系数，这时用普通的吸声结构往往满足不了吸声要求，必须要用到吸声尖劈。尖劈的结构如图 6-8 所示。图 6-8（b）是为节省空间所用的平头尖劈，相对尖头尖劈低频声影响不大，对高频稍有影响。

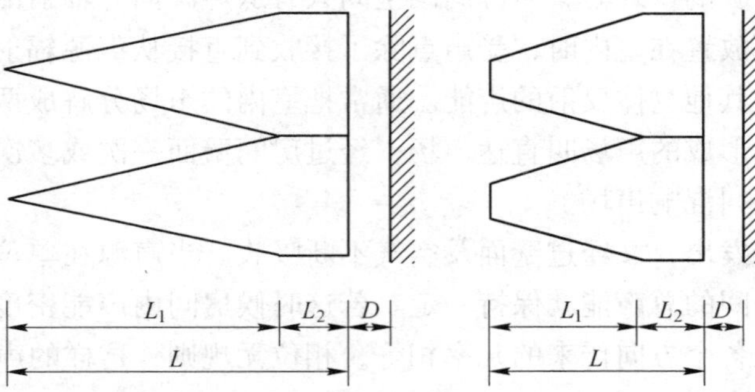

图 6-8 尖劈结构示意图
（a）尖头尖劈；（b）平头尖劈

尖劈常用 ϕ3~3.5mm 钢丝制成框架，在框架上固定玻璃丝布、塑料窗纱等面层材料，再往框内填装吸声材料，也可将多孔材料制成毡状，裁成尖劈形状后装入框内。多孔材料多采用超细玻璃棉及岩棉等。由于尖劈头部面积较小，它的声阻抗从接近空气阻抗逐渐增大到多孔材料的声阻抗。由于声阻抗是逐渐变化的，因此，声波入射时不会因阻抗突变而引起发射，使绝大部分声能进入材料内部而被高效吸收。

尖劈吸声特性由其形状、尺寸及内部所用多孔材料决定。

尖劈的尖部长度 L_1 越长，尖劈低频吸声性能越好，同时尖部长度也决定了截止频率。尖劈的截止频率约为

$$f = 0.2 \times \frac{c}{L_1} \tag{6-12}$$

式中 c——空气中的声速；

L_1——尖劈尖部长度，常用的尖劈长度大约相应于截止频率波长的 1/5~1/4。

尖劈尖部与基部长度（包括空腔深度）的比例大致为 4∶1 左右，过大过小都是不适宜的。

尖劈基部（即楔座部分），主要对低频（小于 200Hz）的吸收起很大影响，对高频吸收则很小。

尖劈背后留有空腔，相当于增加尖劈长度，可以调整共振频率，提高低频吸声特性。一般空腔深度应控制在尖劈总长度 5%~15%范围。但深度过大，会使尖劈反共振的吸声系数明显下降。

在一定范围内，切去尖劈（如 50~150mm）成为平头尖劈，对尖劈吸声性能影响不大，对节约空间和成本是有利的。

包括空腔在内的尖劈总长度与截止频率相对应的声波波长的相对比值 N，可以作为衡量尖劈性能优劣的指标，对于玻璃纤维材料，N 值一般可达到 5 左右，总长度在 1m 以内的尖劈，截止频率可达到 70Hz；总长度在 0.6m 以内的尖劈截止频率也可达到 100Hz 左右。

6.4 室内声场和吸声降噪

当声源放置在空旷的户外时，声源周围空间只有从声源向外辐射的声能，这种声场称为自由声场。当声源放置在室内时，受声点除了接收到直接从声源辐射的声能外，还接收到房间壁面及房间中其他物体反射的声能。通常把室内的声场分解成两部分：从声源直接到达受声点的直达声形成的声场叫直达声场；经过房间壁面一次或多次反射后到达受声点的反射声形成的声场叫混响声场。

声音不断从声源发出，又经过壁面及空气不断吸收。当声源在单位时间发出的声能等于被吸收的声能，房间的总声能就保持一定。若这时候房间内声能密度处处相等，而且任一受声点上，声波从各个方向传来的几率相等，相位无规则，这样的声场叫扩散声场。

6.4.1 扩散声场中的声能密度和声压级

6.4.1.1 直达声场

设点声源的声功率为 W，在距点声源 r 处，直达声的声强为

$$I_d = \frac{QW}{4\pi r^2} \tag{6-13}$$

式中，Q 为声源的指向性因数，与声源放置位置有关，如图 6-9 所示。当点声源位于无限空间时，$Q=1$；位于刚性无穷大平面上，则点声源发出的全部能量只向半无限空间辐射，因此同样距离处的声强将是无限空间情况的 2 倍，$Q=2$；声源放置在两个刚性平面的交线上，全部声能只能向四分之一空间辐射，$Q=4$；声源放置在三个刚性反射面的交角上，$Q=8$。

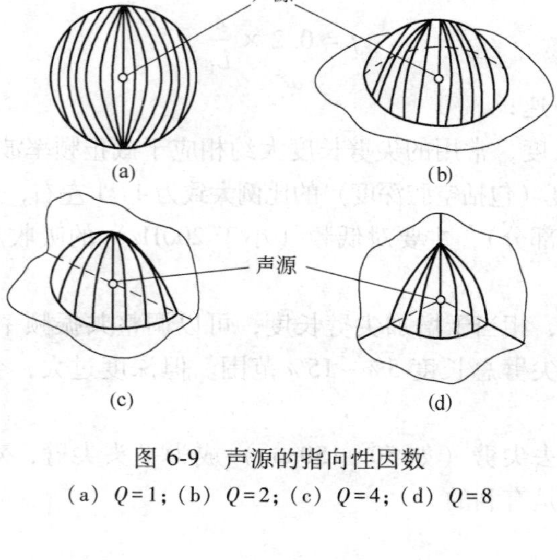

图 6-9 声源的指向性因数

(a) $Q=1$；(b) $Q=2$；(c) $Q=4$；(d) $Q=8$

距点声源 r 处直达声的声压 p_d 及声能密度 ε_d 为：

$$p_d^2 = \rho c I_d = \frac{\rho c Q W}{4\pi r^2} \tag{6-14}$$

$$\varepsilon_d = \frac{p_d^2}{\rho c^2} = \frac{QW}{4\pi r^2 c} \tag{6-15}$$

相应的声压级 L_{pd} 为

$$L_{pd} = L_w + 10\lg \frac{Q}{4\pi r^2} \tag{6-16}$$

6.4.1.2 混响声场

假设混响声场是理想的扩散声场。在扩散声场中，声波每相邻两次反射间所经过的路程称作自由程。单位时间内自由程的平均值为平均自由程。可以求得平均自由程 d 为：

$$d = \frac{4V}{S} \tag{6-17}$$

式中 V——房间容积；

S——房间内表面面积。

当声速为 c 时，声波传播一个自由程所需时间 τ 为：

$$\tau = \frac{d}{c} = \frac{4V}{cS} \tag{6-18}$$

单位时间内平均反射次数 n 为：

$$n = \frac{1}{\tau} = \frac{cS}{4V} \tag{6-19}$$

声能在第一次反射前，均为直达声。经第一次反射后，剩下的声能便是混响声。单位时间内声源向室内贡献的混响声为 $W(1-\bar{a})$，$\bar{a}$ 为房间的平均吸声系数。这些混响声在以后的多次反射中还要被吸收。设混响声能密度为 ε_r，则总混响声能为 $\varepsilon_r V$，每反射一次，吸收 $\bar{a}\varepsilon_r V$，每秒反射的次数为 $cS/4V$，则单位时间吸收的总混响声能为 $\bar{a}\varepsilon_r VcS/4V$，当单位时间声源贡献的混响声能与被吸收的混响声能相等时，达到稳定状态，有下式成立：

$$W(1-\bar{a}) = \varepsilon_r V \bar{a} \frac{cS}{4V} \tag{6-20}$$

由此式可得稳态时，室内混响声能密度为：

$$\varepsilon_r = \frac{4W(1-\bar{a})}{cS\bar{a}} \tag{6-21}$$

设

$$R = \frac{S\bar{a}}{1-\bar{a}} \tag{6-22}$$

R 为房间常数，单位为 m^2，则有：

$$\varepsilon_r = \frac{4W}{cR} \tag{6-23}$$

据上式得到混响声场中的声压 p_r 为：

$$p_r^2 = \frac{4\rho c W}{R} \tag{6-24}$$

由此可得声压级 L_{pr} 为

$$L_{pr} = L_W + 10\lg\left(\frac{4}{R}\right) \tag{6-25}$$

6.4.1.3　总声场

把直达声场和混响声场叠加，就得到总声场。总声场的声能密度 ε 为

$$\varepsilon = \varepsilon_d + \varepsilon_r = \frac{W}{c}\left(\frac{Q}{4\pi r^2} + \frac{4}{R}\right) \tag{6-26}$$

由此可得总声场的声压级 L_p 为：

$$L_p = L_W + 10\lg\left(\frac{Q}{4\pi r^2} + \frac{4}{R}\right) \tag{6-27}$$

从上式可以看出，由于声源的声功率是给定的，因此，房间内各处的声压级的相对变化主要由第二项决定，当房间的壁面为全反射时，房间常数 R 为 0，房间内声场主要为混响声场，这样的房间叫混响室；当各壁面的吸声系数等于 1 时，房间常数 R 为无穷大，房间内只有直达声，类似于自由声场，这样的房间叫消声室。

6.4.1.4　混响半径

由总声场的声压级公式可以看出，当声源的声功率为定值时，房间内的声压级由受声点到声源的距离 r 和房间常数 R 决定。当受声点离声源很近，$Q/(4\pi r^2) \gg 4/R$，室内声场以直达声为主，混响声可以忽略；当受声点离声源很远，$Q/(4\pi r^2) \ll 4/R$，室内声场以混响声为主，直达声可以忽略，此时声压级与距离无关；$Q/(4\pi r^2) = 4/R$，直达声与混响声的声能密度相等，这时候的距离 r 称为临界半径，记作 r_c，值为

$$r_c = 0.14\sqrt{QR} \tag{6-28}$$

当 $Q=1$ 时的临界半径又称混响半径。

因为吸降噪是通过吸声材料将反射到房间的声能吸收掉，达到降低室内噪声的目的，因此，它只对混响声有作用，当受声点与声源的距离小于临界半径时，吸声处理对该点的降噪效果不大；反之，当受声点离声源的距离大大超过临界半径时，吸声处理才有效。

6.4.2　室内吸声减噪量

由式 6-27 可以看出：改变房间常数，可以改变室内某点的声压级。设 R_1、R_2 分别为室内设置吸声装置前后的房间常数，则距声源中心 r 处相应的声压级为 L_{p1}、L_{p2}。

$$L_{p1} = L_W + 10\lg\left(\frac{Q}{4\pi r^2} + \frac{4}{R_1}\right)$$

$$L_{p2} = L_W + 10\lg\left(\frac{Q}{4\pi r^2} + \frac{4}{R_2}\right)$$

所以室内作吸声处理前后该点噪声降低量 ΔL_p 为：

$$\Delta L_p = L_{p1} - L_{p2} = 10\lg\left(\frac{\dfrac{Q}{4\pi r^2} + \dfrac{4}{R_1}}{\dfrac{Q}{4\pi r^2} + \dfrac{4}{R_2}}\right) \tag{6-29}$$

分析式 6-29 可知：

（1）当受声点距离声源很近，$Q/(4\pi r^2) \gg 4/R$，$4/R$ 可以忽略不计，则噪声降低量为 0。这表明，在声源附近位置上，直达声占主导地位，作吸声处理无降噪效果。

（2）当受声点距离声源超过临界半径时，$Q/(4\pi r^2) \ll 4/R$，$Q/(4\pi r^2)$ 可以忽略不计，则噪声降低值为：

$$\Delta L_p = 10\lg\frac{R_2}{R_1} = 10\lg\left(\frac{\bar{\alpha}_2}{\bar{\alpha}_1} \times \frac{1-\bar{\alpha}_1}{1-\bar{\alpha}_2}\right) \tag{6-30}$$

考虑到 $\bar{\alpha}_1$、$\bar{\alpha}_2$ 都是小数，$\bar{\alpha}_1$、$\bar{\alpha}_2$ 乘积很小，可忽略不计，于是上式变为：

$$\Delta L_p = 10\lg\frac{\bar{\alpha}_2}{\bar{\alpha}_1} \tag{6-31}$$

上式反映了在扩散声场内，远离声源处的最大吸声减噪量。

（3）车间内其他各控制点减噪量，均介于 $0 \sim \Delta L_p$ 之间。

6.4.3 混响时间及其计算

声源在室内发声后，由于反射与吸收作用，使室内声场有一个逐渐增长的过程。同样当声源停止发声后，声音也不会立即消失，而是要经历一个逐渐衰变的过程，称混响过程。混响时间长，会增加音质的丰满感，但如果这一过程过长，则会影响听音的清晰度。混响时间短，有利于清晰度，但如果过短，又会使声音显得干涩，强度变弱。

混响时间是指当室内声能达到稳态后，声源突然停止发声，衰减 60dB 所需要的时间，用 T_{60} 表示，单位 s。例如，声源发出 100dB 的声音，从声源突然停止发生降低到 40dB 时所需的时间，就是混响时间。混响的理论是 W. C. Sabine 在 1900 年提出的。他提出的混响时间的概念，迄今为止在厅堂音质设计中仍是唯一用来定量计算音质的参量。

W. C. Sabine 通过大量的实验，首先得出 $\bar{\alpha} < 0.2$ 时混响时间的近似计算公式：

$$T_{60} = \frac{0.161V}{A} = \frac{0.161V}{S\bar{\alpha}} \tag{6-32}$$

式中 T_{60}——混响时间，s；

A——房间吸声量，m^2；

S——房间总表面积，m^2；

$\bar{\alpha}$——房间平均吸声系数，$\bar{\alpha} < 0.2$；

V——房间的体积，m^3。

从式 6-32 可以看出，混响时间 T_{60} 与房间的体积 V 成正比，与室内吸声量 A 成反比。当室内体积一定时，T_{60} 主要取决于 A，若 $\bar{\alpha}$ 愈大则混响时间 T_{60} 愈短。

对于形状不太复杂的房间或车间，当体积已确定时，室内处理前后噪声降低值可由式 6-33 确定。

$$\Delta L_{\mathrm{p}} = 10\lg\left(\frac{T_1}{T_2}\right) \tag{6-33}$$

式中 ΔL_{p}——噪声降低量，dB；

T_1，T_2——处理前后的混响时间，s。

也可以表示为：

$$\Delta L_{\mathrm{p}} = 10\lg\frac{\overline{\alpha}_2}{\overline{\alpha}_1} = 10\lg\frac{T_1}{T_2} = 10\lg\frac{A_2}{A_1} \tag{6-34}$$

Sabine 公式的提出对指导声学设计起到非常重要的作用，但在使用中应注意其适用条件。当总吸声量超过一定范围时，用该公式计算的结果与实际有较大出入。研究表明，只有当室内平均吸声系数小于 0.2 时，计算结果才与实际情况较接近。而超过这个范围时，计算结果与实际有较大出入。1929 年以后，C. F. Eyring 等人对这个公式进行了如下修正：

$$T_{60} = \frac{0.161V}{-S\ln(1-\overline{\alpha})} \tag{6-35}$$

6.4.4 吸声处理注意事项

室内在采取吸声措施时，必须考虑技术上是否可行，经济上是否合算这两个因素。那种认为“作吸声处理总比没有处理好”或“壁面吸声量增加得越多效果越好”等看法是片面的，它会导致盲目追求高标准吸声措施，其结果不但达不到预期效果，而且还会造成人力、物力上的浪费。

一般在下列情况下，采用吸声处理措施是适宜的：

(1) 车间壁面都是坚硬的反射性能较强的材料，室内的混响声比较明显，这时采用吸声措施，可获得较好的降噪效果。

(2) 只有当操作工人离开声源大的机器较远，即工人接受的反射声与直达声相比，反射声较强时，采用吸声措施，才能取得好的降噪效果。

(3) 对于车间内噪声源比较多且分散，如钢铁厂的金属制品车间、纺织厂纺织车间等，采用吸声措施能取得较显著的降噪效果。

(4) 对于车间内的噪声源尺寸较大且分散，如高炉鼓风机站、空压机站、水泵站等，配合机组隔声、消声、防振的同时，采取吸声措施能获得良好的降噪效果。

在下列几种情况下，不适宜或不必采用吸声措施：

(1) 能从总体布置上采取控制措施，做到“静闹分隔”、“闹中取静”，使噪声级降到允许标准以下。

(2) 当操作工人靠近声源工作时，采用吸声处理措施，显然没有多大作用，因为吸声处理不能降低室内直达声级。

(3) 室内原来已有较大的吸声量时，这时再采取吸声处理措施，不会产生多大的效果。

6.4.5 吸声降噪设计程序

吸声处理设计程序大致如下：

（1）首先，调查了解噪声源的特性，即声源位置、总声功率级 L_W、指向性因素以及离开噪声源一定距离处的各倍频程声压级。

（2）了解房间的特性，除几何尺寸外，通过实测或估算求出壁面的平均吸声系数 $\bar{\alpha}$ 和相应的房间常数 R_1，确定所控制处的噪声级 L_{p1}。根据具体情况选定相应的噪声允许标准。噪声级的实测值与允许标准值之差，即为需要降低的噪声降低量 ΔL_p。

（3）根据所需的噪声降低量，求出相应的房间常数 R_2 和平均吸声系数 $\bar{\alpha}_2$，确定房间内可供装饰吸声材料的面积，使处理后的平均吸声系数达到 $\bar{\alpha}_2$。

（4）根据确定的吸声系数 $\bar{\alpha}_2$，计算吸声材料的面积和确定安装方式等。

例题 某车间尺寸为10m×20m×4m，墙壁为光滑砖墙并石灰粉刷，地面为混凝土，内有多台机器。经测定，车间内总声压级为超过90dB，车间内中央一点测定的噪声频率特性及混响时间如表所示。拟利用该厂库存的50mm厚、容重为20kg/m^{3}超细玻璃棉，对墙壁和天花板做吸声处理，希望在车间中央符合 *NR*85 噪声评价曲线，试做吸声设计，并判断能否达到要求。

倍频程中心频率/Hz	250	500	1000	2000
车间中央声压级/dB	96	94	92	90
处理前混响时间/s	2.4	1.7	1.6	1.6

解：

（1）制作表格，将测得的中央一点的声压级列入表格第一行。

（2）将 *NR*85 曲线上对应的声压级列入表格第二行。

（3）计算所需要降低的噪声量。

用车间中央声压级与 *NR*85 曲线对应声压级相减，得所需要降低的噪声量，并将其列入第三行。

（4）把处理前所测得的混响时间列入第四行。

（5）计算处理前房间的平均吸声系数（以250Hz倍频程为例），并将其列入第五行。

$$\alpha_1 = \frac{0.16V}{ST_{60}} = \frac{0.16 \times 800}{640 \times 2.4} = 0.08$$

（6）求房间的吸声量 A_1，并假定墙面、天花板、地面吸声系数相同，对吸声量进行近似分解。

$$A_1 = A_{墙} + A_{天} + A_{地} = 51.2\text{m}^2$$

$$A_{墙} = \alpha_1 \times S_{墙} = 0.083 \times 240 = 19.2\text{m}^2$$

将该组数据列入第六行。

（7）计算满足降噪要求所需要的房间总吸声量 A_2 及房间总吸声量与地板吸声量之差并将计算结果列入第七行。

$$\Delta L_p = 10\lg \frac{A_2}{A_1}$$

$$A_2 = 10^{\frac{\Delta L_p}{10}} \cdot A_1 = 10^{\frac{4}{10}} \times 51.2 = 128\text{m}^2$$

$$A_2 - A_{地} = 128 - 16 = 112\text{m}^2$$

（8）根据（$A_2-A_地$）求墙壁和天花板所需的平均吸声系数（这是假设墙壁和天花板全部覆盖吸声材料情况下的吸声系数，实际工作中不可能全覆盖）。此处的结算结果，与处理前的吸声系数相加，可作为所选吸声材料的吸声系数下限。列入第八行。

$$\bar{\alpha}'_2=\frac{A_2-A_地}{S_墙+S_天}=\frac{112}{200+240}=0.25$$

（9）选择吸声材料。

查吸声材料吸声性能表，把 50mm 厚、容重为 20kg/m^3 超细玻璃棉的性能列入表中第九行。

（10）计算所需吸声材料的面积。

250Hz：
$$S=\frac{A_1-A_2}{a_0-a_1}=\frac{128-51.2}{0.35-0.08}=284.4\text{m}^2$$

计算结果列入第十行。由表可知，2000Hz 倍频程所需的吸声量最大，达 436.6m^2。而房间的墙壁加上天花板面积为 440m^2，这就意味着必须对墙壁和天花板全部铺设吸声材料才能满足要求。

（10）按照 436.6m^{2}计算装上吸声材料后能达到的降噪量，列入第十一行。

$$\Delta L_p=10\lg\frac{A_2}{A_1}=10\lg\frac{436.6a_0+(S_墙+S_天+S_地-436.6)a_1}{A_1}=5.2\text{dB}$$

项目名称	倍频程中心频率/Hz			
	250	500	1000	2000
（1）车间中央声压级/dB	96	94	92	90
（2）噪声允许标准/dB	92	88	86	83
（3）需要降低的噪声量/dB	4	6	6	7
（4）处理前混响时间/s	2.4	1.7	1.6	1.6
（5）处理前房间平均吸声系数 α_1	0.08	0.12	0.13	0.125
（6）处理前房间吸声量/m^2				
$A_天$	16	24	26	25
$A_墙$	19.2	28.8	31.2	30
$A_地$	16	24	26	25
A_1	51.2	76.8	83.2	80
（7）所需要的吸声量/m^2				
A_2	128	305.8	331.2	400.9
$A_2-A_地$	112	281.8	305.2	375.9
（8）所需要的平均吸声系数 α'_2	0.25	0.64	0.69	0.73
（9）所选材料吸声系数 α_0	0.35	0.85	0.85	0.86
（10）所需吸声材料的面积	284.4	313.7	344.4	436.6
（11）吸声处理后的吸声降噪量/dB	5.2	7.1	6.8	7.0

以上设计方案虽然勉强能够满足设计要求，但因为所留余量太小，且对墙壁和天花板全部铺设吸声材料的费效比不高，因此这种设计方案不太合理。

习 题

6-1 某车间几何尺寸为25m×10m×4m，室内中央有一无指向性声源，测得1000Hz时室内混响时间为2s，距声源10m的接收点处该频率的声压级为87dB，拟采用吸声处理，使该噪声降低为81dB，试问该车间1000Hz的混响时间降为多少？并估算室内应达到的平均吸声系数。

6-2 某房间大小为10m×6m×3m，墙壁、天花板和地板在1000Hz时的吸声系数分别为0.06、0.07、0.07，若安装一个在1000Hz倍频程内吸声系数为0.8的吸声贴面天花板，求该频带在吸声处理前后的混响时间及处理后的吸声减噪量。

6-3 某车间几何尺寸大小为4m×5m×3m，500Hz时的地面吸声系数为0.02，墙面吸声系数为0.05，平均吸声系数为0.25，求总吸声量和平均吸声系数。

6-4 某车间地面中心处有一声源，已知500Hz时的声功率级为90dB，该频率的房间常数为50m^2，求距声源10m处的声压级。

7 隔声技术

声源在室内发声，其传播途径可以是空气也可以是墙体、楼板等固体。在空气中传播的是空气声，在固体中传播的是固体声。对固体声的阻断主要采取隔振、阻尼等措施，本章要讲的隔声主要是对空气声的阻断问题。

声音以声波的形式在空气中传播，遇到障碍物时，会有一部分声能被反射回去，一部分声能被吸收，其余部分则会通过障碍物而透射过去。因此，透射声能只是入射声能的一部分，大部分声能被障碍物反射回去，从而减少了传到障碍物另一侧的噪声量，达到减噪效果。把具有隔声性能的构件称为隔声构件。隔声构件包括隔声罩、隔声间和隔声屏。用构件把声源与接收者分开，阻断空气声的传播，从而达到降噪的措施称为隔声。

7.1 隔声的评价量

7.1.1 透声系数

反映隔声结构透声能力大小的物理量用透声系数来表示。透声系数 τ 是指透射声功率 W_t 与入射声功率 W 之比：

$$\tau = \frac{W_t}{W} \tag{7-1}$$

式中，τ 是一个无量纲的量，τ 值越小，表明透射过去的声能越少，即隔声效果越好。反之，τ 值越大，隔声性能越差。τ 值是永远小于 1 的，介于 0~1 之间。

7.1.2 隔声量

一般构件的透声系数很小，约在 $10^{-1} \sim 10^{-5}$ 之间，使用很不方便。在实际工程中，通常用透声系数 τ 的倒数，取常用对数乘以 10 来表示透声损失的大小。透声损失又称传声损失或隔声量，用 L_{TL} 表示，单位是 dB：

$$L_{TL} = 10\lg\left(\frac{1}{\tau}\right) \tag{7-2}$$

隔声量的大小与隔声构件的结构、性质有关，也与入射声波的频率有关。

值得一提的是，吸声和隔声概念也有本质的不同。吸声注重于入射声能一侧反射声能的大小，反射声越小，吸声效果越好；隔声则侧重于入射声另一侧的透射声能的大小，透射声能越小，隔声效果越好。一般透射声能小的材料往往厚重而密实，是良好的隔声材料，但这类材料对入射声能往往是反射性很强的材料，因而也是吸声性能很差的材料。而吸声材料则要求质轻柔软、多孔、透气性好，声能很容易透过材料，所以隔声性能就很差。在实际应用中，吸声处理是用以吸收同一空间内的声能，以降低室内噪声。隔声处理则用以防止相邻两个空间之间的噪声干扰。

7.1.3 平均隔声量

隔声量是频率的函数，同一个隔声结构，对不同频率的入射声能具有不同的隔声量。在工程应用中，通常将中心频率为 125~4000Hz 的 6 个倍频程或 100~3150Hz 的 16 个 1/3 倍频程的隔声量作算数平均，称为平均隔声量。

7.1.4 空气隔声指数

空气隔声指数是国际标准化组织推荐的一种对隔声构件性能的评价方法。隔声结构的空气隔声指数可以按下述方法求得。

先测得某隔声结构的隔声量频率特性曲线，如图 7-1 中的曲线 1 或曲线 2。图中还给出了一簇参考折线，每条折线上标注的数字相对于该折线上 500Hz 所对应的隔声量。按照下列要求将曲线 1 或曲线 2 与某一条参考折线比较：

（1）在任何一个 1/3 倍频程上，曲线低于参考折线的最大差值不得大于 8dB；

（2）对全部 16 个 1/3 倍频程中心频率（100~3150Hz），曲线低于折线的差值之和不得大于 32dB。

把待评价的曲线在折线簇图中上下移动，找出符合以上两个要求的最高的一条折线，则该折线上所标注的数字，即为待评价曲线的空气隔声指数。

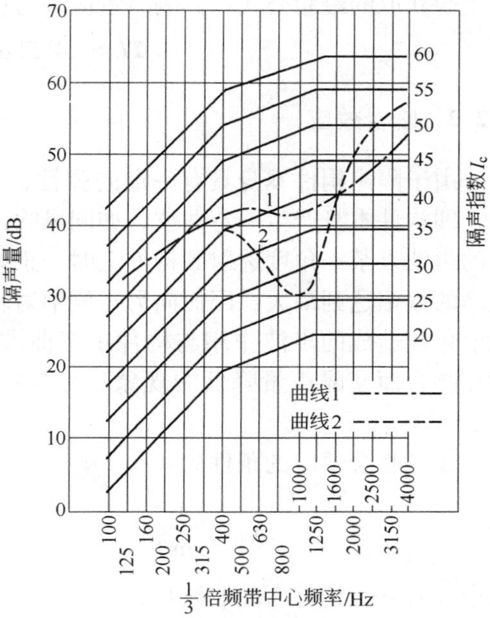

图 7-1 空气隔声指数曲线

用平均隔声量和空气隔声指数分别对图中两条曲线的隔声性能进行评价比较。两个隔声结构的平均隔声量分别为 41.8dB 和 41.6dB，基本相同。但其隔声指数分别为 44 和 35，显示出隔声结构 1 的隔声性能优于隔声结构 2。

7.2 单层均质墙的隔声性能

7.2.1 单层均质墙隔声的质量定律

影响构件隔声性能的因素很多，为了使问题简化，便于分析，作如下假设：

（1）构件为单层密实均匀的。

（2）构件为无限大，即不考虑边界的影响。

（3）平面声波垂直入射到构件上，即构件上受到的声压处处相等。

（4）构件的两侧为半无限自由空间，而且均为通常状况下的空气。

（5）构件上所有质点以相同的速度振动。

（6）构件可看成一个质量系统，即不考虑构件的刚性、阻尼。

在上述理想条件下，构件的理论隔声量可用下式计算：

$$TL = 20\lg m + 20\lg f - 42 \tag{7-3}$$

式中　m——构件单位面积的质量，kg/m^2；

f——入射声波的频率，Hz。

可见影响隔墙隔声量的因素主要是入射声波的频率和面密度。在面密度一定的前提下，入射声波频率每增加一个倍频程，隔声量也增加6dB。在入射声频率一定的条件下，面密度增加一倍，隔声量增加6dB。这种隔声量随质量增加而递增的规律，为隔声的质量定律。

在实际情况中，投射于构件的声波来自各个方向，对于这种无规入射的声能，根据大量实验获取的经验公式，其隔声量应改为：

$$TL = 14.5\lg m + 14.5\lg f - 26 \tag{7-4}$$

7.2.2　吻合效应

由于隔声构件本身具有一定的弹性，当声波入射到构件表面时，会激起构件弯曲振动，即构件本身产生一弯曲波，如同风吹动幕布，在幕布上产生波动现象一样。当一定频率的声波以某一角度透射到构件上时，正好与其激发的构件的弯曲波相吻合，构件弯曲波振动的振幅达到最大，因而向另一侧辐射较强的声波，此时构件隔声量最小。这种因声波入射角度造成的声波作用与构件中弯曲波传播速度相吻合而使隔声量降低的现象，称为吻合效应（图7-2）。

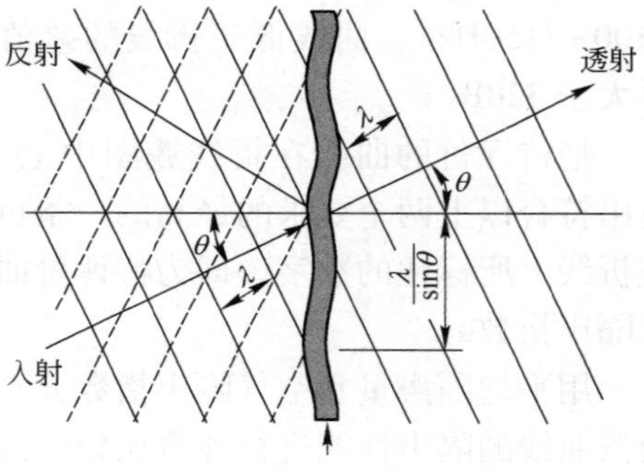

图7-2　吻合效应

发生吻合效应的条件为：

$$\lambda_b = \frac{\lambda}{\sin\theta} \tag{7-5}$$

式中　λ_b——构件弯曲波波长；

λ——入射声波波长；

θ——入射角。

由于 $\sin\theta \leqslant 1$，故只有在 $\lambda \leqslant \lambda_b$ 条件下才发生吻合效应。$\lambda = \lambda_b$ 是产生吻合效应的最低频率，低于这个频率的入射声波不会产生吻合效应，因而将这个频率称为临界频率 f_c。构件弯曲波的波长由构件本身的弹性性质所决定，产生吻合效应的临界频率可近似表示为：

$$f_c = \frac{c^2}{2\pi}\sqrt{\frac{M}{B}} = 0.566\frac{c^2}{D}\sqrt{\frac{\rho}{E}} \tag{7-6}$$

式中　c——声速，m/s；

M——面密度，kg/m^2；

B——构件的弯曲劲度，N·m；

E——材料的杨氏模量，N/m^2；

D——构件的厚度，m；

ρ——构件的密度，kg/m^3。

从式 7-6 中可以看出，临界频率受构件的面密度、厚度及弹性模量等因素影响。构件厚度加大，临界频率向低频方向移动。例如混凝土、砖墙等构件弯曲劲度大，吻合效率往往出现在低频，因此在进行较厚的墙体设计时，尽可能使吻合频率发生在较低的频率范围内（100Hz 以下）；而对于较薄的墙体设计应设法将吻合效应推向 5000Hz 以上高频，以求在人耳可听声频率范围内获得良好的隔声效果。

7.2.3 单层均质墙隔声的频率特性

图 7-3 所示的是一个单层密实均匀构件的隔声量受质量、频率、劲度和阻尼影响的一条曲线。这条曲线大致可划分为三个区域，即劲度阻尼控制区、质量控制区和吻合效应区。

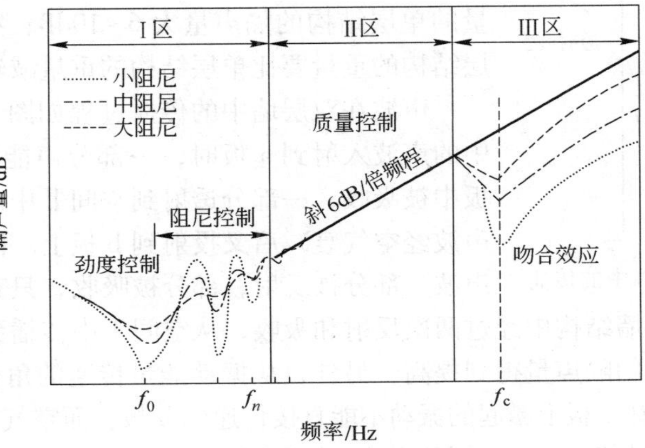

图 7-3 单层均质构件的隔声量与频率的关系曲线

第一个区中又可分为劲度控制区和阻尼控制区。在劲度控制区中当入射声波频率低于板的共振频率 f_0 时，板的隔声量与劲度成正比。在该区内，隔声量随频率 f 增加而下降，下降梯度约为每倍频程 6dB。

在阻尼控制区中，当入射声波的频率与构件的固有频率相同时，将引起构件振动，构件的振幅和振速都很高，因此透射声能很大，形成若干个隔声低谷。

阻尼控制区的宽度取决于构件的几何尺寸、弯曲劲度、面密度、结构阻尼的大小及边界条件等。对一定的构件，主要与阻尼大小有关。增加阻尼可以抑制构件的振幅，提高隔声量，并降低该区的频率上限，缩小该区范围。

对于砖墙、混凝土墙而言，共振频率很低，可以不考虑增加阻尼。而对薄板制成的构件，共振频率高，阻尼控制区分布的声频区很宽，必须采取措施予以防止。

第二个区是质量控制区。在该区内，隔声量可按质量定律公式计算。所以称为质量控制区。其原因是，此时声波对构件的作用类似一个力作用于质量块上，质量越大，惯性越大，墙板受声波激发产生的振动速度越小，因而隔声量越大。

第三个区是吻合效应区。在该区内，随着入射声波频率的增加隔声量下降，曲线上出现一个很深的低谷，这是由于出现了吻合效应的缘故。增加板的厚度和阻尼，可减缓隔声量下降的趋势。超过低谷后，隔声量以每倍频程 10dB 的趋势上升，然后逐步接近质量控制区。

7.3 双层均质隔墙的隔声性能

7.3.1 双层隔墙的隔声原理

单层墙的隔声，主要受质量定律支配，要想提高墙的隔声能力，就要增加墙的重量与厚度，这样不仅大大增加了建筑物的自重，而且也占去了有效的建筑面积，很不经济。如采用中间有空气层的双层墙，只要设计合理，施工正确，就能大大地提高墙体的隔声量，实践证明，具有空气夹层的双层结构，要比同一重量的单层结构的隔声量大6~10dB；如果隔声量相同，夹层结构的重量要比单层结构的重量减轻2/3~3/4。

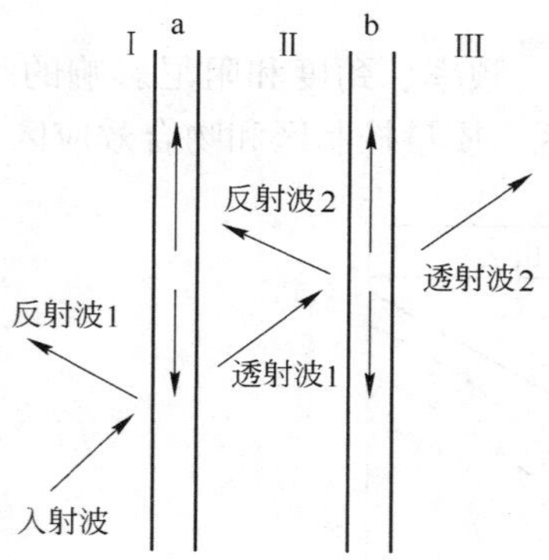

图7-4 声波在双层墙中的传播

声波在双层墙中的传播过程如图7-4所示。当空间Ⅰ中的声波入射到a板时，一部分声能被反射，一部分在a板中被吸收，一部分透射到空间Ⅱ中。透射到空间Ⅱ中的声波经空气衰减后又投射到b板上。同样投射到b板上的声波，部分被反射，部分被吸收，只有部分透射到空间Ⅲ中。由于声波在双层墙结构中经过两次反射和吸收，从空间Ⅰ中传播到空间Ⅲ的声能有较大的衰减，使墙体总的隔声量得到提高。另外，从振动能量传递的角度来看，由于两板间没有刚性连接，声波在a板上激起的振动不能直接传递到b板，而空气又具有很大的弹性变形，两板间传递的振动能量经空气层的衰减，使双层墙的隔声性能大为改善。

7.3.2 双层墙的隔声特性曲线

双层墙的隔声特性曲线如图7-5所示。双层墙相当于一个由双层墙与空气层组成的共振系统。当入射声波的频率比双层墙的共振频率低时，双层墙将做整体运动，隔声能力与同样质量的单层墙没有区别，即此时空气层无作用。

当入射声波的频率达到共振频率f_0时，隔声量出现低谷。当入射声波的频率超过$\sqrt{2}f_0$后，隔声曲线以每倍频程18dB的斜率急剧上升，充分显示双层墙结构的优越性。随着频率的升高，两墙板间会产生一系列驻波共振，使隔声曲线上升趋势转为平缓，斜率为12dB/倍频程。进入吻合效应区后，在临界吻合频率处出现又一个隔声低谷。如果两层墙板所用材料及面密度相同，两吻合谷的位置相同，使低谷凹陷加深。若两层板材质不同或面密度不等，则隔声曲线上有两个隔声低谷，其凹陷程度较浅。若两墙板间填有吸声材料，隔声低谷变得

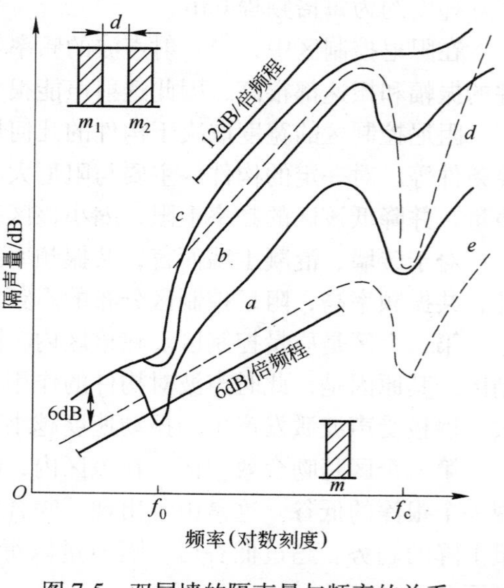

图7-5 双层墙的隔声量与频率的关系

平坦，隔声性能最好。

在图7-5中，曲线a、b、c为双层墙的频率特性，其中a为中间层为空气，b为中间层部分填吸声材料，c为中间层全部填满吸声材料。曲线d表示频率每增加1个倍频程隔声量提高12dB，曲线e表示频率每增加1个倍频程隔声量提高6dB。

7.3.3 双层墙共振频率

双层墙可视为“质量-空气-质量”振动系统，当外来声波的频率与夹层结构的固有频率一致时，要发生共振现象，其共振频率与各层结构面密度及夹层中空气层厚度有关，可用下式表示：

$$f_0 = \frac{c}{\pi}\sqrt{\frac{\rho}{D}\left(\frac{1}{M_1} + \frac{1}{M_2}\right)} \tag{7-7}$$

式中 ρ——空气的密度，常温下为1.2kg/m^3；

c——空气中的声速，340m/s；

M_1，M_2——两层墙的面密度，kg/m^2；

D——空气层厚度，m。

从上式可知，空气层越薄，双层墙的共振频率越高。对砖墙而言，双层结构的共振频率一般不超过15~20Hz，在人耳可听声范围外。而对于轻质双层墙（面密度小于30kg/m^2），当空气层厚度D<2~3cm，其共振频率在100~250Hz范围。发生共振时，隔声效果较差。所以在设计由胶合板或薄钢板组成的双层结构时，应注意在其表面增涂阻尼层，以减弱共振影响，并宜采用不同材质不同厚度的墙板组成双层墙，错开临界吻合频率，保证总的隔声量。此外，双层墙内适当填充多孔吸声材料可使隔声量提高5~8dB。其中高频部分增加得多，低频部分增加得少。

7.3.4 双层墙的隔声量

双层密实隔声结构的隔声量，可按下式进行估算：

$$L_{\mathrm{TL}} = 20\lg(md) - 26 \tag{7-8}$$

式中 m——单层隔声结构的面密度，kg/m^2；

d——空气层厚度，mm。

7.3.5 声桥

在图7-4所示的双层墙结构中，如果a、b两板间存在刚性连接，a板受声波激发产生的振动将通过刚性连接直接传递到b板，使b板振动并向外辐射声波，导致双层墙隔声性能下降，这种刚性连接称为声桥。声桥的存在会使隔声量降低5~10dB，其影响程度与声桥本身的刚性大小有关，刚性越大，隔声量下降也就越多。因此在设计施工中，应避免声桥的出现。

7.3.6 双层墙结构设计注意事项

双层墙的隔声量受其共振频率的影响较大，一定要把共振频率f_0控制在50Hz以下，只有这样，双层墙隔声才能获得好的效果。由砖、混凝土等较重材料组成的双层墙，其共振频率一般不会超过 15~25Hz，是在人耳听觉范围以外，对所需要的隔声影响不大。但是，对于一些轻质或薄板型的双层墙，如胶合板、薄金属板、石膏板及硬塑料板等构成的双层墙体，它们的面密度一般小于 30kg/m²，其固有频率很可能出现在 100~250Hz 之间，正好在人耳可听频率范围内，隔声效果明显变差，若要改善隔声效果，则应增大此类双层墙之间的距离 d，增加质量 m 和粘贴阻尼材料等，以降低结构的共振频率，从而达到提高隔声效果之目的。

双层墙间如有刚性连接就会形成声桥，一般要降低 5~10dB 的隔声量，所以在施工中不要把砖头瓦块丢在夹层中，以免声桥形成而使隔声量下降。

在双层墙的空气层中悬挂和填充多孔吸声材料可以提高隔声量，特别是中、高频声音的隔声量增加更多。这主要是因为吸声材料可以吸收两板间的部分声能，尤其是中、高频声能，使传到第二层板的声能减弱。必须强调的是，吸声材料不能填实，应为松散状。对于毯、毡状吸声材料宜用悬挂。

双层墙若由一层重质墙和一层轻质墙组成，空气层中又填有弹性材料时，应将轻质墙设置在高噪声一边，这样可以降低主墙的声辐射。

7.4 隔 声 间

在吵闹的环境中建造一个具有良好隔声性能的小房间，使工作人员有一个安静的环境，或将多个噪声源置于上述房间，以保护周围环境的安静，这种隔声结构称作隔声间。

7.4.1 具有门、窗的组合墙平均隔声量的计算

具有门、窗等不同隔声构件的墙板通常称作组合墙。因为门、窗的隔声量常比墙本身小，因此组合墙的隔声量往往比单纯墙低。组合墙的透射系数为各组成部件透声系数的平均值：

$$\bar{\tau}=\frac{\tau_1S_1+\tau_2S_2+\cdots+\tau_nS_n}{S_1+S_2+\cdots+S_n} \tag{7-9}$$

组合墙的平均隔声量为：

$$\bar{L}_{\mathrm{TL}}=10\lg\frac{1}{\bar{\tau}}=10\lg\frac{S_1+S_2+\cdots+S_n}{\tau_1S_1+\tau_2S_2+\cdots+\tau_nS_n} \tag{7-10}$$

例题 有一隔声间，墙的透声系数为 10^{-5}，面积为 20m²。在该墙上开一面积为 2m² 的门，门的透声系数为 10^{-3}，并开一面积为 3m² 的窗，其透声系数也为 10^{-3}，求该组合墙的平均隔声量。

$$\bar{L}_{\mathrm{TL}}=10\lg\frac{1}{\bar{\tau}}=10\lg\frac{20}{15\times10^{-5}+2\times10^{-3}+3\times10^{-3}}=36\mathrm{dB}$$

如果此墙不开门和窗，其隔声量为 50dB，而开了门和窗后，其隔声量下降了 14dB。因此在设计组合墙时，单靠提高墙的隔声量对提高组合墙的隔声量作用不大，也不经济，而应当采用提高门、窗隔声量的方法。在设计组合墙时，应遵循等透射原则，即墙的透声量等于门、窗的透声量，这时的声设计才是最为经济的。

声音在空气中传播，碰到障碍物的孔洞、缝隙等不严密处时，能透射过障碍物传到另一面去，透射声能的多少，与孔洞面积大小、孔洞的深度及孔洞所在位置有关。孔洞越大，透射声能越多。尤其是当声波的波长小于孔洞的尺寸时，则声能全部透射过去；当孔洞面积一定时，长条形孔洞比圆形孔洞容易透射声能；薄板孔比厚板孔透过的声能多。在实际工程中，门窗的缝隙，电缆、管道的穿孔以及隔声罩的拼接焊缝都是透声较多的位置，直接影响着墙体的总隔声量。

7.4.2 门窗的隔声

一般门窗的结构轻薄，而且存在着较多的缝隙，因此门窗是组合墙体隔声的薄弱环节。门窗的能力取决于本身的面密度、构造和缝隙密封程度。由于门窗为了开启方便，一般采用轻质双层或多层复合隔声板制成。

7.4.2.1 隔声门

一般来说，普通可开启的门，隔声量大致为 20dB；质量较差的木门隔声量甚至可能低于 15dB。如果希望门的隔声量提高到 40dB，需要做专门设计。

要提高门的隔声能力，一方面要做好周边的密封处理，另一方面应避免采用轻、薄、单的门扇。提高门扇隔声量的做法有两种：一是采用厚而重的门扇，另一种是采用多层复合结构，即用性质相差较大的材料叠合而成。门扇边缘的密封，可采用橡胶、泡沫塑料条及毛毡等。对于需经常开启的门，门扇重量不宜过大，门缝也难以密封，这时可设置双层门来提高隔声效果，因为双层门之间的空气层可带来较大的附加隔声量。如果加大两道门之间的空间，构成门斗，并且在门斗内表面布置强吸声材料，可进一步提高隔声效果。这种门斗又称声闸。

7.4.2.2 隔声窗

窗是外墙和围护结构中隔声量最薄弱的环节。可开启的窗往往很难有较高的隔声量。欲提高窗的隔声量，应注意以下几点：

（1）首先要保证玻璃与窗扇、窗扇与窗框、窗框与墙之间有良好密封。

（2）在隔声要求比较高的场所，采用较厚的玻璃，也可采用不同厚度的双层玻璃窗或三层玻璃窗，其中至少有一层为固定式。

（3）两层玻璃之间宜留有较大的距离，最好不小于 50mm，并且两层之间的边框四周贴吸声材料。为防共振，两层玻璃不要平行装置，并且两层玻璃厚度要有较大差别，以弥补两层玻璃由于吻合效应引起的隔声低谷。双层窗的玻璃组合，最好采用 5mm 和 10mm 为一组，3mm 和 6mm 为一组。

（4）为获得高隔声量，窗应尽量少开，尺寸也应尽量小或采用固定窗等措施。

7.5 隔 声 罩

将噪声源封闭在一个相对小的空间内，以减少向周围辐射噪声的罩状结构，称作隔声罩。其隔声量一般在 10~40dB。

7.5.1 隔声罩的插入损失

隔声罩的隔声量一般用插入损失来表示。其表达式为：

$$L_{IL} = 10\lg\left(\frac{W}{W_\tau}\right) \tag{7-11}$$

式中　W——无罩时声源辐射的声功率；

W_τ——加罩后透过罩壳向外辐射的声功率。

$$L_{IL} = 10\lg\frac{\overline{\alpha}}{\overline{\tau}} = L_{TL} + 10\lg\overline{\alpha} \tag{7-12}$$

式中　L_{TL}——隔声罩壁与罩顶透声量；

$\overline{\tau}$——隔声罩壁与罩顶平均隔声系数；

$\overline{\alpha}$——罩壁和罩顶的平均吸声系数。

当 $\alpha = \tau$ 时，$L_{IL}=0$，即声源的声功率全部透过隔声罩壁辐射出去。

当 $\alpha=1$ 时，$L_{IL}=L_{TL}$。

一般情况是 $0 < \tau < \alpha < 1$，隔声罩的插入损失小于其罩体的平均隔声量。

根据实际经验，插入损失与隔声罩的隔声量之间存在如下关系：

（1）当隔声罩内无吸声处理时，$L_{IL}=L_{TL}-20$(dB)；

（2）当隔声罩内略作吸声处理时，$L_{IL}=L_{TL}-15$(dB)；

（3）当隔声罩内作强吸声处理时，$L_{IL}=L_{TL}-10$(dB)。

分析上式可知，隔声罩体的平均隔声量越大，插入损失越大；内表面的平均吸声系数越高，插入损失越大。

7.5.2　隔声罩设计注意事项

隔声罩设计时应注意：

（1）罩壳材料要有足够的隔声量，为便于制作安装，一般采用0.5~2mm厚的钢板或铝板等轻薄密实的材料制作。

（2）用钢或铝板等轻薄材料作罩壁时，须在壁面上加筋，涂贴阻尼层，以抑制或减弱共振和吻合效应的影响。

（3）罩体与声源设备及其机座之间不能有刚性接触，以免形成声桥，导致隔声量降低。同时，隔声罩与地面之间应进行隔振，以降低固体声。

（4）设有隔声门窗、通风与电缆等管线时，缝隙处必须密封，并且管线周围应有减振、密封措施。

（5）罩内要作吸声处理，使用多孔疏松材料时，应有牢固的护面层。

（6）罩壳与设备之间应留有较大的空间，一般为设备所占空间的1/3，各壁面与设备的空间距离不得小于100mm，以避免耦合共振，使隔声量出现低谷。

（7）隔声罩的设计必须与工艺配合，便于操作、安装与检修。此外隔声罩必须考虑声源设备的通风散热要求，通风口应装有消声器。

7.6　隔　声　屏

在声源与接收者之间设置不透声的屏障，阻挡声波的传播，以降低噪声，这样的屏障称作隔声屏。隔声屏在降低交通干线噪声、工业生产噪声和社会环境噪声中发挥着独特的作用，并且日益得到广泛应用。

噪声在传播途径中遇到障碍物，若障碍物的尺寸远大于声波波长时，大部分声能被反射，一部分声波发生衍射，于是在障碍物背后一定距离内形成声影区。处在声影区的接收者会感到声音明显减弱。声影区的大小与入射声波的频率及隔声屏的尺寸有关。对同样尺寸的隔声屏来说，入射声波的频率越高，声影区范围越大，隔声效果越好。隔声屏对于2000Hz 以上的高频声比中频声的隔声效果要好。而对于频率低于 250Hz 以下的声音，由于声波的波长比较长，容易绕过屏障，所以效果就差。

7.6.1 隔声屏的隔声量

隔声屏的隔声量常用插入损失来衡量，其定义为同一接收点有无屏障时的声压级之差。

声波在传播过程中遇到屏障时，会发生反射、透射和绕射三种现象。一般认为，隔声屏能阻止直达声，并使绕射声有足够的减弱，而透射声可以忽略不计。

对于室内有限长屏障，声波会从屏障顶端和两侧绕射，屏障后的声场由室内混响声场和衍射声场组成，如图 7-6 所示。

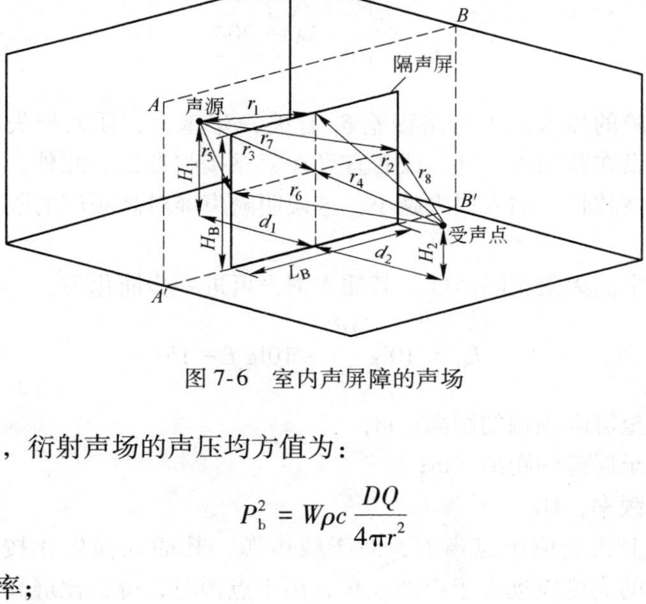

图 7-6　室内声屏障的声场

根据衍射理论，衍射声场的声压均方值为：

$$P_{\mathrm{b}}^{2} = W\rho c\,\frac{DQ}{4\pi r^{2}} \tag{7-13}$$

式中　W——声功率；

Q——指向性因子；

D——衍射系数，$D = \sum_{i=1}^{n} \frac{1}{3 + 10N_i}$，而 $N_i = 2\delta_i/\lambda$，其中，N_i 为隔声屏第 i 个边缘的菲涅尔数，δ_i 为有屏障和无屏障时声波从声源到接收点之间的最短路程差，λ 为波长。

可以认为室内混响声场在设置屏障前后不变化。

则屏障后某点声压级为 L_{P2}

$$L_{\mathrm{P2}} = L_{\mathrm{W}} + 10\lg\left(\frac{DQ}{4\pi r^{2}} + \frac{4}{R_{\mathrm{r}}}\right)$$

设置屏障前某点声压级为 L_{P1}

$$L_{P1} = L_W + 10\lg\left(\frac{Q}{4\pi r^2} + \frac{4}{R_r}\right)$$

$$L_{IL} = L_{P1} - L_{P2} = 10\lg\left(\frac{\dfrac{Q}{4\pi r^2} + \dfrac{4}{R_r}}{\dfrac{DQ}{4\pi r^2} + \dfrac{4}{R_r}}\right) \tag{7-14}$$

此式即为隔声屏插入损失的一般表达式。从式中可以看出，插入损失大小与房间的吸声情况、接收点与声源的距离、衍射系数有关。

7.6.1.1　自由声场中的隔声屏

若在自由声场中，房间的吸声系数近似于1，则房间常数很大，有下式成立：

$$L_{IL} = 10\lg\frac{1}{D} = 10\lg\frac{1}{\sum_{i=1}^{n}\dfrac{\lambda}{3\lambda + 20\delta_i}} \tag{7-15}$$

对于无限长屏障，屏障两侧的衍射可以忽略不计，则有：

$$L_{IL} = 10\lg\frac{3\lambda + 20\delta_1}{\lambda} \tag{7-16}$$

可见无限长屏障的插入损失与路程差 δ_1 有关，δ_1 越大，插入损失越大。因此，屏障要有一定高度，宜设在紧靠声源处，或者宜设在紧靠接收点处。此外，屏障的插入损失与入射声波有关，声波越长，插入损失越小。这说明隔声屏对高频声的隔声效果好于对低频声的隔声效果。

对在自由声场中的无限长隔声屏，其插入损失可进一步简化为：

$$L_{IL} = 10\lg\frac{H_1^2}{r} + 10\lg f - 15 \tag{7-17}$$

式中　H_1——声源至屏障顶端的距离，m；

r——声源至屏障的距离，m；

f——声波频率，Hz。

值得注意的是上式适应于点声源，对于线声源，其插入损失比按点源算出的低5~10dB。此外，屏障的高度应远大于声波波长，用于点源时，屏长比屏高高出5倍以上，可将屏障作为无限长屏障处理。

7.6.1.2　混响声场中的隔声屏

如果隔声屏处在混响声场中，$4/R_r \gg Q/(4\pi r^2)$，则 $L_{IL}=0$。这说明在混响声为主的房间，隔声屏不起作用。故在混响声明显的房间，隔声效果不好，应配合吸声措施方有效果。

7.6.2　隔声屏的设计要点及注意事项

在设计隔声屏时，须注意以下几点：

（1）隔声屏本身须有足够的隔声量，其隔声量最少应比插入损失高出约10dB。

(2) 设计隔声屏时，应尽可能配合吸声处理，以减少反射声能及绕射声能，尤其是在混响声明显的场合。吸声材料的平均吸声系数应大于 0.5。

(3) 隔声屏主要用于控制直达声。为了防止噪声的散发，其形式有二边形、三边形及遮檐式等，其中带遮檐的多边形隔声屏效果最为明显。

(4) 作为交通道路的隔声屏，应注意景观，其造型和材质的选用应与周围环境相协调。

(5) 隔声屏周边与其他构件的连接处，应注意密封。

(6) 隔声屏设计时应保证其力学性能符合有关的国家标准。

(7) 声屏障的高度和长度应根据现场实际情况由相关公式计算确定。

习 题

7-1 简述单层均质隔声墙的频率特性。

7-2 某车间有一面积 $20m^2$ 的墙与噪声源相隔，透声系数为 10^{-5}，在该墙上开一个面积为 $3m^2$ 的门，透声系数为 10^{-3}，求该组合墙的平均隔声量。

7-3 某隔声罩尺寸为 4m×5m×5m，在 2000Hz 倍频程的插入损失为 30dB，罩顶、底部和壁面的吸声系数分别为 0.9、0.1、0.5，求其平均隔声量。

7-4 要求某隔声罩在 2000Hz 时具有 36dB 的插入损失，罩壳材料在该频带的透射系数为 0.0002，求隔声罩内壁所需的平均吸声系数。

8 消 声 器

消声器是用于降低气流噪声的装置，它既能允许气流顺利通过又能阻止声能或减弱声能向外传播。消声器的安装位置，通常宜紧靠空气动力性机械设备的进、出口，使空气动力性机械传出的噪声先经消声器，然后再进入管道，这样降低了空气动力机械设备的噪声直接由进、出口向外传播，同时也降低了透过管壁向外辐射的噪声。一个合适的消声器一般可使气流噪声降低20~40dB，相应的响度能降低75%~93%，主观感觉效果明显。

8.1 消声器的种类、性能要求及评价量

8.1.1 消声器的种类

消声器的种类很多，根据消声原理，大致可以分为阻性消声器、抗性消声器、阻抗复合式消声器、微穿孔板消声器、扩散式消声器和有源消声器。按所配用的设备分，则有空压机消声器、内燃机消声器、风机消声器、锅炉蒸汽放空消声器等。

8.1.2 消声器的性能要求

一个好的消声器应同时满足以下四个方面的性能要求。

8.1.2.1 声学性能

消声器的声学性能包括消声量和消声频带宽度这两个方面。设计消声器应根据声源特点，使所需要消声的频率范围内有足够大的消声量，尤其是对峰值噪声应具有良好消声性能。

8.1.2.2 空气动力学性能

空气动力学性能是衡量消声器性能好坏的另一项重要指标，是指消声器对气流阻力的大小。消声器对气流的阻力要小，阻力系数要低，即安装消声器后增加的阻力损失应控制在允许范围内，不影响空气动力设备的正常运行。气流通过消声器时所产生的气流噪声要低。

8.1.2.3 结构性能

消声器的结构性能是指它的外形尺寸、坚固程度、维护要求等。一个好的消声器应该具有体积小、重量轻、结构合理、外形美观、坚固耐用，便于加工、安装和维修，并且能耐高温、耐腐蚀、耐潮湿及耐粉尘等。

8.1.2.4 经济性能

消声器的经济性能是指在消声量达到要求的情况下，消声器的价格要便宜，使用寿命长，性能价格比合理。

8.1.3 消声器声学性能评价量

消声器的降噪能力常用消声量来表征。消声器的消声量有以下四种。

8.1.3.1 插入损失（L_{IL}）

是指在声源与测点之间装上消声器前、后，同一固定测点所测得的声压级之差，其数学表达式为：

$$L_{IL} = L_{P1} - L_{P2} \tag{8-1}$$

式中 L_{P1}——安装消声器前，测点所测声压级，dB；

L_{P2}——安装接入消声器后，测点所测声压级，dB。

这个评价量是现场测量消声器消声量常用的方法，具有直观、实用、测量简单的特点。但插入损失除决定于消声器本身的特性外，还与声源末端载荷以及系统装置情况有关。

8.1.3.2 传递损失（L_R）

是指消声器进口端入射声的声功率级与消声器出口端透射的声功率级之差。在消声器的实验研究中，多采用“传递损失”来表示消声器的消声值：

$$L_R = L_{W1} - L_{W2} \tag{8-2}$$

式中 L_{W1}——消声器入口处的声功率级，dB；

L_{W2}——消声器出口处的声功率级，dB。

由于声功率不能直接测得，通常是先测两点的声压级来计算声功率级和传声损失。该评价量反映的是消声器自身的特性，与声源、末端载荷等因素无关，因此适应于理论分析计算和在实验室检验消声器自身的消声性能。

8.1.3.3 声压级差或噪声减低量（L_{NR}）

它是指消声器进口端和出口端测得的平均声级差，表示为：

$$L_{NR} = \overline{L}_{P1} - \overline{L}_{P2} \tag{8-3}$$

这是一种简易的测量方法，测量误差较大，常用于消声器台架测量分析。

8.1.3.4 轴向声衰减或衰减量（L_A）

是指消声器内沿轴向两点间的声压级差，主要用来描述消声器内声传播的特性，通常以消声器单位长度的衰减量（dB/m）来表示。这种方法只适合于声学材料在较长管道内连续而均匀分布的直管道消声器。

8.1.4 消声器的压力损失

阻力损失是指气流通过消声器时，入口端的全压与出口端的全压之差，它一般由沿程摩擦阻力和局部阻力两部分组成。两者都是由于流体运动时克服黏性切应力做功引起的。沿程摩擦阻力发生在消声器管道壁面，其大小取决于管壁粗糙度 h_0 及气流速度 v。可用下式计算：

$$h_f = \frac{\lambda l}{D} \cdot \frac{\rho v^2}{2} \tag{8-4}$$

式中 h_f——消声器的摩擦阻力损失，Pa；

λ——摩擦阻力系数，见表 8-1；

D——消声器的通道截面有效直径，m；

l——消声器的长度，m；

ρ——气流的密度，kg/m³。

表 8-1 摩擦阻力系数与相对粗糙度的关系

相对粗糙度 $\frac{h_0}{D}$/%	0.2	0.4	0.5	0.8	1.0	1.5	2	3	4	5
摩擦阻力系数 λ	0.024	0.028	0.032	0.036	0.039	0.044	0.049	0.057	0.065	0.072

局部阻力损失发生在消声器的结构突然变化处（如转弯、断面突然收缩或扩大等），由于气流速度发生突变形成旋涡和流体相互碰撞，进一步加剧了流体质点之间的相互摩擦。局部阻力损失（h_e）的大小取决于局部结构形式、管道直径和气流速度等，用下式表示：

$$h_e = \varepsilon \frac{\rho v^2}{2} \tag{8-5}$$

式中 h_e——局部阻力损失，Pa；

ε——局部阻力系数，可由相关文献查得。

消声器总的阻力损失，等于摩擦阻力损失和局部阻力损失之和。一般来说，在阻性消声器中以摩擦阻力损失为主，而在抗性消声器中则以局部阻力损失为主。从阻力计算公式可以看出，阻力损失与气流速度的平方成正比。因此，采用较高的气流速度，会使阻力损失增大，使消声器的空气动力学性能变坏。在设计消声器时，从消声器的声学性能和空气动力学性能两方面来考虑，都应采用较低的流速。

8.2 阻性消声器

8.2.1 阻性消声器的消声原理

阻性消声器是借助装在管壁上的吸声材料的吸声作用来吸收声能的。当声波通过衬贴有多孔吸声材料的管道时，声波将激发多孔材料中无数小孔内空气分子的振动，其中一部分声能将用于克服摩擦阻力与黏滞阻力变为热能而消耗掉，达到消声目的。

一般，阻性消声器对中、高频消声性能良好，而对低频性能较差，然而，只要适当合理地增加吸声材料的厚度和密度以及选用较低的穿孔率，低中频消声性能也能大大改善，从而可以获得较宽频带的阻性消声器。

8.2.2 阻性消声器的分类

阻性消声器的种类和形式繁多，把不同种类的吸声材料按不同的方式固定在气流通道中，可以构成各式各样的阻性消声器，按照气流通道的几何形状区分为：直管式消声器、片式消声器、折板式消声器、蜂窝式消声器及迷宫式消声器等，如图 8-1 所示。

8.2.2.1 直管式消声器

直管式消声器是阻性消声器中形式最简单的一种，吸声材料衬贴在管道侧壁上，适用于管道截面尺寸不大的低风速管道。

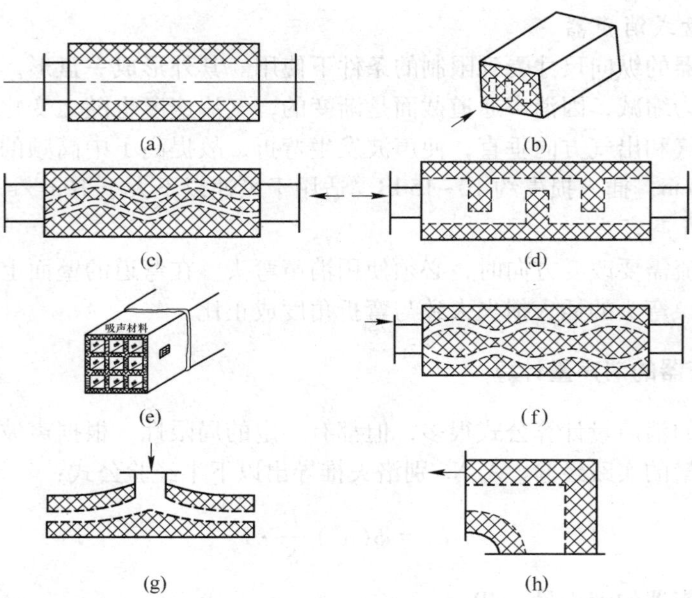

图 8-1 阻性消声器示意图

(a) 直管式；(b) 片式；(c) 折板式；(d) 迷宫式；(e) 蜂窝式；
(f) 声流式；(g) 盘式；(h) 弯头式

8.2.2.2 片式消声器

对于流量较大，需要足够大通风面积的通道，为使消声器周长与截面积比增加，可在直管内插入板状吸声片，将大通道分隔成几个小通道。当片式消声器每个通道的构造尺寸相同时，只要计算单个通道的消声量，即为该消声器的消声量。

8.2.2.3 折板式消声器

折板式消声器是片式消声器的变形。在给定直线长度情况下，这种消声器可以增加声波在管道内的传播路程，使材料更多接触声波，特别是对中高频声波，能增加传播途径中的反射次数，从而使中高频的消声特性有明显改善。为了不过大地增加阻力损失，曲折度以不透光为佳。对风速过高的管道不宜采用这种消声器。

8.2.2.4 迷宫式消声器

将若干个室式消声器串联起来形成迷宫式消声器。消声原理和计算方法类似于单室，其特点是消声频带宽，消声量较高，但阻力损失较大，适用于低风速条件。

8.2.2.5 蜂窝式消声器

由若干个小型直管消声器并联而成，形似蜂窝。因管道的周长 P 与截面 S 之比值比直管和片式大，故消声量高，且由于小管的尺寸很小，使消声失效频率大大提高，从而改善了高频消声性能。但由于构造复杂，且阻力损失较大，通常使用于流速低、风量较大的情况。

8.2.2.6 声流式消声器

为了减小阻力损失并使消声器在较宽频带范围内均具有良好的消声性能，而将消声片制成流线型。由于消声片的截面宽度有较大起伏，从而不仅具有折板式消声器的优点，还能增加低频的吸收。但该消声器结构较复杂，制造成本较高。

8.2.2.7 盘式消声器

在装置消声器的纵向尺寸受到限制的条件下使用。其外形成一盘形，使消声器的轴向长度和体积比大为缩减，因消声通道截面是渐变的，气流速度也随之变化，阻力损失也较小。另外，因进气和出气方向垂直，使声波发生弯折，故提高了中高频的消声效果。一般轴向长度不到50cm，插入损失约10~15dB。适用于风速以不大于$16m^3/s$为宜。

8.2.2.8 消声弯头

当管道内气流需要改变方向时，必须使用消声弯头。在弯道的壁面上衬贴上吸声材料就形成消声弯头。弯头的插入损失大致与弯折角度成正比。

8.2.3 直管消声器的消声量计算

阻性消声器的消声量计算公式很多，但都有一定的局限性。根据声波在管道中的传播理论，并结合大量的实践经验，A.N. 别洛夫推导出以下半经验公式：

$$L_A = \phi(\alpha_0)\frac{P}{S}\cdot l \tag{8-6}$$

式中 L_A——消声器的消声量，dB；

P——气流通道断面的周长，m；

S——气流通道的横截面积，m^2；

l——消声器的有效长度，m；

$\phi(\alpha_0)$——消声系数，它是与阻性材料的吸声系数有关的数值，见表8-2。

表8-2 $\phi(\alpha_0)$与α_0的关系

吸声系数α_0	0.1	0.2	0.3	0.4	0.5	0.6	0.7	0.8	0.9~1.0
消声系数$\phi(\alpha_0)$	0.1	0.2	0.4	0.55	0.7	0.9	1.0	1.2	1.5

此外，还有Sabine计算式

$$L_A = 1.03(\overline{\alpha})^{1.4}\frac{P}{S}\cdot l \tag{8-7}$$

式中 $\overline{\alpha}$——吸声材料无规入射时的平均吸声系数。

上述公式是在没有气流条件下导出的，只适用于管道内声波为平面波，入射频率很低的条件。

可见，阻性消声器的消声量与吸声材料的声学特性和消声器的几何尺寸有关，材料的吸声性能越好，管道越长，消声量越大。对于相同截面积的通道，比值P/S以圆形最小，方形次之，狭矩形最大，因此采用狭矩形通道（即片式消声器）消声量最高。对截面较大的通道，通常在管道纵向插入几片消声片，将其分隔成多个通道，以增加周长，减小截面积，而使消声量提高。

8.2.4 高频失效频率

阻性消声器的实际消声量与噪声的频率有关。声波的频率越高，传播的方向性越强。对于一定宽度或直径的气流通道，当声波频率增高到一定限度时，即波长小于通道宽度或直径时，声波呈束状通过或很少与吸声材料表面接触，以至使消声器的消声量显著下降。

我们把反映这一现象而造成消声量明显下降时的频率，定义为上限截止频率，记作f_n。可按式 8-8 进行计算

$$f_n \approx 1.85 \frac{c}{D} \tag{8-8}$$

式中 c——空气中的声速，取 $c=340\text{m/s}$；

D——消声器通道的当量直径，m（圆形管道取直径，矩形管道取边长平均值）。

由式 8-8 可以看出，消声器的通道直径或宽度，决定了它的上限截止频率。当频率高于f_n时，每增加一个倍频程，其消声量约比处在f_n的消声量降低三分之一，它可由式 8-9 计算

$$\Delta L' = \frac{3-N}{3} \cdot \Delta L_n \tag{8-9}$$

式中 $\Delta L'$——高于有效截止频率的某频带的消声量，dB；

ΔL_n——有效截止频率处的消声量，dB；

N——所要计算的倍频程，比有效截止频率高出几个倍频程频带。

8.2.5 气流对阻性消声器的影响

气流对阻性消声器的影响主要表现在两个方面：一是气流的存在会引起传播规律的变化；二是气流在消声器内产生一种附加噪声或者称再生噪声。

8.2.5.1 气流对声传播规律的影响

气流对声传播规律的影响主要体现在对消声系数的影响

$$\phi'(\alpha_0) = \phi(\alpha_0) \frac{1}{(1 \pm Ma)^2} \tag{8-10}$$

式中 $\phi'(\alpha_0)$——有气流时的消声系数；

Ma——马赫数，消声通道内气流速度与声速之比，顺流传播时为正，逆流传播时为负。

可见气流对消声系数的影响不仅与气流速度大小有关，还与气流方向有关。当流速高时，Ma 数值大，对消声器性能的影响也大。当气流方向与声传播方向一致时（如消声器安置在排气管道上），Ma 取正值，此时消声系数变小。当气流方向与声传播方向相反时，Ma 取负值，此时消声系数变大。即逆流与顺流相比，逆流对消声有利。但从气流速度引起声传播中的折射现象看，情况则相反。由于气流速度在管道中分布是不均匀的，管道中央流速高，管壁处流速低，顺流时，声线向管壁弯曲如图 8-2（a）所示。对于阻性消声器，由于管壁衬贴有吸声材料，所以能较多吸收声能。而逆流时，如图 8-2（b）所示，声线向管中央弯曲，不利于吸声。可见，消声器顺流和逆流安装各有利弊。在工程实际中，输气管道中气流速度一般都不会太高，所以其马赫数不会太大。一般情况下，可忽略气流对声传播和声衰减的影响，即可不考虑因气流存在而引起的消声系数减小的问题。

8.2.5.2 气流再生噪声的影响

气流在管道中传播时会产生“再生噪声”，原因有二：一方面是消声器结构在气流冲击下产生振动而辐射噪声，其克服的方法主要是增加消声器的结构强度，特别要避免管道

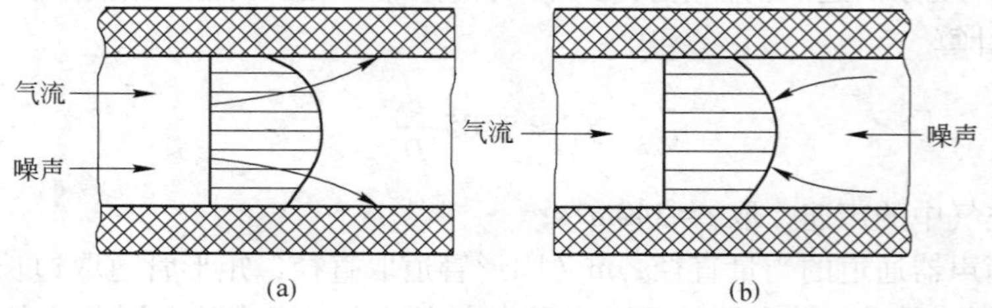

图 8-2 气流流向对声折射的影响

结构或消声元件有较低频率的简正模式，以防止产生低频共振。另一方面当气流速度较大时，管壁的粗糙、消声器结构的边缘、截面积的变化等，都会引起“湍流噪声”。因为湍流噪声与流速的 6 次方成正比，并且以中高频为主，所以小流速时，再生噪声以低频为主，流速逐渐增大时，中高频噪声增加得很快。如果以 A 声级评价，A 计权后更以中高频为主，所以气流再生噪声的 A 声级大致可用下式表示：

$$L_A = A + 60\lg v \tag{8-11}$$

式中 $60\lg v$——反映了气流再生噪声与速度 6 次方成正比的关系；

A——常数，与管衬结构，特别是表面结构有关。

至于消声器管道中间有边缘结构（如导流片尖端、片式消声器尖端等）的，则属另一种气流噪声形式。

由于气流再生噪声的大小主要决定于气流的速度和消声器的结构，控制气流噪声也应从这两方面入手。按声源特性和消声器的消声量确定合适的气流速度；选择合适的消声器结构，改善气流状态，减少湍流发生。

8.2.6 阻性消声器设计

阻性消声器的设计一般按如下程序和要求进行。

8.2.6.1 确定消声量

应根据有关的标准，适当考虑设备的具体条件，合理确定实际所需的消声量。对于各频带所需的消声量，可参照相应的 *NR* 曲线来确定。

8.2.6.2 选定消声器的结构型式

首先要根据气流流量和消声器所控制的流速计算所需要的气流通道截面尺寸，并以此来选定消声器的形式。若气流通道截面尺寸小于 300mm 时，一般可选择单通道直管式消声器；若气流通道截面尺寸大于 300mm 时，可在中间设置一片吸声层或采用双圆管式消声器；若气流通道截面尺寸大于 500mm 时，就要设计成片式或蜂窝式消声器。片式消声器的片间距一般不要大于 250mm。

8.2.6.3 确定消声器长度

当消声器的通道截面积确定后，增加其长度是可以提高消声值的。但究竟取多长合适，这要根据噪声源声级大小和降噪要求决定。若风机噪声较车间其他设备噪声高出很多或要求有一个较大的消声量时，可把消声器设计得长些，反之则短。根据经验，一般现场使用的风机，其消声器的长度设计为 1~2m 即可。特殊情况也可大于 2m 或更长些。

8.2.6.4 合理选用吸声材料

吸声材料是决定阻性消声器声学性能好坏的重要因素。除首先考虑材料的声学性能外，同时还要考虑消声器的实际使用条件，在高温、潮湿等特殊环境中应考虑吸声材料的耐热、防潮性能。

从材料的吸声性能来看，吸声材料吸声效果的优劣顺序依次为：玻璃棉、矿渣棉、石棉、工业毛毡、加气混凝土、木屑、木丝板等。有关吸声材料的吸声系数，可查阅相关资料获得。

在实际工程中，吸声材料一般多使用超细玻璃棉，它在自然状态下容重为 $15\sim20\mathrm{kg/m^3}$，为了提高中、低频的吸声系数，可以适当提高到 $20\sim25\mathrm{kg/m^3}$。材料的厚度，一般取用 30~50mm，若要提高低频吸声效果，厚度可取 50~100mm 或更大些。

8.2.6.5 合理选择吸声材料的护面结构

阻性消声器是在气流中工作的。因此，在设计时要考虑吸声材料须有牢固的护面结构，如用玻璃布、穿孔板或铁丝网等。如果护面形式不合理，吸声材料就会被气流吹跑或者激起护面层振动，导致消声器的性能下降。护面结构取决于通道内的气流速度。

8.2.6.6 验算消声效果

根据高频失效和气流再生噪声的影响验算消声效果。若设备对消声器的压力损失有一定要求，应计算压力损失是否在允许范围。

例题 8-1 某型号风机，风量为 $40\mathrm{m^3/min}$，进气管直径为 200mm。在距进气口 3m 处测得的各倍频中小频率的噪声值如表所示。要求消声后在距进气口 3m 处达到 $NR90$，试对进气口作阻性消声器设计。

解：（1）根据进气口测得的噪声值和 $NR90$ 降噪确定所需要的消声量。

$\Delta L=109-107=2\mathrm{dB}$，填入表格第三行。

（2）根据风机的风量和管径，可选定直管阻性消声器。计算消声器气流通道的周长 P 与截面积 S 之比，列入表格第四行。

（3）根据使用环境和噪声频谱，吸声材料选用密度为 $20\mathrm{kg/m^3}$ 的超细玻璃棉，厚度取 150mm。根据气流速度，吸声材料护面层采用一层玻璃布加一层穿孔板。其吸声系数 α_0 如表第五行所列。

（4）根据 α_0 查表 8-2 得 $\phi(\alpha_0)$，列入表格第六行。

（5）由 $L_A=\phi(\alpha_0)\cdot\dfrac{P}{S}\cdot l$ 计算消声器的各频带所需要的消声器长度，列入表格第七行，按最大值考虑设计长度应取 $l=1\mathrm{m}$。

（6）计算取定消声器长度时各频带的消声量，列入表格第八行。

（7）用高频失效频率验证。

$$f_c=1.85\times\frac{340}{0.2}=3145\mathrm{Hz}$$

中心频率为 8000Hz 比高频失效频率所在的中心频率高一个倍频程，其消声量：

$$\Delta L=\frac{3-N}{3}\times\Delta L=\frac{3-1}{3}\times24=16\mathrm{dB}$$

满足在该频带需要的消声量 10dB，因此符合设计要求。

序号	项目	倍频程中心频率/Hz							
		63	125	250	500	1000	2000	4000	8000
1	进气口噪声/dB	109	112	104	115	116	108	104	94
2	降噪要求（*NR*90）	107	100	95	92	90	87	86	84
3	需要的消声量/dB	2	12	9	23	26	21	18	10
4	消声器 P/S	20	20	20	20	20	20	20	20
5	材料吸声系数 α_0	0.30	0.52	0.78	0.86	0.85	0.83	0.80	0.78
6	消声系数 $\phi(\alpha_0)$	0.4	0.7	1.1	1.3	1.3	1.2	1.2	1.1
7	消声器所需长度/m	0.25	0.86	0.86	0.89	1.00	0.88	0.75	0.45
8	消声器实际消声量/dB	8	14	22	26	26	24	24	22

8.3 抗性消声器

抗性消声器主要是通过控制声抗的大小来消声的，它不使用吸声材料，而是在管道上接截面突变的管道或旁接共振腔，使某些频率的声波在声阻抗突变的界面处发生反射、干涉等现象，从而达到消声目的。抗性消声器的种类很多，形式多种多样，常用的抗性消声器有扩张室式和共振腔式两大类。

8.3.1 扩张室消声器

8.3.1.1 消声原理

由图 8-3 可知，扩张室消声器是由管和室的适当组合而成的。它的消声原理主要有两条：一是利用管道截面的突变（膨胀或缩小）造成声波在截面突变处发生反射，将大部分声能向声源方向反射回去，或在腔室内来回反射直至消失；二是利用扩张室和一定长度的内插管使向前传播的声波和遇到管子不同界面反射的声波相差一个 180°的相位，使二者振幅相等，相位相反，互相干涉，从而达到理想的消声效果。

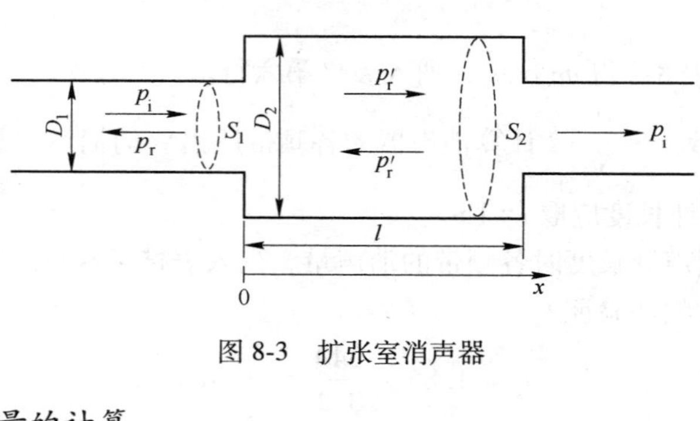

图 8-3 扩张室消声器

8.3.1.2 消声量的计算

如图 8-3 所示，在扩张室（腔室）与前后气流通道断面（细管）突变处，大部分声能发生反射，只有一小部分声能传递出去。故它的消声量主要决定于突变处扩张室的截面积 S_2 与气流通道截面积 S_1 之比值 m，m 值愈大则消声量愈高。其消声量 ΔL 为：

$$L_R = 10\lg\left[1 + \frac{1}{4}\left(m - \frac{1}{m}\right)^2 \sin^2(kl)\right] \quad (8\text{-}12)$$

式中 l——扩张室的长度，m；

m——扩张比，$m = S_2/S_1$，S_2 为扩张室截面积，S_1 为进、出气管截面积；

k——波数，$k = 2\pi f/c = 2\pi/\lambda$，$m^{-1}$。

从式 8-12 可知，管道截面收缩 m 倍或扩张 m 倍，其消声作用是相同的，在工程中为了减少对气流的阻力，常用扩张管。

消声量不仅与 m 有关，而且是 $\sin kl$ 的周期函数，对某些频率的消声量为零，而对另一些频率的消声量则很大。为设计方便，将式 8-12 绘成图 8-4。

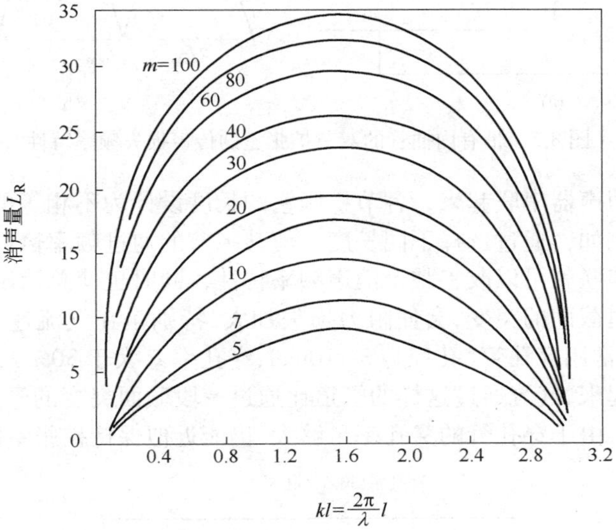

图 8-4 单节扩张室消声器的消声量

当 $kl = \frac{(2n+1)\pi}{2}$ 时，即 $l = \frac{(2n+1)\lambda}{4}$ 时，$\sin kl = 1$ 时，得到消声量最大值。

$$L_R = 10\lg\left[1 + \frac{1}{4}\left(m - \frac{1}{m}\right)^2\right] \quad (8\text{-}13)$$

最大消声量对应的频率为最大消声频率

$$f_{max} = \frac{(2n+1)c}{4l} \quad (8\text{-}14)$$

当 $kl = n\pi$ 时，$\sin kl = 0$，这时的消声量为零，相应的频率为通过频率。

$$f_{min} = \frac{nc}{2l} \quad (8\text{-}15)$$

8.3.1.3 改善消声频率特性的方法

单腔扩张室消声器的主要缺点是存在许多通过频率，而通过频率的消声量为零。为了消除这些不消声的通过频率，一般可以采用内插管和多节扩张室串联的方法。

把扩张室的进口和出口处分别插入扩张室内，即形成插入管。由理论分析可知，当插入长度为$\frac{1}{2}l$的内插管时，可以消除半波长的奇数倍通过频率；当插入长度为$\frac{1}{4}l$的内插管时，可以消除半波长的偶数倍通过频率，若二者综合使用可在理论上获得没有通过频率的宽频带的消声特性，因为这时消声器进口端的入射声波几乎全部反射。

图 8-5 为带有内插管的双节扩张室的传声损失频率特性，总的特性曲线中不再出现消声量的低谷频率。

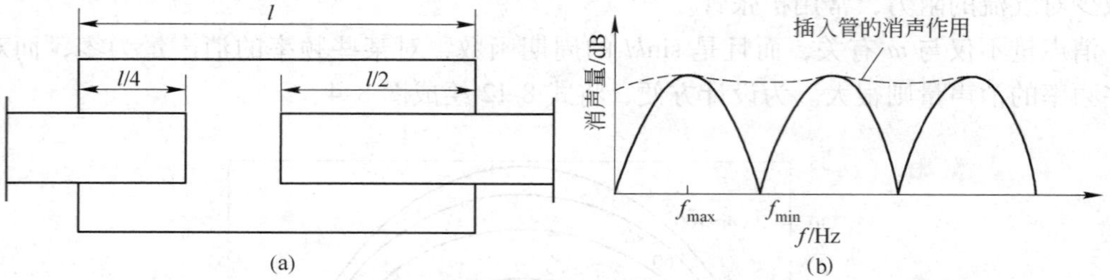

图 8-5　带有内插管的双节扩张室的传声损失频率特性

将多节扩张室消声器串联起来，各节扩张室的长度设计为不相等的数值，使它们的通过频率互相错开。例如，通过选择不同长度，使某一节的通过频率恰好是前一节的最大消声频率，这样多节串联就可以改善整个消声频率特性，同时也使总消声量提高。

由于消声器通道截面的突变，会使阻力损失加大，特别是在气流速度较高时，空气动力学性能会变坏，因此常用穿孔管（孔径为 3~10mm、穿孔率 P 大于 30%），如图 8-6 所示，将扩张室的插入管连接起来，气流通过这样的管道比通过一段截面突变的管道，阻力损失要小得多，而对于声波来讲，由于穿孔管的穿孔率足够大，仍能近似保持扩张室的声学特性。

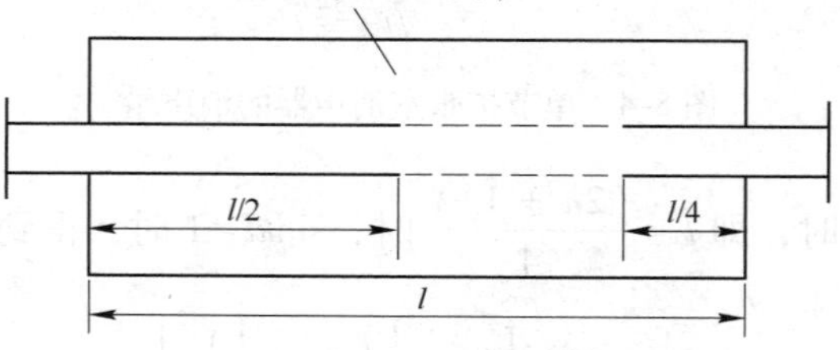

图 8-6　改善空气动力特性的扩张室消声器

8.3.1.4　上、下限截止频率

扩张式消声器消声量的大小取决于扩张比 m 的大小。要增大这种消声器的消声量就必须加大扩张比，而加大扩张比要么是增大扩张室的截面积，要么是缩小消声器进口管和出口管的截面积。在实际工程中，消声器通过的气体流量是给定的，缩小进、出口管的截面积要受到流量、压力损失等条件的限制。而增大扩张室截面积，会导致波长较短的高频声波以窄声束的形式从消声器的通道中部穿过，使扩张室不能充分发挥作用，从而使消声量急剧下降，这与阻性消声器的高频失效现象是相类似的，扩张室消声器有效消声的上限截止频率，一般用下式确定：

$$f_{上} = 1.22\frac{c}{D} \tag{8-16}$$

式中　c——空气中的声速，m/s；

D——扩张室几何尺寸，对于圆截面，D 为直径，对于方截面为边长，m。

可见，扩张室的截面积越大，消声上限截止频率越低，即消声器的有效消声频率范围越窄，因此扩张比不能盲目地选择太大，而要兼顾消声量和消声频率两个方面。

对于扩张室消声器来讲，不仅有上限截止频率，而且还存在一个下限截止频率。在低频范围内，当声波波长远大于扩张室或联接管的长度时，扩张室和联接管可看作一个声振系统。当外来声波的频率与这个系统的固有频率 f_0 相近时，消声器非但不能起消声作用，反而会引起声音的放大作用。只有在大于$\sqrt{2}f_0$ 的频率范围，消声器才有消声作用。其下限截止频率为

$$f_{下} = \frac{c}{\pi}\sqrt{\frac{S_1}{2Vl_1}} \tag{8-17}$$

式中 S_1——气流通道（细管）截面积，m^2；

V——扩张室的容积，m^3；

l_1——连接管（气流通道）的长度，m；

c——声速，m/s。

从式 8-17 可以得出，要降低消声器的下限频率，加大低频消声量，则应适当增大扩张室的容积 V 和插入管的长度 l_1 或缩小气流通道的截面积 S_1。

8.3.1.5 扩张室消声器设计

扩张室消声器设计原则为：

（1）根据声源的频谱特性，合理分布最大消声频率，并以此确定各节扩张室及其插入管长度。消声量达到最大值时的频率和通过频率是由比值 c/l 决定的，要改变消声器的频率特性，调整扩张室的长度即可。当长度无增大时，频率将向低频方向移动。

（2）根据需要的消声量和气流速度，确定扩张比，设计扩张室各截面部分尺寸，在允许范围内，尽可能地选取较大的扩张比 m。一般情况下取 $9<m<16$ 为佳。若通道直径较小，则可取 $m>16$，但最大不宜超过 20。若通道直径较大，则 m 可以小于 9，但最小不应小于 5。

（3）验算消声器的上下限截止频率是否在所需要的频率范围内，否则应修改设计。

在设计扩张室消声器时，应同时兼顾消声量和消声频率的问题。由扩张室消声器的消声量公式看出，要获得大的消声量，应使 m 越大越好。但从上限截止频率看，扩张比越大，当量直径越大，上限截止频率越小，消声器的有效消声频率变窄，因此，同时考虑消声量和消声频率时，扩张比不能太大，在工程实际中，在阻力损失满足要求的条件下，常用如下方法解决扩张比、上限截止频率及消声量之间的关系。

1）用一组并联的小通道代替一个大通道，如图 8-7 所示。在每个小通道上设计安装扩张室消声器。这样就可在足够扩张比的条件下，使扩张室截面积不致过大，而在较宽的频率范围内有较大消声量。

2）错开扩张室进出口管轴线，如图 8-8 所示，使得声波不能以窄束状直接通过扩张

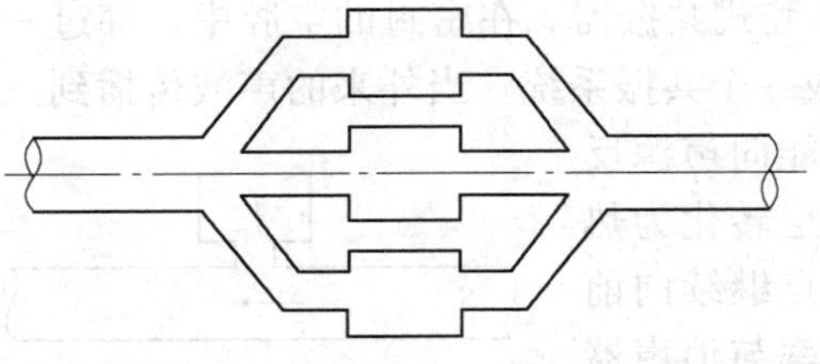

图 8-7 大通道分割成多个小扩张室

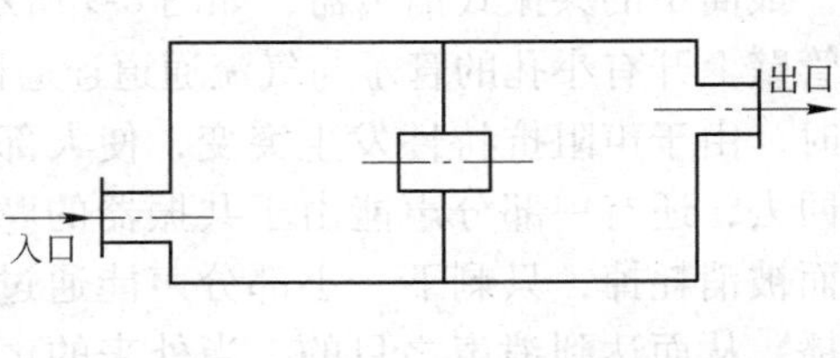

图 8-8 进、出口管轴线错开的扩张室消声器

室，这时的有效消声频率不受上限截止频率的约束，可明显改善消声频率特性。

例题 8-2　某柴油机进气口噪声在 125Hz 有一明显峰值，进气口管径为 150mm，管长 3m，试设计一个扩张室消声器，在 125Hz 有 15dB 的消声量。

解：由式 8-14 确定扩张室长度（$n=0$）

$$l = \frac{c}{4f_{\max}} = \frac{340}{4 \times 125} = 0.68\text{m}$$

根据要达到的 15dB 消声量，查图 8-4，确定扩张比 $m=13$。由此确定各部分截面尺寸：

进气管截面积　$$S_1 = \frac{\pi d_1^2}{4} = \frac{3.14 \times 0.15^2}{4} = 0.0177\text{m}^2$$

扩张室截面积　$$S_2 = m \times S_1 = 13 \times 0.0177 = 0.23\text{m}^2$$

扩张室直径　$$D = \sqrt{\frac{4S_2}{\pi}} = 0.54\text{m}$$

验算截止频率　$$f_{上} = 1.22 \times \frac{c}{D} = 1.22 \times \frac{340}{0.54} = 768\text{Hz}$$

进气管长 3m，设接入的消声器另一端也有 1m 长、管径为 150mm 的尾管，则连接管长度 $l_1 = 3 + 1 = 4\text{m}$，扩张室容积 $V = (S_2 - S_1) \times l = 0.144\text{m}^3$。

$$f_{下} = \frac{c}{\pi}\sqrt{\frac{S_1}{2Vl_1}} = \frac{340}{3.14}\sqrt{\frac{0.0177}{2 \times 0.144 \times 4}} = 13\text{Hz}$$

消声频率在上下限截止频率之间，符合要求。

8.3.1.6　*扩张室消声器的特性与应用*

扩张室消声器主要用于消除低频噪声，若气流通道较小也可用于消除中低频噪声。其主要缺点是消声器阻力大，体积大。扩张室消声器单独使用时，一般多用在排气放空或对压力损失要求不严的场所，如用于内燃机、柴油机排气管道上以及各类机动车辆的排气消声。

8.3.2　共振式消声器

共振式消声器又称共鸣式消声器，它的结构形式较多，按气流通道结构可分为：单孔旁支共振式消声器，多孔旁支共振式消声器和多孔圆柱式共振消声器等。

8.3.2.1　*消声原理*

最简单的共振式消声器，如图 8-9 所示的单腔式共振器。在密封的空腔中，穿过一段在管壁上开有小孔的管子与气流通道连通而组成一个共振系统。当外来的声波传播到三叉点时，由于声阻抗特性发生突变，使大部分声能向声源反射回去，还有一部分声能由于共振器的摩擦阻尼转化为热能而被消耗掉，只剩下一小部分声能通过三叉点继续向前传播，从而达到消声之目的。当外来的声波频率与消声器的共振频率一致时，发生共振。在共振频率及其附近，空

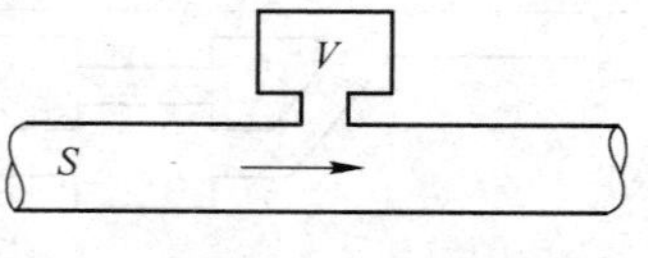

图 8-9　单腔共振式消声器示意图

气振动速度达到最大值，同时克服摩擦阻力而消耗的声能也最大，故有最大的消声量，所以共振消声器实际上就是共振吸声结构的一种具体应用。

8.3.2.2 共振频率

当声波的波长大于共振器最大尺寸的三倍时，共振器的共振频率 f_0，可按下式计算：

$$f_0 = \frac{c}{2\pi}\sqrt{\frac{G}{V}} \tag{8-18}$$

$$G = \frac{S_0}{t + 0.8d} \tag{8-19}$$

式中 f_0——共振器的共振频率，Hz；
c——声速，m/s；
V——共振腔容积，m^3；
G——声传导率；
S_0——穿孔的截面积，m^2；
t——穿孔板厚度，m；
d——小孔直径，m。

8.3.2.3 消声量计算

单腔共振消声器对频率为 f 的声波的消声量为：

$$L_R = 10\lg\left[1 + \frac{K^2}{(f/f_0 - f_0/f)^2}\right] \tag{8-20}$$

$$K = \frac{\sqrt{GV}}{2S} \tag{8-21}$$

式中 S——气流通道的截面积，m^2；
V——空腔体积，m^3；
G——传导率。

图 8-10 给出的是不同情况下共振消声器的消声特性曲线。可以看出，共振消声器的

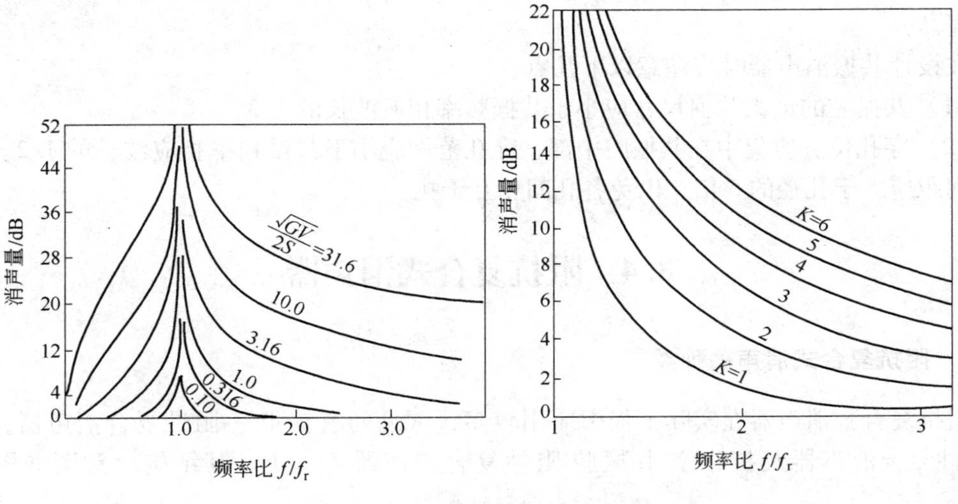

图 8-10 共振消声器的消声特性

选择性很强，当$f=f_0$时，系统发生共振，消声量很大，在偏离时，迅速下降。K值越小，曲线越尖锐，因此K值是共振消声器设计中的重要参量。

式8-20计算的是单一频率的消声量。在实际工程中的噪声源为连续的宽频噪声，常需要计算某一频带内的消声量，此时式8-20可简化为：

对倍频带 $$L_R = 10\lg(1 + 2K^2) \tag{8-22}$$

对1/3倍频带 $$L_R = 10\lg(1 + 19K^2) \tag{8-23}$$

8.3.2.4 改善消声性能的方法

共振式消声器的优点是特别适宜低、中频成分突出的气流噪声的消声，且消声量大。缺点是对频率选择性强，消声频带范围窄，为此可采取以下改进方法：

（1）选定较大的K值。由图8-10可以看出，在偏离共振频率时，消声量的大小与K值有关，K值越大，消声量越大。因此，欲使消声器在较宽的频率范围内获得明显的消声效果，必须使K值设计得足够大。

（2）增加声阻。在共振腔中填充一些吸声材料，可以增加声阻，使有效消声的频率展宽。这样处理尽管会使共振频率处的消声量有所下降，但由于偏离共振频率后的消声量变得下降缓慢，从整体看还是有利的。

（3）多节共振腔串联。把具有不同频率的几节共振腔消声器串联，并使共振频率互相错开，可以有效地展宽消声频率范围。

8.3.2.5 共振消声器的设计

共振消声器的设计程序为：

（1）根据要消除的主要频率和降噪量，由式8-22或式8-23确定相应的K值。

（2）按照式8-18和式8-19计算共振腔的体积V和传导率G。

（3）消声器的几何尺寸设计。在实际设计中，应根据现场条件和所用板材，首先确定板厚、孔径和腔深等参数，然后再设计其他参数。

（4）验算消声器的上下限截止频率是否在所需要的频率范围内。上限频率可用式8-16来计算。

在设计共振消声器时应注意以下几点：

（1）共振腔的最大几何尺寸应小于共振频率相应波长的1/3。

（2）穿孔位置应集中在共振腔中部，穿孔范围应小于共振频率相应波长的1/2。穿孔孔心间距应大于孔径的5倍，以免各孔间相互干扰。

8.4 阻抗复合式消声器

8.4.1 阻抗复合式消声器种类

阻抗复合式消声器在实际工程中应用较多，常见的有扩张室-阻性复合消声器，共振腔-阻性复合消声器及扩张室-共振腔-阻性复合消声器等三类。其结构示意图如图8-11所示。

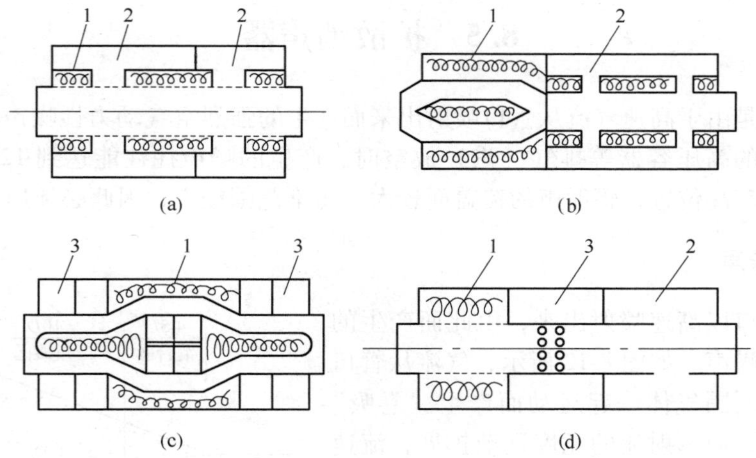

图 8-11　阻抗复合式消声器示意图

（a），（b）扩张室-阻性复合消声器；（c）共振腔-阻性复合消声器；

（d）扩张室-共振腔-阻性复合消声器

1—阻尼；2—扩张室；3—共振腔

8.4.2　消声原理

阻抗复合式消声器的消声原理，是利用阻性消声器消除中、高频噪声，利用抗性消声器消除低、中频以及某些特定频率的噪声，从而达到宽频带消声目的。

不同频率的消声量计算，可以粗略地分别按阻性及抗性消声器计算，然后将同一频带的消声量相加，即可得出总的宽频带消声量。工程实际中大都是通过具体结构进行实测而得。

8.4.3　阻抗复合式消声器设计要点

阻抗复合式消声器的复合形式，可以是以阻性为主，也可以是以抗性为主，这要视具体声源特性及消声要求而定。下面介绍几点，以供设计参考：

（1）设计阻抗复合式消声器时，要注意抗性消声部分放在气流的入口端，而阻性消声部分放在气流的出口端，即前抗后阻。

（2）对于以消除中、高频噪声为主，且气流通道直径 $D<250$mm 时，可设计成扩张室-阻性复合消声器（扩张室内壁不安装吸声材料）。两节扩张室消声器在前，阻性消声器在后。

（3）对于以消除中、高频噪声为主，且气流通道直径 $D<250$mm 时，而又要求在同样长度内具有较高的消声量时，可设计成扩张室-阻性复合式消声器（扩张室内壁安装吸声材料）。吸声材料厚度可取20～30mm。

（4）对于以消除中、高频噪声为主，且气流通道直径 $500\text{mm}>D>250$mm 时，则可设计成如图 8-11（c）所示的阻抗复合式结构。

（5）对于低、中、高频都比较丰满的宽频带噪声，而又要求有较大的消声量，则可设计成阻性-共振腔复合式消声结构。

8.5 扩散消声器

射流噪声是由于高速气流从管口喷射出来而产生的强烈空气动力性噪声。如高压蒸汽锅炉、化工厂的高压容器等排气（汽）放空时，产生的噪声往往能达到125～130dB，由于排气口处于较高位置，辐射声的覆盖面较大，污染范围较广，因此必须加以控制。

8.5.1 射流噪声

气流从管口以高速喷射出来，由此而产生的噪声称为射流噪声。如图8-12所示，气流从管口喷出后，带动周围气体一起运动而产生“卷吸”作用，沿射流方向，射流的宽度逐渐扩展，流速相应地逐渐降低。对于声速射流，大致可分为三个区域：混合区、过渡区和充分扩散区。混合区的长度约为排气管直径的4.5倍。在该区内保留着一股高速射流，其流速与管口速度相同，常被称做射流核心。在核心周围，射流与卷吸气体剧烈混合，从核心到混合边界的速度梯度大，气流之间存在着复杂多变的应力，涡流强度高，气流内各处的压强和流速迅速变化，从而辐射出较强的噪声，是射流噪声的主要区域，辐射的噪声是高频噪声。过渡区从核心顶端算起直至约10倍喷口直径。过渡区外为充分扩散区。与混合区相比，过渡区的射流宽度较大而流速较低，噪声频率较低，强度也随之减弱。到了充分扩散区，频率更低，强度也相应减弱。射流产生的噪声是连续宽带噪声，其峰值频率由下式确定：

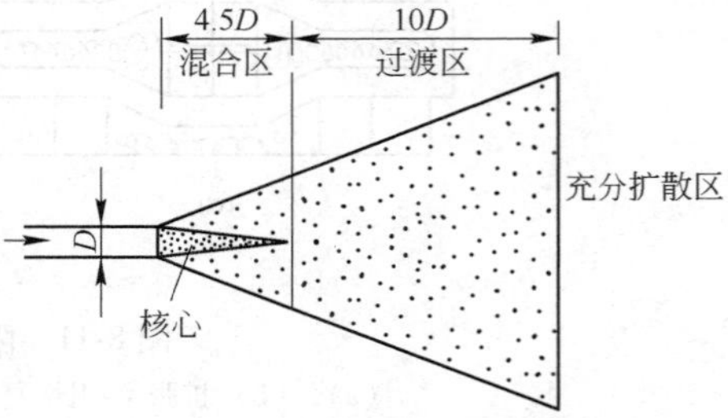

图8-12 射流影响区域的划分

$$f_m = S_A \frac{v}{D} \tag{8-24}$$

式中 S_A——斯脱劳哈数，与雷诺数 Re 有关，当 $Re>10^4$ 时，$S_A=0.2$；

v——排气口流速，m/s；

D——排气管直径，m。

射流噪声具有明显的指向性。离喷口相同距离的不同方向声压级不同，声压级最大方向不在气流方向，而是在与气流方向呈15°夹角。射流噪声的声功率 W 与气流速度的8次方成正比，对于一定的流速，则 W 正比于喷口面积 S。对于亚声速射流，总声功率级近似为：

$$L_W = 10\lg S + 80\lg v - 45 \tag{8-25}$$

控制高速气流噪声，原则上可采取以下措施：

（1）降低气流速度。这是一种最直接最有效的方法。由式8-25可知，适当降低流速，声功率将成倍下降。从声学观点，应控制管道排气口的截面积，使由流速产生的噪声控制在容许限度内。其次，对于高温排放气体可用水冷却方法，因气体收缩而使噪声降低。

（2）分散降压。声功率与压降高次幂成正比，若把压降分散到若干局部结构，可保持总压降不变而只是分散为各局部结构压降，从而降低声功率。

（3）改变频率特性（移频式）。在保证排气口总面积相等的前提下，用多个小喷口来代替一个大喷口，使噪声频谱向高频方向移动，让噪声能量大部分进入超声频率范围，使对人干扰的声频部分大幅度降低，从而达到降噪目的。

8.5.2 节流减压消声器

根据节流降压原理，当高压气体通过具有一定流通面积的节流孔板时，压力得到降低。通过多级节流孔板串联，就可以把原来高压直接排空的一次大的突变压降分散为多次小的渐变压降。排气噪声功率与压降的高次方成正比，所以把压力突变排空改为压力渐变排空，便可取得消声效果。

节流减压消声器的各级压力是按几何级数下降的，即

$$p_n = p_s G^n \tag{8-26}$$

式中 p_s——节流孔板前的压强；

p_n——第 n 级节流孔板后的压强；

n——节流孔板数；

G——节流板后压强与板前压强之比。

各级压强比一般情况下取相等的数值，即 $G = \dfrac{p_2}{p_1} = \dfrac{p_3}{p_2} = \cdots = \dfrac{p_n}{p_{n-1}} < 1$。对于高压排气的节流减压装置，通常按临界状态设计。表 8-3 给出几种气体在临界状态下的压强比及节流面积计算公式。

表 8-3 几种气体压强比及节流面积

气 体	压强比 G	节流面积 S/cm^2	气 体	压强比 G	节流面积 S/cm^2
空气(或 O_2,N_2)等	0.528	$S=13.0\mu q_m\sqrt{v_1/p_1}$	饱和蒸汽	0.577	$S=14.0\mu q_m\sqrt{v_1/p_1}$
过热蒸汽	0.546	$S=13.4\mu q_m\sqrt{v_1/p_1}$			

注：q_m 为排放气体的质量流量（t/h）；v_1 为节流前气体比容（m^3/kg）；p_1 为节流前气体压强（98.07kPa）；μ 为保证排气量的截面修正系数，通常取 1.2~2。

在计算出第一级节流孔板流通面积后，可按与比容成正比的关系近似确定其他各级流通面积，然后可以确定孔径、孔心距和开孔数等参数。

按临界状态设计的节流减压消声器，其消声量可用下式估算

$$L_{\text{IL}} = 10a\lg\frac{3.7(p_1 - p_0)^3}{np_1p_0^2} \tag{8-27}$$

式中 p_1——消声器入口压强，Pa；

p_0——环境压强，Pa；

n——节流级数；

a——修正系数，其实验值为 0.9±0.2（当压强较高时，取偏低的数；当压强较低时，取偏高的数）。

当排气口流速达到声速时，排气口处于空气动力学上的临界状态，称为阻塞喷口。

节流减压排气消声器主要用于高压、高温放空排气，节流级数实用上常取 2~6 级，消声量一般可达 15~25dB(A)。若进一步提高消声量，则可在节流减压段后附加阻性消声器。

8.5.3 小孔喷注消声器

小孔喷注消声器是以许多小喷口代替大截面喷口，如图8-13所示，它适合于流速极高的放空排气噪声。

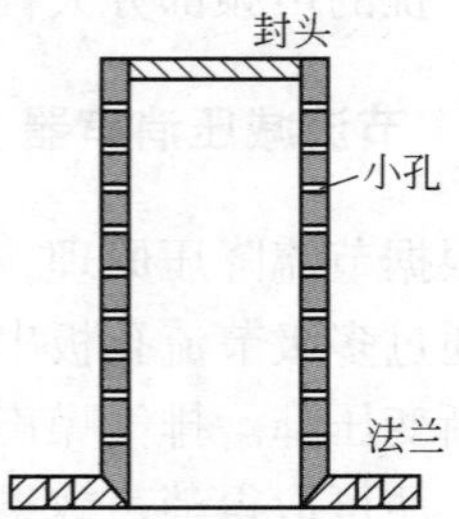

图8-13 小孔喷注排气消声示意图

小孔喷注消声器是利用移频的原理来设计的消声器。一般的放空排气管的直径为几厘米，峰值频率较低，辐射的噪声主要在人耳听阈范围。而小孔消声器的小孔直径为1mm，其峰值频率比普通排气管喷注噪声的峰值频率要高几十倍或几百倍，将喷注噪声移到了超声范围。在保证排气口总面积相等的前提下，用多个小喷口来代替一个大喷口，使噪声频谱向高频方向移动，让噪声能量大部分进入超声频率范围，使对人干扰的声频部分大幅度降低，从而达到降噪目的。小孔喷注消声器的插入损失可用下式计算

$$L_{IL} = -10\lg\left[\frac{2}{\pi}\left(\arctan x_A - \frac{x_A}{1+x_A^2}\right)\right] \tag{8-28}$$

在阻塞情况下，$x_A = 0.165D/D_0$。D_0 为喷口直径，以mm为单位。当 $D \leqslant 1$mm 时，$x_A \ll 1$ 时，上式可简化为

$$L_{IL} = 27.2 - 30\lg D \tag{8-29}$$

从式8-29可见，在小孔范围内，孔径减半，消声量提高9dB。但从生产工艺出发，小孔的孔径过小，难以加工，又易于堵塞，影响排气量。实用的小孔消声器的孔径一般为1~3mm，尤以1mm为多。

设计小孔消声器时，小孔间距应足够大，以保证各小孔的喷注是独立的。否则，气流经过小孔形成小孔喷注后，还会汇合成大的喷注辐射噪声，从而使消声器性能下降。为此，小孔的孔间距取5~10倍的孔径（喷注前气室内压力越高，孔间距就需越大）。

为保证安装消声器后不影响原设备的排气，一般要求小孔的总面积比排气口的截面积大20%~60%。现场测试表明，在高压源上采用小孔消声器，单层2mm的小孔可以消声16~21dB；单层1mm的小孔可以消声20~28dB。

这种消声器具有结构简单，消声效果好，占地体积小等优点，工程应用广泛。

8.6 微穿孔板消声器

微穿孔板消声器是我国利用微穿孔板吸声结构研制的一种新型消声器。在厚度小于1mm的金属板上钻许多孔径为0.5~1mm的微孔，穿孔率一般在1%~3%，并在穿孔板后留有一定的空腔，即制成微穿孔板吸声结构。由此吸声结构制成的消声器称为微穿孔板消声器。

8.6.1 消声原理及分类

微穿孔板是一种高声阻、低声质量的吸声元件。根据相关理论知道，声阻与穿孔板上的孔径成反比。与普通穿孔板相比，由于孔很小，声阻就大得多，从而提高了结构的吸声系数。低穿孔率降低了其声质量，使依赖于声阻与声质量比值的吸声频带宽度得到展宽，

同时微穿孔板后面的空腔能够有效控制吸收峰值的位置。为了保证在宽频带有较高的吸声系数，还可采用双层微穿孔板结构。因此微穿孔板消声器实质上是一种阻抗复合式消声器。

微穿孔板消声器的结构类似于阻性消声器，可按气流通道的形状划分为直管式、片式、折板式、声流式等。

8.6.2 消声量计算

微穿孔板消声器的最简单形式是单层管式消声器，是一种共振式吸声结构。对于低频噪声，当声波波长大于共振腔尺寸时，其消声量可用共振消声器的计算公式计算，即

$$L_{\mathrm{R}} = 10\lg\left[1 + \frac{a + 0.25}{a^2 + b^2(f_{\mathrm{r}}/f - f/f_{\mathrm{r}})^2}\right] \tag{8-30}$$

$$a = rS\ ,\ b = \frac{Sc}{2\pi f_{\mathrm{r}} V}$$

式中 r——相对声阻；

S——通道截面积，m^2；

V——板后空腔体积，m^3；

c——空气中的声速，m/s；

f——入射声波的频率，Hz；

f_{r}——微穿孔板的共振频率，Hz。

f_{r} 由下式计算

$$f_{\mathrm{r}} = \frac{c}{2\pi}\sqrt{\frac{P}{t'D}} \tag{8-31}$$

$$t' = t + 0.8d + 1/3PD$$

式中 t——微穿孔板厚度；

d——穿孔直径；

P——穿孔率；

D——板后空腔深度。

对于中频消声，其消声量可应用阻性消声器公式进行计算。

对于高频噪声，其消声量可用如下经验公式计算：

$$L_{\mathrm{R}} = 75 - 34\lg v \tag{8-32}$$

式中 v——气流速度，m/s，其适应范围为 20~120m/s。

可见消声量与流速有关，流速增大，消声性能变差。金属微穿孔板消声器可承受较高气流冲击，当流速为 70m/s 时，仍有 10dB 的消声量。

微穿孔板消声器往往采用双层微穿孔板串联，这样可以吸声频带加宽。对于低频噪声，当共振频率降低 $D_1/(D_1 + D_2)$ 倍（D_1、D_2 分别为双层微穿孔板前腔和后腔的深度）时，则其吸收频率向低频扩展 3~5 倍频程。

8.7 消声器的设计制造及安装应用

消声器的具体设计与加工，应根据噪声源的特点和现场的具体条件，因地制宜地灵活

进行，没有固定不变的步骤和方法。本节仅就一般情况下的消声器设计，制造和安装，使用介绍一些具体方法。

8.7.1 消声器的设计制造

第一步，从声学性能要求，考虑消声器的设计方案。主要包括：

（1）根据噪声的频谱，选定消声器种类。设计消声器时，应对所需要控制的噪声进行测量分析（如果没有条件测量，可根据发声设备的参数，参照测量过的一些类似设备进行估算）。根据噪声强度和频谱特性，找出需要消减的频率范围，便可选定消声器种类。如果是高频性噪声，则可以选取阻性消声器设计方案；如果是低中频噪声，则设计应以抗性消声为主，再配置上一定的阻性消声装置，如果噪声频带比较宽，即低、中、高频噪声都较强，则可以设计成阻抗复合式消声器，如果噪声中有突出的峰值，则可针对峰值噪声的频率，设计共振腔消声器，如果是排气喷流噪声，可选适当形式的喷注耗散消声器。

（2）根据管道截面，确定消声器通道结构。根据管道截面尺寸，可确定消声器的通道数和尺寸（排气放空消声器除外）。如果原来管道尺寸较小（比如在300mm以下），可选择单通道的消声结构，如果气流通道的尺寸较大，若采用阻性消声器，就应设计成多通道或弯折通道形式，如片式，蜂窝式、折板式、弯头式等，若采用扩张室消声器，也应把一个大通道设计成多个扩张室并联，或使扩张室插入管轴线错开。值得强调的是，为大截面通道设计复杂结构形式的消声器时，气流通道的有效通流截面应扣除设置吸声层或其他结构所占去的截面积，以保证消声器有效通流截面不小于原输气管道截面，一般应设计得大一些，根据经验选取原输气管截面的1.2~1.5倍较合适。

（3）根据降噪要求，决定消声器的长度。通道截面确定后，增加消声器的长度能提高消声量。因为阻性消声器的消声量与通道衬贴吸声结构的长度成正比，扩张室和共振腔等类型的抗性消声器，也可以通过多节串联（即增加长度）提高消声量。消声器多长合适，主要应根据噪声强度大小和现场的降噪要求来决定。比如待消除的噪声较现场其他设备的噪声大得多就应把消声器设计得长些，反之，就可设计得短些。总之，要从现场需要和经济实用等多方面权衡考虑。

（4）验算消声频率范围。消声量的大小和消声频带的宽窄，是评价消声器声学性能的主要指标。因此，除了按前面介绍的公式计算确定消声量数值外，还要对消声频率范围进行验算。对于阻性消声器，除根据吸声材料、吸声系数逐个频带计算外，还要根据前面介绍的高频失效频率公式进行验算。对于扩张室消声器，除选择足够大的扩张比以提高消声量外，还要根据扩张室的上限截止频率公式和下限截止频率公式进行验算。对于共振腔消声器，也要按共振频率公式验算一下需要消减的频率偏离共振频率有多远，通过验算，如果发现所设计的消声器的有效消声频率范围与现场噪声所需要消声的频率范围不一致时，则要修改消声器的结构设计方案，必要时甚至重新进行设计。

第二步，从空气动力性能方面，对所设计方案进行权衡。为了保证消声器有良好的空气动力性能，最重要的是要把消声器通道内的流速选得合适。若流速选得不合适，比如流速很高，不仅增加消声器的阻力损失，使空气动力性能变坏，而且反过来也会影响消声器的声学性能，以致使消声器收不到应有的消声效果或根本不能使用。选定流速后，再根据管道的截面，确定消声器的通道结构，一般是把消声器通道截面设计得与原来输气管道截面相同，使消声器通道中的流速保持与原来输气管道中的流速一样。但在特殊情况下，不应这样设计。比如，原来输气管道中流速很高，为了减少阻损和再生噪声，就应将消声器通道截面放大一些，即比原来管道截面大一些，以便降低流速，反之，若原来输气管道中流速较低，为了使消声器更轻小一些，则可以把消声器通道截流设计得比原来输气管道截面小一些，使流速稍稍提高。消声器内流速究竟定为多大合适，由于消声器的结构不同，不同现场对消声器的声学性能和空气动力性能要求不同，因此，选定的流速也应有所不同。若想精确地规定出普遍适用的速度值是困难的。一般按设备的种类和使用的场合，可以粗略地选定为：空调设备上的消声器，流速应不超过 5m/s，空压机和鼓风机上使用的消声器，流速可选定在 15~30m/s，内燃机、凿岩机上的消声器，流速可选定在 30~50m/s，大流量的排气放空消声器，流速可选定在 50~80m/s。

第三步，从结构性能方面考虑消声器选材与强度要求。设计制造消声器还必须结合给定的环境和条件选择合适的材料和结构。比如，在高温下（有时还可能带火焰），在蒸汽下（有时可能在流水中），就应选择能承受高温和不怕水汽的结构和材料。若在有酸碱等腐蚀气体的环境，就应选择耐腐蚀的结构材料，如不锈钢和塑料，在粉尘，油烟下，就应考虑设置防粉尘和油烟粘结的装置，或装设清扫装置。要求消声器有足够的刚度和强度，其外形最好设计成圆形。用薄钢板制成的圆形消声器，比其他形状的刚性好，焊缝又少，加工简单，不易变形，也便于组装，使用时也不至造成结构振动而产生噪声和侧向传声。如果因某种要求需要设计成方形或其他形状时，外壳的钢板要有一定的厚度（厚度要大于 3mm），而且所有接缝要用连续焊缝方式进行焊接。由于扩张室消声器和共振消声器各个腔体的大小都是按一定的消声频率和消声量来设计的，所以必须密封。否则，会影响其消声效果。微穿孔板消声器，由于微穿孔板很薄，不能用普通的焊接方法，最好用铆接，也可以设置加强筋或制成骨架，然后把微穿孔板用铆钉固定在加强筋或骨架上。微穿孔板后面的空腔也要求密封。设计制造阻性消声器，要正确选用吸声材料和材料的护面结构。

8.7.2 消声器的安装

消声器的安装位置和方向，对消声效果是有影响的。一般消声器，以安装在离声源越近越好，这样，当噪声刚刚从声源辐射出来就可通过消声器被衰减。如果把消声器安装在离声源较远的地方，其效果就差。如鼓风机排气管路上的消声器，若安在距鼓风机出口较远的位置上，则由鼓风机（声源）到消声器的那段管路也会辐射噪声，若安在距出口较近的位置上，则不会有管路辐射噪声。

由于噪声辐射有方向性，所以安装消声器要注意排气口的方向。比如排气噪声，在排气口方向和与排气口轴线斜某一角度的方向上，往往有较强的噪声级，因此，安装消声器时，应尽可能使怕噪声干扰的地方背向消声器的排口。通常消声器以直立朝天安置较为合理。如果因位置限制不能朝天安装时，则要特别注意不可使排气口指向办公楼或居民区等需要安静的场所。另外，安装消声器时还要注意，不要使消声器排口指向附近较大的障碍物，以避免因声反射而使噪声增强。有一个电厂 1 号炉与 4 号炉上的消声器设计原理是一样的，但工人反映 4 号炉消声器要比 1 号炉消声器效果好。其原因之一，就在于 1 号炉消声器横向安装，在排口方向上有几个大的冷却塔矗立着，恰好形成声反射面。人们在附近听似乎声源在冷却塔那边。而 4 号炉消声器是直立朝天安装的，没有 1 号炉那样的反射声；所以 4 号炉的消声器便显得比 1 号炉消声器效果好一些。

安装消声器时，连接法兰要加垫，螺栓要上紧，以防漏气。尤其对输气管道上的消声器，更应注意这一点，因为漏气不仅漏声，而且还会产生漏气的高频声，同时也会造成风量和风压的损失。

消声器在使用一段时间之后，应及时进行检查。如果发现消声性能有变化，就要分析原因，必要时拆下来检查，以保证消声器始终保持良好的消声性能。

习 题

8-1 直管式消声器，有效通道为 ϕ200mm，用超细玻璃棉制成吸声衬里，其吸声系数如下表所示，消声器长度为 1m，求该消声器的消声量。

f_c/Hz	250	500	1000	4000	8000
α_0	0.70	0.67	0.76	0.73	0.80

8-2 选用同一种吸声材料衬贴的消声管道，管道截面为 2000cm^2。当截面形状分别为圆形、正方形和 1∶5 的矩形时，分别计算各断面形状消声管道的消声量。

8-3 有一长 1m，直径为 400mm 的直管式阻性消声器，内壁吸声层采用厚 150mm、容重为 20kg/m^3 的超细玻璃棉，试计算频率大于 250Hz 的消声量。

8-4 某风机的风量为 1800m^3/h，进气口直径为 200mm，风机开动时测得其噪声频谱如下表所列。试设计一阻性消声器，使之满足 *NR*85 标准的要求。

f_c/Hz	125	250	500	1000	2000	4000
dB	102	100	93	94	85	83

8-5 某风机的出风口噪声在 250Hz 处有一明显峰值，出风口直径为 200mm，试设计一扩张室消声器，要求在 250Hz 处有 16dB 的消声量。

9 振动污染及其控制

9.1 振动容许标准

为了消除或减少振动对人、精密仪器设备及建筑物的危害和影响，国内外学者通过科研和大量实践，编制了相关标准。

9.1.1 局部振动标准

国际标准化组织 1981 年起草推荐的局部振动标准（ISO 5349）见图 9-1。该标准规定了8~1000Hz 不同暴露时间的振动加速度和振动速度的允许值，用来评价手传振动暴露对人的损伤危险。从标准曲线可以看出，对于（加）速度值，8~16Hz 曲线平坦，16Hz 以上曲线以每倍频程增加 6dB 的斜率上升。人对（加）速度最敏感的频率范围是8~16Hz。

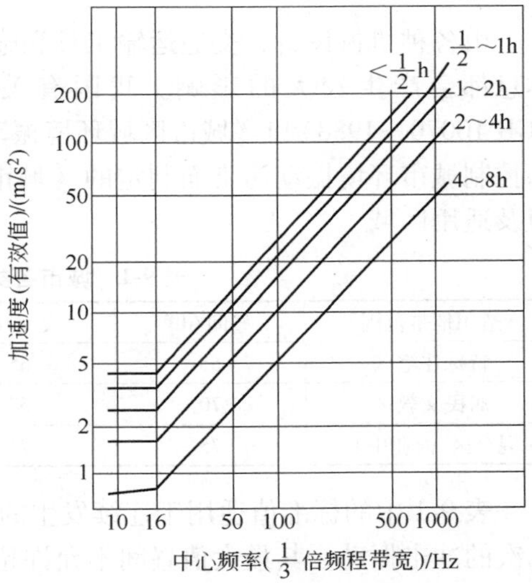

图 9-1 手的暴露曲线

9.1.2 整体振动标准

国际标准化组织 1978 年公布推荐（ISO 2631）。该标准规定了人在振动作业环境中的暴露基准。振动对人体的作用取决于 4 个参数：振动强度、频率、方向和暴露时间。振动规范曲线见图 9-2（垂直振动）和图 9-3（水平振动）。图中曲线为“疲劳-工效降低界限”，当振动暴露超过这些界限，常会出现明显的疲劳及工作效率降低。对于不同性质的工作，可

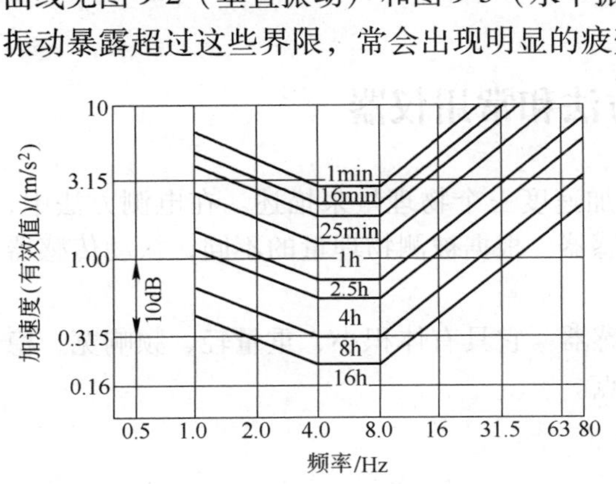

图 9-2 垂直振动标准曲线

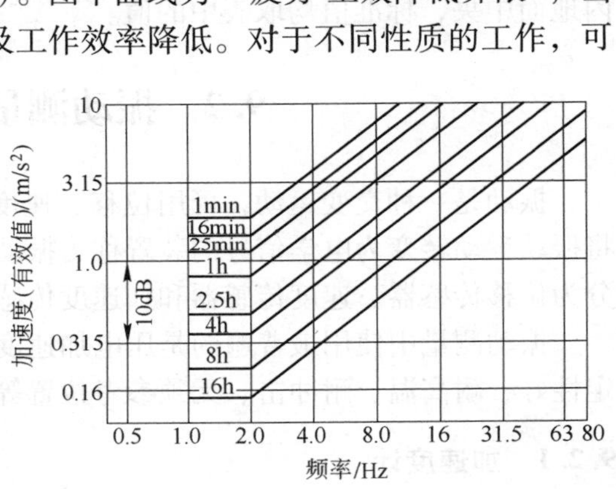

图 9-3 水平振动标准曲线

以有 3~12dB 的修正范围。超过图中曲线的两倍（即+6dB）为“暴露极限”，即使个别人能在强的振动环境中无困难地完成任务，也是不允许的。将曲线向下移动 10dB 为“舒适降低界限”，降低的程度与所做事情的难易有关。

图 9-2 和图 9-3 的适用频率范围是 1~80Hz。由图上可以看出，对于垂直振动，人最敏感的频率范围是 4~8Hz；对于水平振动，人最敏感的频率范围在 1~2Hz。低于 1Hz 的振动会出现许多传递形式，并产生一些与较高频率完全不同的影响，例如运动眩晕等。这些影响不能简单地通过振动的强度、频率和持续时间来解释。不同的人对于低于 1Hz 的振动反应会有相当大的差别，这与环境因素和个人经历有关。

高于 80Hz 的振动，感觉和影响主要取决于作用点的局部条件，目前还没有建立 80Hz 以上的关于人的整体振动标准。

9.1.3　环境振动标准

由各种机械设备，交通运输工具和施工机械所产生的环境振动，对人们的正常工作和休息都会产生较大的影响。我国有关部门已经制定了《城市区域环境振动标准》（GB 10070—1988）和《城市区域环境振动测量方法》（GB 10071—1988）。表 9-1 是我国为控制城市环境振动污染而制定的《城市区域环境振动标准》（GB 10070—1988）的标准值及适用区域。

表 9-1　城市各类区域铅垂向 z 振级标准值

适用地带范围	昼间/dB	夜间/dB	适用地带范围	昼间/dB	夜间/dB
特殊住宅区	65	65	工业集中区	75	72
居民文教区	70	67	交通干线道路两侧	75	72
混合区/商业中心	75	72	铁路干线两侧	80	80

表 9-1 中的标准值适用于连续发生的稳态振动、冲击振动和无规振动。对每天只发生几次的冲击振动，其最大值昼间不允许超过标准值 10dB，夜间不超过 3dB。铅垂向 z 振级的测量及评价量的计算方法，按《城市区域环境振动测量方法》（GB 10071—1988）有关条款的规定执行。

标准规定测量点应位于建筑物室外 0.5m 以内振动敏感处，必要时测点置于建筑物室内地面中央，标准值均取表中的值。

9.2　振动测量方法和常用仪器

振动是一种交变运动，可用位移、速度和加速度三个物理量来描述。在电测方法中，将振动运动转变为电学信号的装置称为振动传感器。根据被测物理量的不同，振动传感器分为位移传感器、速度传感器和加速度传感器。

振动测量中使用最普遍的是压电加速度传感器。它具有体积小、重量轻、频响宽、稳定性好、耐高温、耐冲击、无须参考位置等优点。

9.2.1　加速度计

加速度计是一种机电传感器，其核心是压电元件，通常是由压电陶瓷经人工极化制成。这些压电元件能产生与作用力成正比的电荷。图 9-4 是加速度计的内部结构。压电元件以质量块为负载。当加速度计受到振动时，质量块把正比于加速度的力作用在压电元件上，则在输出端产生正比于加速度的电荷或电压。

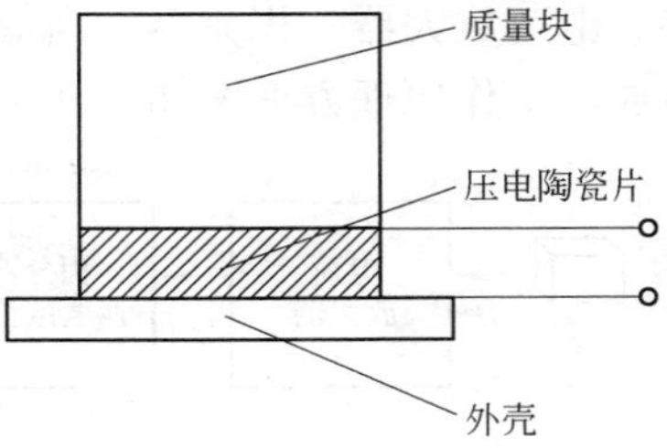

图 9-4　加速度计内部结构图

加速度计的主要技术参数有频率特性、灵敏度、重量和动态范围等。在使用加速度计进行测量时应注意以下几点：

（1）加速度计须妥帖、牢固地安装在被测物体表面。

（2）加速度计的引出电缆应贴在振动面上，不宜任意悬空。电缆离开振动面的位置最好选在振动最弱的部位。

（3）应选用质量较轻的加速度计，以免影响被测物体的振动特性。

但要保证所选加速度计的动态范围应高于被测物体的最大加速度。常用加速度计允许的使用温度上限为 250℃，高温条件会使压电陶瓷退极化。

9.2.2　振动前置放大器

振动前置放大器的基本作用是把压电加速度计的高阻抗输出转变为低阻抗的信号以便直接送至测量仪器或分析仪器中。与压电加速度计配用的前置放大器有两种，即电荷放大器和电压放大器。

电荷放大器与电压放大器相比最明显的优点在于：无论使用长电缆线还是短电缆线都不会改变整个系统的灵敏度，因此在振动测量中优先采用电荷放大器。

9.2.3　灵敏度校准

加速度计的制造厂家均提供每只加速度计的校准卡，给出产品的灵敏度、电容量和频率特性等数据。

如果在正常环境条件下保存加速度计，并在使用时不遭受过量的冲击、过高的使用温度和放射剂量，加速度计的特性在长时期内变化极小。试验表明，数年之中的变化值小于 2%。

但是如果保存或使用不当，例如受到跌落或强冲击，就会使加速度计的特性发生显著变化，甚至会造成永久性的损坏。因此，应定期进行灵敏度校准检验。

最方便的校准方法是使用校准激励器（加速度校准器）。它能提供振动加速度的峰值精确地保持在 $10\text{m}/g^2$，也可以用来校准测量系统所测振动信号的速度和位移的均方值及峰值。校准精度可在±2%之内。另一种校准方法是选用一只灵敏度已知的参考加速度计，与待校准的加速度计一起安装在振动台上。当振动台激励时，两只加速度计的输出值正比于各自的灵敏度，从而可以确定待测加速度计的灵敏度。

9.2.4　通用振动计

通用振动计是用于测量振动加速度、速速、位移的仪器，可以测量机械振动和冲击振动的有效值、峰值等，频率范围可从零点几赫兹到几千赫兹。通用振动计由加速度传感器、电荷放大器、积分器、高低通滤波器、检波电路及指示器、校准信号振荡器、电源等组成。工作原理方框图如图9-5所示。

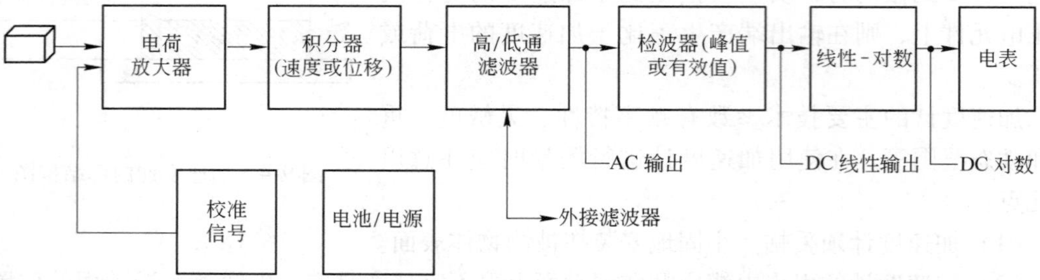

图9-5　通用振动计工作原理框图

9.3　振动的控制技术和方法

振动传播与声传播一样，也由三要素组成，即振动源、传递介质和接受者。

环境中的振动源主要有：工厂振源（往复旋转机械、传动轴、电磁振动等），交通振源（汽车、机车、路轨、路面、飞机、气流等），建筑工地（打桩、搅拌、风镐、压路机等）以及大地脉动及地震等。传递介质主要有：地基地坪、建筑物、空气、水、道路、构件设备等。接受者除人群外，还包括建筑物及仪器设备等。因此振动污染控制的基本方法也就分为三个方面，振源控制、传递过程中振动控制及对接收者采取控制。

9.3.1　振源控制

9.3.1.1　采用振动小的加工工艺

强力撞击在机械加工中经常见到，强力撞击会引起被加工零件、机械部件和基础振动。控制此类振动最有效的方法是改进加工工艺，即用不撞击方法代替撞击方法，如用焊接替代铆接、用压延替代冲压、用滚轧替代锤击等。

9.3.1.2　减少振源的扰动

振动的主要来源是振动源本身的不平衡力引起的对设备的激励。因此改进振动设备的设计和提高制造加工装配精度，使其振动最小，是最有效的控制方法。

A　确保旋转机械动平衡

鼓风机、高压水泵、蒸汽轮机、燃气轮机等旋转机械，大多属高速旋转类，每分钟在千转以上，其微小的质量偏心或安装间隙的不均匀常带来严重的危害。为此，应尽可能调好其静、动平衡，提高其制造质量，严格控制安装间隙，以减少其离心偏心惯性力的产生。

B　防止共振

振动机械激励力的振动频率，若与设备的固有频率一致，就会引起共振，使设备振动得更厉害，起了放大作用，其放大倍数可有几倍到几十倍。共振带来的破坏和危害是十分严重的。木工机械中的锯、刨加工，不仅有强烈的振动，而且常伴随壳体等共振，产生的抖动使人难以承受，操作者的手会感到麻木。高速行驶的载重卡车、铁路机车等，往往使较近的居民楼房等产生共振，在某种频率下，会发生楼面晃动，玻璃窗强烈抖动等。历史上曾发生过几次严重的共振事故，如美国 Tacoma 峡谷悬索吊桥，长 853m，宽 12m 左右，1940 年因风灾（8 级大风）袭击，发生了当时难以理解的振动，引起共振，历时 1h，使笨重的钢桥翻腾扭曲，最后在可怕的断裂声中整个吊桥彻底毁坏。

因此，防止和减少共振响应是振动控制的一个重要方面。控制共振的主要方法有：改变设施的结构和总体尺寸或采用局部加强法等，以改变机械结构的固有频率；改变机器的转速或改换机型等以改变振动源的扰动频率；将振动源安装在非刚性的基础上以降低共振响应；对于一些薄壳机体或仪器仪表柜等结构，用粘贴弹性高阻尼结构材料增加其阻尼，以增加能量逸散，降低其振幅。

C 合理设计设备基础

采用大型基础来减弱振动是最常用最原始的方法。根据工程振动学原则合理地设计机器的基础，可以减少基础（和机器）的振动和振动向周围的传递。根据经验，一般切削机床的基础是自身重量的 1~2 倍，而特殊的振动机械如锻冲设备则达到设备自重的 2~5 倍，更甚者达 10 倍以上。

9.3.2 振动传递过程中的控制

9.3.2.1 加大振动源和受振对象之间的距离

振动在介质中传播，由于能量的扩散和介质对振动能量的吸收，一般是随着距离的增加振动逐渐减弱，所以加大振源与受振对象之间的距离是控制振动的有效措施之一。

9.3.2.2 隔振沟

振动的影响，特别是对于环境来说，主要是通过振动传递来达到的，减少或隔离振动的传递，振动就得以控制。

在振动机械基础的四周开有一定宽度和深度的沟槽——防振沟，里面填充松软物质（如木屑等）或不填，用来隔离振动的传递，这也是以往常采用的隔振措施之一。

9.3.2.3 采用隔振器材

在设备下安装隔振元件——隔振器，是目前工程上应用最为广泛的控制振动的有效措施。安装这种隔振元件后，能真正起到减少振动与冲击力的传递的作用，只要隔振元件选用得当，隔振效果可在 85%~90%以上，而且可以采用上面讲的大型基础。对一般中、小型设备，甚至可以不用地脚螺钉和基础，只要普通的地坪能承受设备的静负荷即可。

9.3.3 对防振对象采取的振动控制措施

对防振对象采取的措施主要是指对精密仪器、设备采取的措施，一般方法为：

（1）采用粘弹性高阻尼材料。对于一些具有薄壳机体的精密仪器，宜采用粘弹性高阻尼材料增加其阻尼，以增加能量耗散，降低其振幅。

（2）保证精密仪器、设备的工作台的刚度。精密仪器、设备的工作台应采用钢筋混凝土制的水磨石工作台，以保证工作台本身具有足够的刚度和质量，不宜采用刚度小、易晃动的木质工作台。

9.4 隔振原理

隔振是指在振动源与地基、地基与设备之间安装具有一定弹性的装置，使原有的刚性连接转变为弹性连接，以隔离或减弱振动能量的传递，达到减振降噪的目的。

隔振技术分为两类：积极隔振技术和消极隔振技术。所谓积极隔振就是为了减少动力设备产生的扰动力向外的传递，对动力设备所采取的措施，目的是减少振动的输出。所谓消极隔振，就是为了减少外来振动对防振对象的影响，对受振物体采取的隔振措施，目的是减少振动的输入。

9.4.1 振动的传递和隔离

图 9-6 是一个单自由度受迫振动系统模型。振动系统的主要参量是质量 M、弹簧 K、阻尼 δ、外激励力 F，振动在 y 方向的位移，根据牛顿第二定律，系统的振动方程为：

$$M\frac{d^2y}{dt^2}+\delta\frac{dy}{dt}+Ky=F \tag{9-1}$$

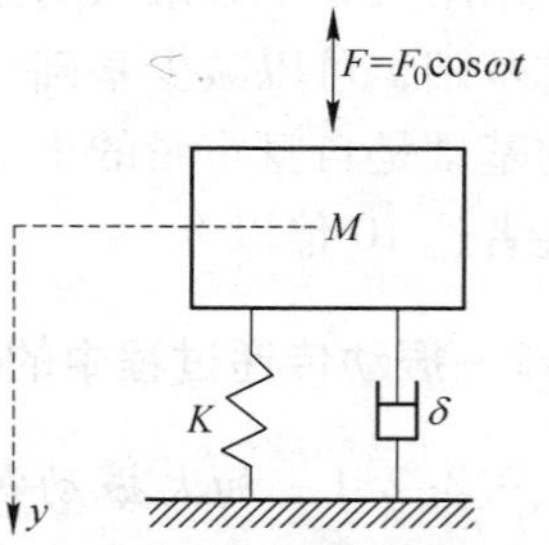

图 9-6 单自由度振动系统模型

式中，第一项为惯性力，第二项为黏滞阻力（δ 为阻尼系数），第三项为弹性力（K 为弹性系数）。设外激力为简谐力，即 $F=F_0\cos\omega t$；定义 $\beta=\delta/2M$，为衰减系数；$\omega_0=\sqrt{\frac{K}{M}}$，$\omega_0$ 为振动系统的固有角频率。上式改写为：

$$\frac{d^2y}{dt^2}+2\beta\frac{dy}{dt}+\omega_0^2y=\frac{F_0}{M}\cos\omega t \tag{9-2}$$

上式的解为：

$$y=A_0e^{-\beta t}\cos(\omega_0t+\varphi')+\frac{F_0}{\omega Z_m}\cos(\omega t+\varphi) \tag{9-3}$$

式中，Z_m 为力阻抗，其值为：

$$Z_m=\sqrt{\delta^2+\left(\omega M-\frac{K}{\omega}\right)^2} \tag{9-4}$$

式 9-3 的第一部分为瞬态解，它表明由于激励力作用而激发起的按系统固有频率振动的部分，这一部分由于阻尼的作用很快按指数规律衰减掉。第二项是稳态解，振动频率就是激励力的频率，且振幅保持恒定，故当有阻尼的振动系统，在简谐策动力的作用下，振动持续一个很短的时间后，即成为稳态形式的简谐振动，即

$$y=\frac{F_0}{\omega Z_m}\cos(\omega t+\varphi) \tag{9-5}$$

受迫振动的振幅为

$$A=\frac{F_0}{\omega Z_m}=\frac{F_0/K}{\sqrt{[2\xi(\omega/\omega_0)]^2+[(\omega/\omega_0)^2-1]^2}} \tag{9-6}$$

式中 ξ——阻尼比或阻尼因子，$\xi=\delta/\delta_0$；

δ_0——隔振系统的临界阻尼，$\delta_0=2M\omega_0$。

可见受迫振动的振幅 A 与激励力的力幅 F_0、频率 ω 和系统的力阻抗 Z_m 有关。当 $\omega=$

ω_0 时，有 $Z_m=\delta$ 为极小值，这时系统的振幅为

$$A=\frac{F_0}{\omega\delta} \tag{9-7}$$

可见，系统发生共振，共振峰值与阻尼有关，当阻尼系数很小时，振幅可以很大。

9.4.2 隔振的力传递率

在研究振动隔离问题时，隔振效果的好坏通常用力传递率 T_f 来表示，它定义为通过隔振装置传递到基础上的力的幅值 F_{f0} 与作用于振动系统上的激振力幅值 F_0 之比。一般情况下，基础的力阻抗比较大，振动位移很小，在忽略基础影响的情况下，通过弹簧和阻尼传递给基础的力 F_f 应为：

$$F_f=Ky+\delta\frac{dy}{dt} \tag{9-8}$$

其幅值为：

$$F_{f0}=A\sqrt{(\omega\delta)^2+K^2}$$
$$=KA\sqrt{1+\left(\frac{\omega\delta}{K}\right)^2} \tag{9-9}$$

$$T_f=\frac{F_{f0}}{F_0}=\frac{\sqrt{1+\left(2\xi\frac{\omega}{\omega_0}\right)^2}}{\sqrt{\left[1-\left(\frac{\omega}{\omega_0}\right)^2\right]^2+\left(2\xi\frac{\omega}{\omega_0}\right)^2}}$$
$$=\sqrt{\frac{1+4\xi^2\left(\frac{f}{f_0}\right)^2}{\left[1-\left(\frac{f}{f_0}\right)^2\right]^2+4\xi^2\left(\frac{f}{f_0}\right)^2}} \tag{9-10}$$

当系统为单自由度无阻尼振动时，即 $\xi=0$，上式简化为

$$T_f=\left|\frac{1}{1-\left(\frac{f}{f_0}\right)^2}\right| \tag{9-11}$$

由式 9-10 可绘出 T_f 与 f/f_0 及阻尼比 ξ 之间的关系，如图 9-7 所示。

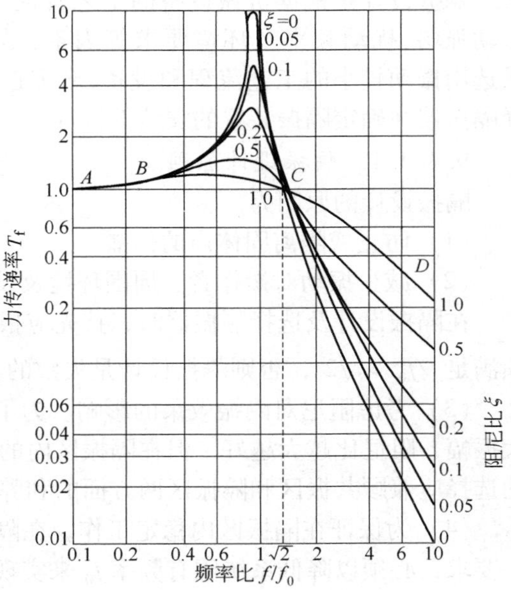

图 9-7 振动传递率

由图 9-7 可以看出：

（1）当 $f/f_0<1$ 时，即图中 AB 段，此时 $T_f\approx1$，说明激振力通过隔振装置全部传给基础，不起隔振作用。

（2）当 $f/f_0=1$ 时，即图中 BC 段，此时 $T_f>1$，这说明隔振措施极不合理，不仅不起隔振作用，反而放大了振动的干扰，乃至发生共振，这是隔振设计时应绝对避免的。

（3）当 $f/f_0 > \sqrt{2}$ 时，即图中的 CD 段，此时 $T_f<1$，系统起到隔振作用，且 f/f_0 值越大，隔振效果越明显，工程中一般取为2.5~4.5。

（4）在 $f/f_0 < \sqrt{2}$ 的范围，即不起隔振作用乃至发生共振的范围，ξ 值越大 T_f 值就越小，这说明增大阻尼对控制振动有好的作用，特别是当发生共振时，阻尼的好作用就更明显。

（5）在 $f/f_0 > \sqrt{2}$ 的范围，这是设计减振器时常常考虑的范围，ξ 值越小，T_f 值就越小，这说明阻尼小对控制振动有利，工程中 ξ 值一般选用0.02~0.1范围。

在工程中常使用振动级的概念。对于隔振处理而降低的力的振动级差为：

$$\Delta L = 20\lg \frac{F_0}{F_{f0}} = 20\lg \frac{1}{T_f} \tag{9-12}$$

例如，采用某种隔振措施后，使机器振动系统传递到基础的力的振幅减弱为原来的1/10，即 $T_f = 0.1$，则传递到基础的力的振动级降低了20dB。

在隔振设计中，有时也使用隔振效率（η）的概念，定义为：

$$\eta = (1 - T_f) \times 100\% \tag{9-13}$$

显然，当 $T_f = 1$，$\eta = 0$，激振力全部传给基础，没有隔振作用。当 $T_f = 0$，$\eta = 100\%$，激振力完全被隔离，隔振效果最高。为便于设计，在忽略阻尼的情况下，将式9-11绘制成图9-8。

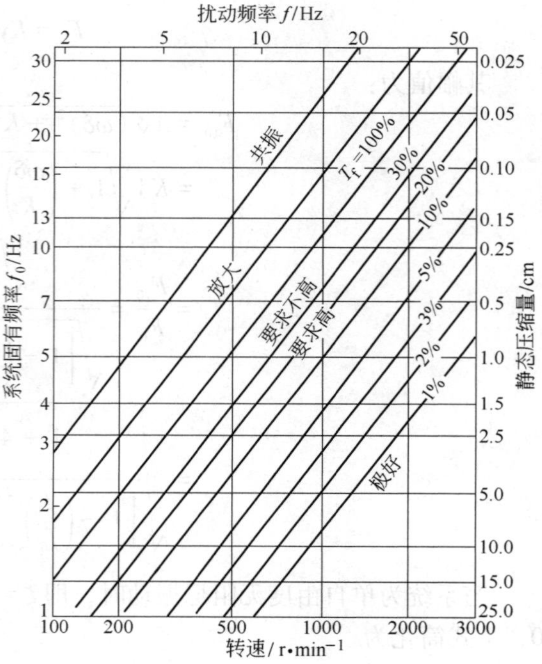

图9-8　隔振设计图

9.4.3　隔振设计

隔振设计是根据机械设备的工艺特征、振动强弱、扰动频率及环境要求等因素，尽量选用振动较小的工艺流程和设备，合理选择隔振器并确定隔振装置的安装部位等。

9.4.3.1　隔振设计原则

隔振设计的原则为：

（1）防止或隔离固体声的传播。

（2）减少振动对操作者、周围环境及设备运行的影响和干扰。

在隔振设计及选择隔振器时，首先应根据激振频率 f 确定隔振系统的固有频率 f_0，必须满足 $f/f_0 > \sqrt{2}$，否则隔振设计是失败的。

（3）考虑阻尼对隔振效果的影响。为了减小设备在启动和停止过程中经过共振区的最大振幅，阻尼比越大越好，但在隔振区内的阻尼比越大，隔振效果反而越小，因此阻尼值的选择应兼顾共振区和隔振区两方面的利弊予以考虑。

（4）为保证在隔振区内稳定工作，在隔振设计中，一般选择 $f/f_0 = 2.5 \sim 5$。为满足这一要求，必须以降低系统固有频率 f_0 来实现。而为了降低 f_0，常用减小弹簧弹性系数和增大隔振基础来实现。

（5）在振源四周挖隔振沟，防止振动传出或避免外来振动干扰，对以地面传播表面波为主的振动，效果明显。通常隔振沟越深，隔振效果越好，而沟的宽度对隔振效果影响不大。

9.4.3.2　隔振设计程序

隔振设计的程序为：

（1）根据有关资料选择所需要的振动传递率，确定隔振系统。

（2）确定设备最低扰动频率和隔振系统固有频率之比，$f/f_0=2.0\sim5$，切忌不能采用 $f/f_0=1.0$。

（3）根据设备重量、动态力的影响情况，确定隔振元件承受的负载。

（4）确定隔振元件的型号、大小和数量，隔振元件一般选用4~6个。

（5）合理布置隔振器。

隔振器的布置应对称于系统的主惯性轴或对称于系统重心，将复杂的振动简化为单自由度振动系统。对于倾斜式振动系统，应使隔振器的中心与设备中心重合。对于风机等机组不组成整体时，必须将机组安装在具有足够刚度的公用机座上，再由隔振器来支撑机座。隔振系统应尽量降低重心，以保证系统有足够的稳定性。

9.4.4　隔振器和隔振材料

隔振的重要措施是在设备基础上安装隔振器或隔振材料，使设备和基础之间的刚性联结变成弹性支撑。工程中广泛使用的有钢弹簧、橡胶隔振垫、玻璃棉毡、软木和空气弹簧等。

9.4.4.1　钢弹簧隔振器

钢弹簧隔振器广泛用于工业振动控制中，最常用的是螺旋弹簧和板片式弹簧两种，如图9-9所示。

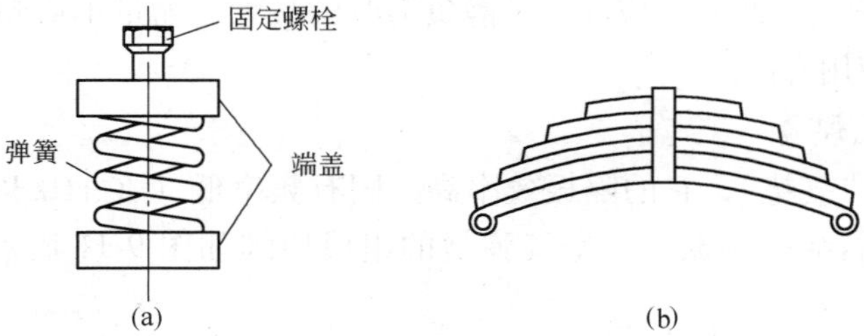

图9-9　钢弹簧减振器

（a）螺旋弹簧；（b）板片式弹簧

螺旋弹簧减振器适用范围广，可用于各类风机、球磨机、破碎机、压力机等。只要设计选用正确，就能取得较好的防振效果。

螺旋弹簧减振器的优点是：有较低的固有频率（5Hz以下）和较大的静态压缩量（2cm以上），能承受较大的负荷而且弹性稳定、耐腐蚀、耐老化、经久耐用，在低频可以保持较好的隔振性能。它的缺点是：阻尼系数很小（0.01~0.005），在共振区有较高的传递率，而使设备产生摇摆；由于阻尼比低，在高频区隔振效果差，使用中往往要在弹簧和基础之间加橡胶，毛毡等内阻较大的垫，以及内插杆和弹簧盖等稳定装置。

板片式减振器是由钢板条叠合制成，利用钢板之间的摩擦，可获得适宜的阻尼比。这种减振器只在一个方向上有隔振作用，多用于火车、汽车的车体减振和只有垂直冲击的锻锤基础隔振。

9.4.4.2 橡胶减振器

橡胶减振器也是工程上常用的一种隔振元件。根据受力情况，橡胶减振器可分为压缩型、剪切型、压缩-剪切复合型等，如图 9-10 所示。

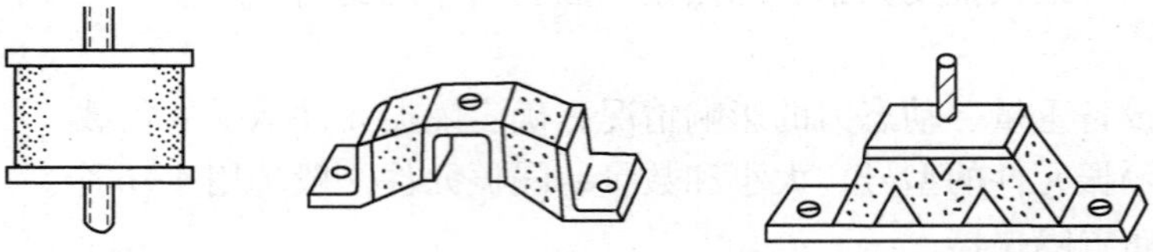

图 9-10 几种橡胶减振器

（a）压缩型；（b）剪切型；（c）压缩-剪切复合型

橡胶减振器的最大优点是具有一定的阻尼，在共振频率附近有较好的减振效果，并适用于垂直、水平、旋转方向的隔振，劲度具有较宽的范围可供选择。

与钢弹簧相比，其缺点是隔振性能易受温度影响，在低温下使用，性能不好。静态压缩量低且固有频率高于 5Hz，因此这种减振器对具有较低的干扰频率（固有频率低于 5Hz）而且重量特别大的设备不适用。

这类产品，由于安装方便，效果明显，在工业和民用建筑的设备减振工程中得到了广泛的应用。

设计和选用橡胶隔振器的关键是准确估算其劲度和固有频率，以满足 $f/f_0 > \sqrt{2}$ 和使承受载荷在其允许范围内。此外还应注意，静负荷时的最大压缩量不应超过原长度的 10%～15%，以保证一定使用寿命。

9.4.4.3 空气弹簧

空气弹簧也称“气垫”，它的隔振效率高，固有频率低（在 1Hz 以下），而且具有黏性阻尼，因此也能隔绝高频振动。空气弹簧的组成原理如图 9-11 所示。当负荷振动时，

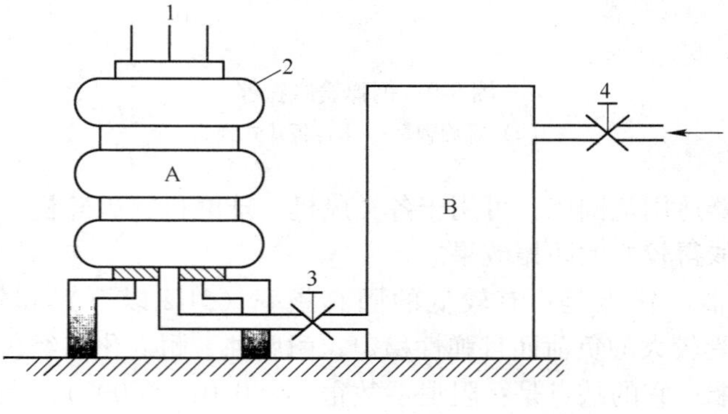

图 9-11 空气弹簧的构造

1—负载；2—橡胶；3—节流阀；4—进压缩空气阀

A—空气室；B—贮气室

空气在 A 与 B 间流动，可通过阀门调节压力。

这种减振器是在橡胶的空腔内压进一定的空气，使其具有一定的弹性，从而达到隔振的目的。空气弹簧多用于火车、汽车和一些消极隔振的场合。其缺点是需要有压缩气源及一套繁杂的辅助系统，造价高。

9.4.4.4 软木

隔振用的软木使用天然软木经高温、高压、蒸汽烘干和压缩成的板状和块状物。其固有频率一般在 20~30Hz，承受的最佳载荷为(5~20)×10^4Pa，阻尼比 0.04~0.18，厚度 5~15cm。

软木质轻、耐腐蚀、保温性能好、加工方便，但由于厚度不能太厚、固有频率较高，不适宜低频隔振。

9.4.4.5 隔振器和隔振材料的选择

隔振器和隔振材料的选择原则为：

（1）隔振器和隔振材料的选择应首先考虑其静载荷和动态特性，使激振频率与隔振系统的固有频率比值 $f/f_0 > \sqrt{2}$，保证传递比 $T_f<1$，工作在隔振区域内。

（2）隔振器一般具有低于 5~7Hz 的共振频率。低频振动一般采用钢弹簧隔振器。对于高频振动，一般选用橡胶、软木、毛毡、酚醛树脂玻璃纤维板比较好。为了在较宽的频率范围内减弱振动，可采用钢弹簧减振器与弹性垫组合减振器。

（3）隔振材料的使用寿命差别很大，钢弹簧寿命最长，橡胶一般为 4~6 年，软木为 10~30 年。超过年限应予以更换。

9.5 阻尼减振及阻尼材料

9.5.1 阻尼减振原理

有很多噪声是因金属薄板受激发振动而产生的，金属薄板本身阻尼很小，而声辐射效率很高，例如各类输气管道、机器的外罩、车船和飞机的壳体等。降低这种振动和噪声，普遍采用的方法是在金属薄板构件上喷涂或粘贴一层高内阻的黏弹性材料，如沥青、软橡胶或高分子材料。当金属薄板振动时，由于阻尼作用，一部分振动能量转变为热能，而使振动和噪声降低。

阻尼的大小采用损耗因数 η 来表示，定义为薄板振动时每周期时间内损耗的能量 D 与系统的最大弹性势能 E_P 之比除以 2π，即：

$$\eta = \frac{1}{2\pi} \times \frac{D}{E_P} \tag{9-14}$$

板受迫振动的位移和振速分别为：

$$y = y_0 \cos(\omega t + \varphi) \tag{9-15}$$

$$u = \frac{dy}{dt} = -\omega y_0 \sin(\omega t + \varphi) \tag{9-16}$$

阻尼力在位移 dy 上所消耗的能量为：

$$\delta u \mathrm{d}y = \delta u \frac{\mathrm{d}y}{\mathrm{d}t}\mathrm{d}t = \delta u^2 \mathrm{d}t$$

因此，阻尼力在一个周期内耗损的能量为

$$D = \delta\omega y_0{}^2 \int_0^{2\pi} \sin^2(\omega t + \varphi)\,\mathrm{d}\omega t = \pi\delta\omega y_0{}^2 \tag{9-17}$$

系统的最大势能为

$$E_{\mathrm{P}} = \frac{1}{2}Ky_0^2 \tag{9-18}$$

$$\eta = 2\xi \frac{f}{f_0} \tag{9-19}$$

可以看出损耗因数 η 除与材料的临界阻尼系数 ξ 有关外，还与系统的固有频率 f_0 及激振力频率 f 有关。对同一系统激振力频率越高，则 η 越大，即阻尼效果越好。

材料的损耗因数 η 是通过实际测定求得的。根据共振原理，将涂有阻尼材料的试件（通常做成狭长板条）用一个外加振源强迫它做弯曲振动，调节振源频率使之产生共振，然后测得有关参量即可计算求得损耗因数 η，常用的测量方法有频率响应法和混响法两种。

大多数材料的损耗因数在 $10^{-5} \sim 10^{-1}$ 范围，其中金属为 $10^{-6} \sim 10^{-5}$，木材为 10^{-2}，软橡胶为 $10^{-2} \sim 10^{-1}$。

9.5.2 阻尼减振材料

9.5.2.1 黏弹性阻尼材料

常用的黏弹性材料是高分子聚合物，如氯丁橡胶，有机硅橡胶，聚氯乙烯，环氧树脂类胶及泡沫塑料构成的复合阻尼。

金属薄板上如果涂敷上黏弹性材料可以减弱金属弯曲振动的强度。当金属发生弯曲振动时，其振动能量迅速传递给紧密贴在薄板上的阻尼材料，引起阻尼材料内部的摩擦和相互错动。由于阻尼材料的内耗损、内摩擦大，使相当部分的金属薄板振动能量被耗损而变成热能散掉，减弱了板的弯曲振动，并且能缩短薄板被激振后的振动时间，从而降低金属板辐射噪声的能量，达到降噪目的。

9.5.2.2 阻尼金属

阻尼金属又称为减振合金，可作为结构材料直接代替机械中振动和发声强烈的部件，也可制成阻尼层粘贴在振动部件上，均可取得减振降噪效果。

9.5.2.3 附加阻尼结构

在振动板件上附加阻尼结构的常用方法有自由阻尼层和约束阻尼层结构两种。

A 自由阻尼层

自由阻尼层结构是将一定厚度的阻尼材料粘合或喷涂在金属板的一面或两面即构成自由阻尼层结构，如图 9-12 所示。

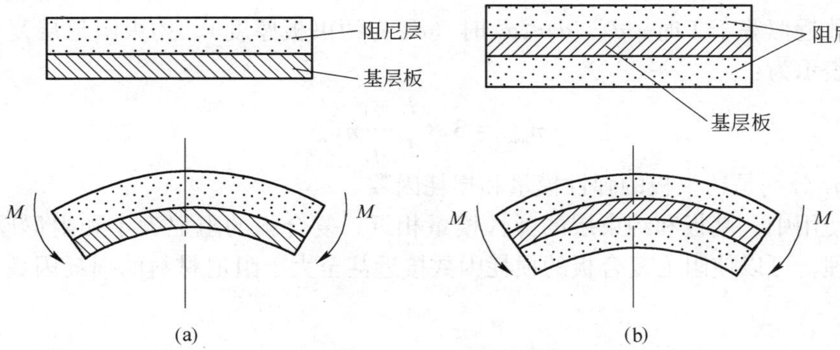

图 9-12 自由阻尼层结构

（a）一面涂层自由阻尼弯曲；（b）两面涂层自由阻尼弯曲

当板受振动而弯曲时，板和阻尼层都允许有压缩和延伸的变形。自由阻尼层复合材料的损耗因数与阻尼材料的损耗因数、阻尼材料和基板的弹性模量比、厚度比等有关。当阻尼材料的弹性模量比较小时，自由阻尼复合层的损耗因数可表示为：

$$\eta = 14\eta_2 \times \frac{E_2}{E_1} \times \left(\frac{d_2}{d_1}\right)^2 \tag{9-20}$$

式中 η_2——阻尼材料的损耗因数；

E_1，E_2——分别为基板和阻尼材料的弹性模量；

d_1，d_2——分别为基板和阻尼材料的厚度。

对于多数情况 E_2/E_1 的数量级为 $10^{-4} \sim 10^{-1}$，只有较高的厚度比才能达到较高的阻尼。通常取厚度比为 2~3 时，复合自由阻尼层的损耗因数可以达到阻尼材料损耗因数的 0.4 倍。因此，为保证自由阻尼层有较好的阻尼特性，就要有较大的厚度。这也是自由阻尼层的缺点。

B 约束阻尼层结构

约束阻尼层结构是在基板和阻尼材料上再复加一层弹性模量较高的起约束作用的金属板，如图 9-13 所示。当板受振动而弯曲变形时，阻尼层受到上、下两个板面的约束而不

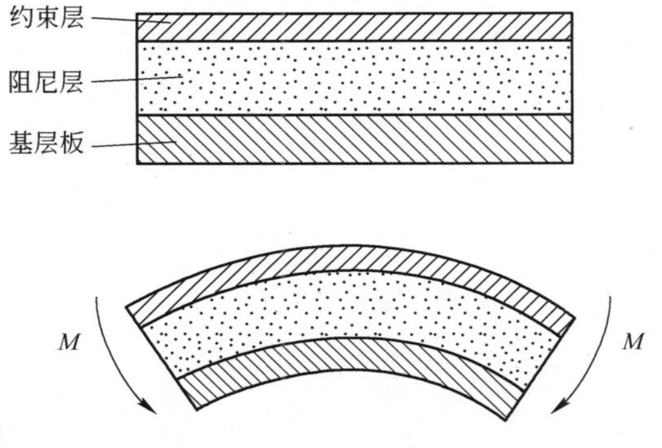

图 9-13 约束阻尼层结构

能有伸缩变形，各层之间因发生剪切作用（即允许有剪切变形）而消耗振动能量。当复合结构剪切参数近似等于1时，d_2，$d_3 \leqslant d_1$ 时（d_3 为约束板厚度），约束阻尼层复合结构的损耗因数可表示为：

$$\eta_{\max} = 3 \times \frac{E_3\eta_3}{E_1\eta_1}\eta_2 \tag{9-21}$$

式中，E_3、η_3 分别是约束板的弹性模量和损耗因数。

在实际使用中，基板和约束层的弹性模量相近，复合板的阻尼大小和阻尼厚度无关。如果使用合理，可以使阻尼复合板的损耗因数接近甚至大于阻尼材料的损耗因数，取得较好效果。

习　题

9-1　简述振动控制的方法。

9-2　试分析解释拖拉机空载时比负载时振动大的原因。

9-3　简述钢弹簧减振器和橡胶减振器的特点。

9-4　简述自由阻尼结构和约束阻尼结构的特点。

10 放射性污染控制

放射性污染又称辐射污染。人类对于辐射污染的研究，可以追溯到 19 世纪末。早在 1896 年 X 射线发现后不久，苏联科学家就开始研究 X 射线的辐射对于七鳃鳗繁殖的影响，并取得了一定的成果。1942 年 12 月，美国科学家首次实现了铀的链式核裂变反应，这一举世瞩目的事件标志着人类“原子时代”的开始。此后，人们在不断发展核工业进行核试验的同时，对于放射性污染的研究也不断深入。辐射污染的研究是新兴的学科，但是，它的实际意义和发展前途是无可置疑的。辐射污染防护在国民经济、科学技术和环境保护方面，正在展现出日益重要的地位和作用，其经济效益和社会效益是不可估量的。

10.1 放射性概论

10.1.1 原子和原子核

原子是很小的粒子，它的直径只有 10^{-19}m 左右。原子的质量也十分小，一个氢原子的质量只有 1.67×10^{-24}g，就是最重的原子其质量也不过是 3.951×10^{-22}g。原子虽然微小，但它仍然具有很复杂的结构。1911 年，卢瑟福做了著名的“α 粒子散射实验”，在实验的基础上提出了原子的核式模型：在原子的中心有一个相对体积很小但质量很大的带正电荷的原子核，周围有负电荷的电子在不同的轨道上围绕原子核做高速运动，称为电子云。

1932 年苏联物理学家伊凡宁科提出原子核的中子–质子模型，表述如下：原子序数为 Z 质量数为 A 的原子核，是由 Z 个质子和 $N=A-Z$ 个中子所组成。Z 和 N 分别为原子核的质子数和中子数，构成原子核的质子和中子统称为核子。在这里，原子核的质量数约等于核内的核子数，而原子序数 Z 等于核内质子数即核电荷数，因此原子核所带正电荷就是核内质子所带的总电荷。随后几十年的大量实验表明，原子核的中子-质子结构模型是正确的，这个模型已成为原子核物理的重要基础。

10.1.2 放射性和同位素

10.1.2.1 放射性

有一些元素，它们的原子核是不稳定的，能够自发改变结构而转变成另一种核，这种现象称为核衰变。由于在发生核衰变的同时，往往放出带电的或不带电的粒子，所以将这种核衰变称为放射性衰变，将不稳定的核称为放射性原子核。这种由原子核放射出来的各种粒子称为核辐射。

10.1.2.2 同位素

原子序数相同，而中子数不同的原子，它们在化学元素周期表中占有同一位置，为此称它们为同位素。核素是指具有一定数目质子和一定数目中子的一种原子。显然，同位素是质子数相同的所有核素的集合。如氢的同位素由氢、氘和氚三种核素组成。

氢和氘的核是稳定的，称为稳定性核素，氚是不稳定的核素，称为放射性核素，应用核反应的方法制造出来的放射性核素称为人工放射性核素，以区别于自然界中存在的天然放射性核素。

天然核素可以分成两组：稳定核素和不稳定核素。经验上，我们把现代技术尚不能确定是否存在自发转变成其他核素的原子核称为稳定核素。核衰变的几率用半衰期来表示，半衰期是指不稳定的核素衰变一半所用的时间。目前可测量的半衰期的上限在 $10^{14} \sim 10^{19}$ 年之间。如果一个同位素的半衰期超过这个界限，它是否衰变就不能测定，也就被认为是稳定的。目前大约有 265 种稳定同位素，它们的核电荷范围从 $Z=1$ 到 $Z=82$（除 $Z=43$ 和 $Z=61$ 之外），即从氢到铅的每个元素除了 $Z=43$ 的锝和 $Z=61$ 的钷之外，至少有一种稳定的同位素。所以说，原子序数小于 83 的每一种元素都有一个或几个稳定同位素。在自然界中，大于或等于 83 的元素则为天然放射性同位素，铅以上的元素都是不稳定的。

人工放射性同位素的发现，应归功于皮埃尔·居里夫妇。1934 年，这两位科学家在研究钍的辐射时发现了新的放射性同位素，它是以人工方法用 α 粒子轰击铝或硼制得的。目前，用不同的方法已经制得 1500 多种同位素，它们被称为放射性同位素，都是不稳定的，或快或慢，都要衰变，直接或经过一系列衰变，最后变成一个已知的稳定的核。

10.1.3 放射性衰变的类型

放射性同位素的核衰变是多种多样的，有 α 衰变、β 衰变、γ 衰变等。下面分别加以介绍。

10.1.3.1 α 衰变

放射性核素的原子核放射 α 粒子而变为另一种核素的过程称为 α 衰变。α 粒子就是高速运动的氦原子核，α 粒子由两个质子和两个中子组成，所带正电荷为 2e。

核素可以表示成 ${}_{Z}^{A}\mathrm{X}$ 形式，其中 X 是元素的名称，A 是原子的质量数，Z 是原子的质子数，也就是原子序数。

通常把衰变前的核称为母核或母体，衰变后的核称为子核或子体，放射性核素的原子核发生 α 衰变后形成的子核较母核的原子序数减少 2，而质量数较母核减少 4，如果用 ${}_{Z}^{A}X$ 代表母体核素，用 ${}_{Z-2}^{A-4}\mathrm{Y}$ 代表子体核素，则 α 衰变可用下式表示：

$$ {}_{Z}^{A}\mathrm{X} \longrightarrow {}_{Z-2}^{A-4}\mathrm{Y} + \alpha + Q_{\alpha} $$

式中，Q_{α} 为衰变能，即母核衰变成子核时所放出的能量，它被子核和 α 粒子共同分得。

放射性同位素产生 α 衰变的必要条件是母体的质量大于子体和 α 粒子的总质量。发生 α 衰变的天然放射性同位素除了半衰期很长的 ${}_{62}^{142}\mathrm{Sm}$、${}_{60}^{144}\mathrm{Nd}$、${}_{74}^{180}\mathrm{W}$、${}_{78}^{190}\mathrm{Pt}$ 外，绝大多数都是原子序数大于 82 的放射性同位素。

人造放射性同位素大部分都不发生 α 衰变，而那些具有 α 衰变的人造放射性同位素也大多数是原子序数大于 82 的同位素。

10.1.3.2 β 衰变

β^- 衰变、β^+ 衰变及电子俘获这三种类型的衰变过程，通常称为 β 衰变。

A β⁻衰变

放射性核素的原子核放射出 β^- 粒子变为原子序数加 1 而质量数相同的核素，叫做 β^- 衰变。实际上可以断定 β^- 粒子就是高速运动的电子流。它的速度通常比 α 粒子的大，最大可接近光速。从核衰变中所放出的 β^- 粒子，被物质阻止后，就成为自由电子。它和一般的电子没有什么差别。最早发现 β^- 粒子时，科学家们测得 β^- 粒子的能谱是连续的，而 α 粒子的能量是分级的。泡利于 1927 年提出了中微子假说，正确地解释了 β^- 的能谱的连续性，并于 1936 年和 1956 年由实验证实。按照泡利的观点，可以将 β^- 衰变看成是母核中有一个中子转变成质子，同时放出 β^- 粒子和反中微子的结果，即

$$n \longrightarrow \beta^- + p + \bar{v}$$

其中，$\bar{v}$ 代表反中微子，即中微子 v 的反粒子，它是一种静止的质量几乎为零、自旋为 1/2 的中性粒子，共自旋方向与运动方向相同。

β^- 衰变的必要条件是发生 β^- 衰变的母核的原子质量大于子核的原子质量。

B β⁺衰变

放射性核素的原子核放出正电子而变成原子序数减 1 的原子核，叫做 β^+ 衰变。组成 β^+ 射线的粒子就是正电子，它是一种质量和电子质量相等但带有一个单位正电荷的粒子。天然存在的放射性核素没有发生 β^+ 衰变的，这种衰变类型的核素都是人工放射性核素。

发生 β^+ 衰变后的子核与母核具有相同的核质量，仅原子序数减少 1。因此，β^+ 衰变可以看成是原子核内的一个质子转变成中子同时放出 β^+ 粒子（正电子）和中微子的结果，即

$$p \longrightarrow \beta^+ + n + v$$

其中，v 是中微子，它是静止质量几乎为零、自旋为 1/2 的中性粒子。中微子和反中微子的质量、电荷、自旋都相同，但中微子自旋方向与运动方向相反。

发生 β^+ 衰变的必要条件是母核与子核的原子质量之差大于两个电子的质量。

C 电子俘获

电子俘获可以认为母核俘获了它的一个核外电子，而使核中的一个质子转变成中子，同时放出中微子的过程，即

$$p + e^- \longrightarrow n + v$$

电子俘获发生的必要条件是衰变能大于电子的结合能。

10.1.3.3 γ 衰变

各种类型的核衰变往往形成处于不稳定的激发态的子核，同时由于受快速粒子的轰击或吸收光子也可以使原子核处于激发态。处于激发态的原子核是不稳定的，原子核从激发态向较低能态或基态跃迁时发射光子的过程，称为 γ 跃迁，或称为 γ 衰变。在大多数核衰变情况下，子核处于激发态的时间十分短暂，几乎立即就跃迁到较低能态或基态并放出 γ 射线。在 γ 跃迁过程中，从核衰变所得到的 γ 射线通常是伴随着 α 射线、β 射线或其他射线一起产生，发生电子俘获的核衰变有的也伴有 γ 射线。γ 射线是核从它的激发能极跃迁至基极时的产物，这种跃迁对于核的原子序数和原子质量都没有影响，只是原子核的能量状态发生了变化，所以 γ 跃迁又叫做同质异能跃迁。γ 射线也是一种电磁辐射，只不过是从原子核内放射出来的，而且波长也比较短（波长 $10^{-8} \sim 10^{-10}$ cm）。它的性质和 X 射线十

分相似。

10.1.4 放射性衰变的一般规律

不稳定核素的核将自发地发生变化而放射出 α、β^-、β^+等粒子或 γ 射线，这种现象称为核衰变（或放射性衰变）。核衰变的进行速度完全不受外界因素（如温度、压力等）的影响，有的核素衰变得很快，有的则衰变得很慢。衰变后的核素有的是稳定的，有的则是不稳定的，不稳定的核素将继续进行衰变。通常，第一代衰变后的子体如继续衰变，则有第二代以至更多代的子体。

10.1.4.1 衰变定律

放射性核素每一个核的衰变并不是同时发生的。实验证明，在时间间隔为 t 到 Δt 内，衰变的数目 ΔN 和 Δt 及在此时刻尚未衰变的总核数 N 成正比，即

$$\Delta N \propto N\Delta t$$

或

$$\Delta N/\Delta t = -\lambda N \tag{10-1}$$

式中，λ 是一个比例常数，称为衰变常数。将上式改写成微分方程，并设初始状态时（$t=0$）未衰变核的总数为 N_0，求解可得 t 时刻剩余的未衰变核的数量为：

$$N = N_0 e^{-\lambda t} \tag{10-2}$$

式中，λ 是衰变常数，e 是自然对数。

上式就是衰变定律的数学表达式。它说明 N 的值按着时间的指数函数而衰变。在应用时，往往需要知道的是在单位时间内有多少核发生衰变，即放射性核素的衰变率（或放射性强度）$-dN/dt$。此衰变率可以用测量核衰变时放射出来的射线多少求得。由式 10-2 也可以看出放射性强度也同样以指数规律衰减。

10.1.4.2 衰变常数、半衰期和平均寿命

衰变常数 λ 还可以写成

$$\lambda = \frac{-\dfrac{dN}{dt}}{N} \tag{10-3}$$

它的物理意义就是，在单位时间内每一个核的衰变几率。每一种放射同位素都有它固定的衰变常数。λ 数值大的放射性同位素衰变得快，λ 数值小的衰变得慢。除了衰变常数以外，通常用来表示放射性特征的还有半衰期，用符号 T 来表示。半衰期的定义是，放射性原子因衰变而减少到原来的一半时所需要的时间，即当 $t=T_{1/2}$时

$$N = N_0/2 = N_0 e^{-\lambda T_{1/2}} \tag{10-4}$$

得

$$T_{1/2} = \ln 2/\lambda = 0.693/\lambda \tag{10-5}$$

由于半衰期是可以直接测量的，上式可以用来求衰变常数。对于不同的放射性同位素，半衰期的差别是相当大的，具有极短半衰期的放射性同位素是同质异能素。例如，$^{135}_{55}Cs$ 的半衰期为 2.8×10^{-10}s。长的半衰期是以亿年为单位的。例如，^{238}U 的半衰期是 45 亿年，Th 的半衰期是 139 亿年。

在理论上，还常常用平均寿命这个术语，用符号 τ 来表示，它的物理意义是，母体原子核在衰变前的平均存在时间。由式 10-6 可求得 τ 和 λ 之间的关系。

$$\tau = 1/\lambda \tag{10-6}$$

我们还可以求得平均寿命与半衰期的关系

$$\tau = T_{1/2}/0.693 \tag{10-7}$$

10.1.5 核辐射与物质的相互作用

10.1.5.1 带电粒子与物质的相互作用

放射性物质放射出来的带电粒子（α，β^-，β^+等）和物质的相互作用可以分为三个方面：电离、散射和吸收。此外，带电粒子还会产生次级放射，如韧致辐射、光化辐射等。电场和磁场也会影响带电粒子的走向。

当带电粒子在物质中通过时，由于它具有足够的能量，可以从物质的原子里打出电子而产生自由电子和正离子组成的离子对。这种电离过程称为初级电离。另外，从原子里打出的具有足够能量的自由电子，也可按照前面所说的过程再与物质作用产生离子对，使物质电离，这种电离叫做次级电离。由于物质的内部结构不同，不同物质电离所需的电离能量也不同。例如，在空气中，每产生一个离子对，平均需要 32.5eV 的能量，而使锗电离只需要 2.94eV 的能量。

带电粒子在物质中通过时，还会因受到原子核库仑电场的相互作用而改变运动方向，这种现象称为散射。入射粒子经过散射后，其散射角（即和入射方向所成的角）大部分是比较小的，但散射角大于 90°的散射也是完全有可能的，这种散射称为反散射。较轻粒子（如 β 粒子）的反散射作用要比较重的粒子（如 α 粒子）的反散射作用显著得多。由于反散射会影响测量结果的准确性，所以在进行放射性测量时，尤其是在进行 β 测量时，必须考虑到散射所带来的测量误差。物质对于入射的带电粒子的吸收作用，可以看作是电离、激发和散射作用的结果。

10.1.5.2 光子与物质的相互作用

从核里放射出来的 γ 射线是一种光子。它的性质在某些方面和其他光子（如 X 射线）有着共同之处，但其频率比 X 射线更高，携带的能量也高于 X 射线。γ 射线的能量从几万电子伏到几兆电子伏。这样能量范围的光子对于物质的主要作用是：光电效应、康普敦-吴有训效应、电子对的生成。前两种效应只有在光子的能量较小时才是重要的，后一种效应则必须在光子的能量大于 1MeV 后才开始显著。

A　光电效应

当一个光子和原子相碰撞时，它可能将其所有的能量交给一个电子，使它脱离原子而运动，光子本身则被吸收。由于这种作用而释放出来的电子主要是 K 壳层电子，也可以是 L 壳层电子或其他壳层的电子。它们统称为光电子，这样的效应则称为光电效应。光电效应和原子序数的关系十分密切，同时与自身的能量也有密切关系。例如能量为 0.5MeV 的 γ 射线通过铅片层（$Z=82$）时，因光电效应而被吸收十分显著，当射线能量增高到 2MeV 以上时，光电效应就不十分明显了。

B　康普敦-吴有训效应

康普敦-吴有训效应是光子和原子中的一个电子的弹性相互作用。在这种作用的过程中，光子很像一个粒子和电子发生弹性的碰撞。碰撞之后，光子即将一部分能量传给电子，电子即从原子空间中以与光子的初始运动方向成一定夹角的方向射出，光子则以与自己初始运动方向成一定夹角的方向反射。

C 电子对的生成

当光子的能量大于两个电子的静止质量能量时（即大于1.022MeV），它和别的物质的相互作用有另一种新的现象发生，即产生一对电子和正电子，而光子整个本身却不见。电子和正电子的动能，一般是不相同的，可以有各种不同的组合。正电子和核衰变的β^+粒子是一样的，当它损失能量之后，将和电子相结合而转化为光化辐射。这个次级辐射的特征能量是0.511MeV。通常当能量大于1.022MeV的γ射线穿过原子序数较高的吸收体时，都很容易测到这个能量的次级射线。

10.2 环境中的放射性来源

在人类生存的地球上，自古以来就存在着各种辐射源。随着科学技术的发展，人们对各种辐射源的认识逐渐深入。特别是近几十年来随着核科学技术的不断深入，核能的大量开发和利用以及不断进行核武器爆炸试验，都给人类带来了巨大的物质利益和社会效益，但同时也给人类环境增添了人工放射性物质，对环境造成了新的污染。近几十年来，全世界各国的科学家在世界范围内对环境放射性的水平进行了大量的调查研究和系统的监测，对放射性物质的分布、转移规律，以及对人体健康的影响有了进一步的认识。

顾名思义，“环境放射性”的内容比较丰富，知识面广，主要涉及的领域包括核化学、原子核物理、核辐射计量学、放射生物学、环境生态学、环境地学以及气象学等。目前，“环境放射性”这一概念已包括不了日益深入和广泛的研究内容了。因此，从广义来说多采用“环境辐射”这一概念。它除了包括原子反应过程中产生的辐射源——天然和人工放射性物质对环境的污染外，还包括机械的和电磁波的辐射等在工业、农业、医疗和生活中跟人们带来的新的辐射因素。例如，激光、微波、发光涂料、电视和计算机等的应用对人体可能造成的危害，也都引起了人们的重视。

10.2.1 天然辐射源

在人类历史过程中，生存环境射线照射持续不断地对人们产生影响，天然本底的辐射主要来源有：宇宙辐射，地球表面的放射性物质，空气中存在的放射性物质，地面水系中含有的放射性物质和人体内的放射性物质。研究天然本底辐射水平具有重要的实用价值和重要的科学意义。其一，核工业及辐射应用的发展均有改变本底辐射水平的可能。因此有必要以天然本底辐射水平作为基线，以区别天然本底与人工放射性污染，及时发现污染并采取相应的环境保护措施。其二是对制定辐射防护标准有较大的参考价值。最后是人类所接受的辐射剂量的80%来自天然本底照射，研究本底辐射与人体健康之间的关系，揭示辐射对人危害的实质性问题有重大的意义。

10.2.1.1 宇宙射线

宇宙射线是一种从宇宙太空中辐射到地球上的射线。在地球大气层以外的宇宙射线称为初级宇宙线射。进入大气层后和空气中的原子核发生碰撞，即产生次级宇宙射线。其中部分射线的穿透本领很大，能透入深水和地下，另一部分穿透本领较小。

宇宙射线是人类始终长期受到照射的一种天然辐射源。不同时间，不同纬度，不同高度，宇宙射线的强度也不相同。由于地球的磁场的屏蔽作用和大气的吸收作用，到达地面的宇宙射线的强度很弱，对人体并无危害。由于高空超音速飞机和宇航技术的发展，研究宇宙射线的性质和作用才日益被重视。

10.2.1.2　地球表面的放射性物质

地层中的岩石和土壤中均含有少量的放射性核素，地表表面的放射性物质来自地球表面的各种介质（土壤、岩石、大气及水）中的放射性元素，它可分为中等质量（原子系数小于83）和重天然放射性同位素（铀镭系和钍系）两种。

10.2.1.3　空气中存在的放射性

空气中的天然放射性主要是由于地壳中铀系和钍系的子代产物氡和钍射气的扩散，其他天然放射性核素的含量甚微。这些放射性气体的子体很容易附着空气溶胶颗粒上，而形成放射性气溶胶。

空气中的天然放射性浓度受季节和空气中含尘量的影响较大。在冬季或含尘量较大的工业城市往往空气中的放射性浓度较高，在夏季最低。当然山洞，地下矿穴、铀和钍矿中的放射性浓度都高。

室内空气中的放射性浓度比室外高，这主要和建筑材料及室内通风情况有关。

10.2.1.4　地表水系含有的放射性

地面水系含有的放射性往往由水流类型决定。海水中含有大量的^{40}K，天然泉水中则有相当数量的铀、钍和镭。水中天然放射性的浓度与水所接触的岩石、土壤中该元素的含量有关。据报道，各种内陆河中天然铀的浓度范围在0.3～10μg/L，平均为0.5μg/L。地球上任何一个地方的水或多或少都含有一定量的放射性，并通过饮用对人体构成内照射。

10.2.1.5　人体内的放射性

由于大气、土壤和水中都含有一定量的放射性核素，通过人的呼吸、饮水和食物不断地把放射性核素摄入到体内，进入人体的微量放射性核素分布在全身各个器官和组织，对人体产生内照射剂量。

宇生放射性核素对人体能够产生较显著剂量的有^{14}C、^{7}Be、^{22}Na和^{3}H。以^{14}C为例，体内^{14}C的平均放射性活度为227Bq/kg。^{3}H在体内的平均浓度与地球地表水的浓度相近，地表水的平均放射性活度为400Bq/m^3。由于钾是构成人体重要的生理元素，^{40}K是对人体产生较大内照剂量的天然浓度放射性核素之一，因为脂肪中并不含钾，钾在人体内的平均放射性活度与人胖瘦有关。

天然铀、钍和其子体也是人体内照剂量的重要来源。它们进入人体的主要途径是食物。在肌肉中天然铀钍的平均浓度分别是0.19μg/kg和0.9μg/kg，在骨骼中的平均浓度为7μg/kg和3.1μg/kg。

镭进入人体的主要途径是食物，混合食物中的^{226}Ra的放射性活度约为每千克数十毫贝可，70%～90%的镭沉积在骨中，其余部分大体均匀分配在软组织中。根据26个国家人体骨骼中^{226}Ra含量的测量结果，按人口加权平均，每千克干骨中^{226}Ra的放射性活度中值为0.85Bq。

氡及其短寿命子体对人体产生内照剂量的主要途径是吸入。氡气对人的内照射剂量贡献很小，主要是吸入短寿命子体并沉积在呼吸道内，由它发射的α粒子对气管支气管上皮基底细胞产生很大的照射剂量。^{210}Po和^{210}Pb通过食物进入人的体内，在正常地区，^{210}Po和^{210}Pb的每天摄入量为0.1Bq。

10.2.2 人工放射性污染源

引起外环境人工放射性污染的主要来源是核武器爆炸及生产、使用放射性物质的单位排出的放射性废弃物等产生的射性物质，如图 10-1 所示。

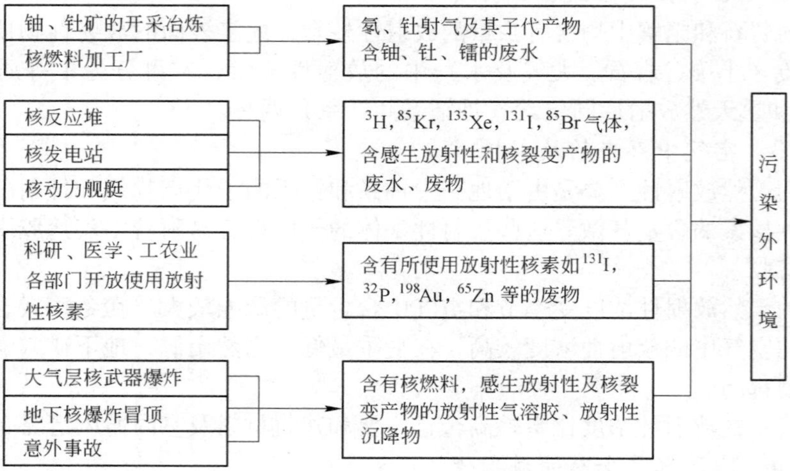

图 10-1 环境放射性污染的主要来源

10.2.2.1 核爆炸对环境的污染

核武器是利用重核裂变或轻核聚变时急剧释放出巨大能量产生杀伤和破坏作用的武器。核爆炸对环境产生放射性污染的程度和武器威力、装药中裂变材料所占的比例、爆炸方式及环境条件有关。一般来说，威力越大所含的裂变材料越多，对环境污染也越严重。地上试验比地下试验对环境的污染严重；地面爆炸比空中爆炸要污染严重。

从 1945~1980 年，全世界共进行了 800 多次核试验，世界环境受人工放射性污染的主要来源是各国在大气层进行一系列核武器试验所产生的裂变产物。此外各国多次进行地下核爆炸除“冒顶”和泄漏事故外，对地下水造成污染。核爆炸可导致产生大量的放射性沉降物。核爆炸后形成高温火球，使其中存在的裂变碎片、弹体物质以及卷入火球的尘土等变为蒸气，随着火球的膨胀和上升，与空气混合，又由于热辐射的损失，温度逐渐下降，蒸气便凝结成微粒或附着在其他尘粒上形成放射性烟云。烟云中的放射性物质由于重力作用和所在高度的气象条件而扩散到大气层中和降落到地面上，降落的部分称为沉降物（或称为放射性落下灰）。

沉降物的放射性主要来源于裂变产物，其次是核爆炸时放出的中子所造成的感生放射性物质，而残余的核装料在总的放射性中比例较小。根据放射性沉降物的运行和沉降的不同可分为三种类型，即局部（近区或初期）沉降物、对流层（中间距离或带状）沉降物、平流层（延迟、晚期或全球性）沉降物。一般地，热核武器爆炸所产生的裂变碎片大部分进入平流层，而原子弹爆炸所产生的裂变产物则主要分布在对流层。当然，这与爆炸方式有很大关系。局部沉降约为全球沉降的 1/5~1/3。

放射性沉降物的沉降过程，主要受重力、大气垂直运动以及降水等因素的影响。其中降水对放射性物质的冲刷具有重要作用。降水量为 10mm 左右，就能把放射性物质基本冲刷下来，而降雪捕获放射性物质的能力比降雨更大。

10.2.2.2 工业和核动力对环境的污染

随着社会的发展，能源愈来愈紧张，由于煤炭和石油已远不能满足社会对能源的需求，因此，核能的利用得到了飞速发展。现世界上已有数百座核电站在运转。在正常运行的情况下，核电站对环境的污染比化石燃烧要小。当然核电站排出的气体、液体和固体废物也值得特别注意。

核工业的生产系统包括：铀矿开采和冶炼；铀 235 加浓；核燃料制备；核燃料燃烧；乏燃料运输；乏燃料后处理和回收；核废物贮存、处理和处置等。在其生产的不同环节均会有放射性核素向环境逸散形成污染源。

从铀矿开采、冶炼直到燃料元件制出，所涉及的主要天然放射性核素是铀、镭、氡等。铀矿山的主要放射性影响源于氡 222 及其子体。即使在矿山退役后，这种影响还会持续一段时间。

铀矿石在水冶厂进行提取的过程中产生的污染源主要是气态的含铀粉尘、氡以及液态的含铀废液和废渣。水冶厂的尾矿渣数量很大。铀矿石含铀的品位大约在千或万分之几,尾矿渣及浆液占地面积和对环境造成的污染是一个很严重的问题。目前,尚缺乏妥善的处置办法。

核燃料在反应堆中燃烧，反应堆属封闭系统。对人体的辐照主要来自气载核素。如碘、氪、氙等惰性物。实测资料表明，由放射性惰性气体造成的剂量当量为 0.05～0.10mSv；压水堆排出的废液中含有一定量的氚及中子活化产物。如钴 60、铬 51、锰 54 等。另外还可能含有由于燃料元件外壳破损逸出，或因外壳表面被少量铀沾染通过核反应而产生的裂变产物。

经反应堆辐照一定时间后的乏燃料，仍含极高的放射性活度。通常乏燃料被贮存在冷却池中以待其大部分核素衰变。但当其被送往后处理厂时，仍含有大量半衰期长的裂变产物。如锶、铯和锕系核素，其活度在 10^{17}Bq 级。因此，在乏燃料的贮放、运输、处理、转化及回收处置等均需特别重视其防护工作，以免造成危害。

自核燃料后处理厂排出的氚和氪，在环境中将产生积累，成为潜在的污染源。

10.2.2.3 核事故对环境的污染

操作使用放射性物质的单位，出现异常情况或意想不到的失控状态称为核事故。事故状态引起放射性物质向环境大量的无节制的排放，造成非常严重的污染。为了对核事件进行准确评定，国际原子能机构将发生的核事件分为以下七个等级：

七级，为特大事故，指核裂变废物外泄在广大地区，具有广泛的长期的健康和环境影响，如 1986 年在苏联发生的切尔诺贝利核电站事故。

六级，为重大事故，指核裂变产物外泄，需实施全面应急计划，如 1957 年发生在苏联克什姆特的后处理厂事故。

五级，具有厂外危险的事故，核裂变产物外泄，需实施部分应急计划，如 1979 年发生在美国的三里岛电厂事故。

四级，发生在设施内的事故，有放射性外泄，工作人员受照射严重影响健康，如 1999 年 9 月 30 日日本发生的核泄漏事故。

三级，严重事件，少量放射性外泄，工作人员受到辐射，产生急性健康效应，如 1989

年西班牙范德略核电厂发生的事件。

二级，不影响动力厂安全。

一级，超出许可运行范围的异常事件，无风险，但安全措施功能异常。七至四级称为事故，三至一级称为事件，低于以上七级的为零级，称为偏离，安全上无重要意义。

10.2.2.4　其他辐射污染来源

其他辐射污染来源可归纳为两类:一是工业、医疗、军队、核舰艇或研究用的放射源,因运输事故、偷窃、误用、遗失,以及废物处理等失去控制而对居民造成大剂量照射或污染环境;二是一般居民消费用品,包括含有天然或人工放射性核素的产品,如放射性发光表盘、夜光表以及彩色电视机产生的照射,虽对环境造成的污染很低,但也有研究的必要。

10.2.3　放射性污染在自然环境中的动态

核工业和核试验所产生的放射性物质通过各种途径释放到自然环境中。因此，环境中放射性污染的种类和数量取决于核爆炸和核设施的规模和性质。进入环境的污染物的行为则受各种环境因素所左右。放射性污染在大气和水体中的迁移以扩散为主，由大气圈和水圈进入土壤以后将参加更复杂的迁移和变化过程。进入环境中的放射性物质不能用化学、物理和生物学办法使之减少或消除，只能使它们从一种环境介质转移到另一种环境介质中去。所以，放射性物质从环境中的消除只能随着时间的推移自行衰变而消失。

下面从放射性污染在大气、水体和土壤中的动态及在环境介质的转移过程做简要介绍。

10.2.3.1　放射性污染在大气中的动态

核试验和核设施的生产过程中向大气释放了大量的放射性气体及放射性气溶胶，造成了地球大气圈的局部或全球性污染。根据联合国原子辐射效应委员会 1982 年提交联合国大会的报告中指出，从 1945 年到 1980 年底全世界共进行了 800 多次核试验，对全球所有居民造成的总的集体有效剂量当量负担约 3×10^7 人 · Sv，其中外照射为 2.5×10^6 人 · Sv，内照射为 2.79×10^7 人 · Sv。

放射性核素在大气中的动态与相应的稳定同位素相同，只是前者具有衰变特性，随着时间的推移，从环境中逐渐消失。一些放射性核素半衰期虽短，但它的子体寿命很长，其危险性不可低估。如氪 90 的半衰期只有 33s，但它的第二代子体溴 90 却具有较大的危害。

放射性污染在大气中的稀释和扩散同许多气象因素有关，如风向、风速、温度和温度梯度等。特别是温度梯度对局部地区的大气污染有直接的关系。放射性气体或气溶胶除了随空气流动扩散稀释外，放射性气溶胶粒子的沉降也能使其浓度降低。例如，一些大颗粒的气溶胶粒子能在较短的时间内沉降在地球表面。

大气对氩、氙、氟等惰性气体几乎没有净化作用，主要靠它们自行衰变而减少。^{14}C 和 ^{3}H 可以通过生物循环进入人体参与生物的基础代谢过程。

10.2.3.2　放射性污染在水中的动态

放射性物质可以通过各种途径污染江河湖海等地面水。主要来源有核设施排放的放射性废液，大气中的放射性粒子的沉降，地面上的放射性物质被冲洗到地面水源等。而地下水的污染，主要由被污染的地面、地面水向地下的渗透。

放射性物质在水中以两种形式存在，溶解状态（离子形式）和悬浮状态。二者在水中的动态有各自的规律。水中的放射性污染物，一部分吸附在悬浮物中下沉在水底，形成被污染的淤泥，另一部分则在水中逐渐地扩散。

排入河流中的污染液与整个水体混合需要一定的时间，而且取决于完全混合前所经流程的具体条件。研究表明，进入地面水的放射性物质，大部分沉降在距排放口几公里的范围内，并保持在沉渣中，当水系中有湖泊或水库的时候，这种现象更为明显。

沉积在水底的放射性物质，在洪水期间被波浪急流搅动有再悬浮和溶解的可能，或当水介质酸碱度变化使它们再被溶解，形成对水源的再污染。当放射性污水排入海洋时，同时向水平和垂直两个方向扩散，一般水平方向扩散较快，排出物随海流向广阔的水域扩展并得到稀释。在河流入海时，因咸淡水的混合界面处有悬浮物的凝聚和沉淀。故河口附近的海底沉积物浓度较大。

溶解和悬浮状态的放射性物质，还可以被微生物吸收和吸附，然后作为食物转移到比较高级的生物体。这些生物死亡后，又携带着放射性沉积在水底。

放射性物质在地下水的迁移和扩散主要受下列因素的影响：放射性同位素的半衰期、地下水流动方向和流速、地下水中的放射性核素向含水岩层间的渗透。从放射卫生学的观点来看，长寿命放射性核素污染地下水源是相当危险的。

在地下水流动过程中，水中含有的化学元素（包括放射性元素）与岩层发生化学作用。地下水溶解岩层中的无机盐，而岩层又吸附地下水中的某些元素。被岩层吸附的某些放射性核素仍有解除吸附再污染的可能。

放射性物质不仅在水体内转移扩散，还可以转移到水体以外的环境中去。如用污染水灌溉农田时会造成土壤和农作物的污染。用取水设备汲取居民生活用水或工业用水，也会造成放射性污染的转移和扩散。

10.2.3.3 放射性污染在土壤中的动态

大气中放射性尘埃的沉降，放射性废水的排放和放射性固体废物的地下埋藏，都会使土壤遭到污染。土壤中的放射性核素被植物吸收，再经食物链转移到人体。土壤中的放射性核素也会转移到水环境中去，然后被人畜饮用而使内照射剂量增加。土壤中放射性水平增高会使外照射剂量提高。因此土壤的污染给人类带来了多方面的危害。

放射性物质在土壤中以三种状态存在：

（1）固定型。比较牢固地吸附在黏土矿物质表面或包藏在晶格内层，既不能被植物根部吸收，又不能在土壤中迁移。

（2）离子代换型。以离子形态被吸附在带有阴性电荷的土壤胶体表面上。在一定条件下，可被其他阳离子取代解吸下来。

（3）溶解型。以游离状态溶解在土壤溶液里，它最活泼也容易被植物吸收，在雨水的冲淋下或被农田灌溉水冲刷下渗入土壤下层，或向水平方向扩散。

沉降并贮留在土壤中的放射性污染物绝大部分集中在6cm深的表土层内，它们的扩散迁移范围取决于在土壤中存在的状态、土壤的物理化学性质、土壤表面的植被种类、农业耕作的措施、土壤生物特性及气象因素。

放射性核素在不同植被层覆盖的土壤解剖中分布有很大不同。

农业耕作措施可以改变放射性物质在土壤中的分布。降雨量的多少和降雨强度的大小影响到放射性核素从土壤中流失和转移。土壤中的生物能够分解有机物，改变土壤的机械结构功能，对其中放射性物质的动态有一定的影响。

10.2.3.4 我国核辐射环境现状

各地陆地的 γ 辐射空气吸收剂量率仍为当地天然辐射本底水平，环境介质中的放射性核素含量保持在天然本底涨落范围内。我国整体环境未受到放射性污染，辐射环境质量仍保持在原有水平。

在辐射污染源周围地区，环境 γ 辐射空气吸收剂量率、气溶胶或沉降物总 β 放射性比活度、水和动、植物样品的放射性核素浓度均在天然本底涨落范围内。广东大亚湾核电站和浙江秦山核电厂周围地区放射监测结果表明，辐射水平无变化，饮水中总 α、总 β 放射性水平符合国家生活饮用水水质标准。

10.3 辐射剂量的基本量和单位

10.3.1 放射性活度

放射性活度是度量放射性强度的物理量。“放射性”现象或特性用单位时间内发生的核跃迁数定量描述。早期，由于镭是当时最重要的放射性物质，那时放射性是用质量的多少，通常用毫克镭来定量描述。随后，人们又定义了一个新的量——“居里”，当一定量放射性物质每秒有 3.700×10^{10} 个原子发生衰变时，则它的放射性活度就规定为 1 居里。

在当前最为通用的国际单位制（International System of Units，SI）中，活度被重新定义为“每秒 1 次”（s^{-1}），这个单位的专用名称（和符号）是贝克勒尔（Bq）。由于在核医学的实践中广泛使用各种放射性药物，并且几乎全世界都采用“居里”或“毫居里”对放射性药物进行计量，第十一届国际计量大会（CGPM）已暂时将“居里”这个单位（符号为 Ci）保留下来。单位换算为：$1Bq=1s^{-1}$，$1Ci=3.7\times10^{10}Bq$。

放射性活度作为度量放射性的一个量，其定义如下：处在某一特定能态的一定量的某种核素在一定时刻得到的放射性活度，是该时刻单位时间内从该能态发生自发核跃迁数的平均值。根据这一定义，活度为零与核素稳定是等同的。这个定义也考虑到了放射性是一个涉及整个核素（或原子）的过程，而不仅仅与原子核有关。

10.3.2 吸收剂量

吸收剂量是指单位质量物质受辐射后吸收辐射的能量。即

$$D=\frac{\mathrm{d}\bar{e}}{\mathrm{d}m} \tag{10-8}$$

式中 $\mathrm{d}\bar{e}$——物质吸收的电离辐射能量，J；

$\mathrm{d}m$——物质的质量，kg。

吸收剂量的国际单位是戈瑞（Gy），1Gy = 1J/kg。由于这个值太大，不便使用，因此还经常采用拉德（rad）作为吸收剂量单位，$1rad=10^{-2}J/kg=0.01Gy$。因此，如果 1kg 的物质吸收了 1J 的辐射能量，则吸收剂量就是 1Gy，或者 100rad。把吸收剂量与发生吸收作用的持续时间结合起来，就得到了吸收剂量率（P），定义是某时间间隔（dt）内吸收剂量的增量（dD）除以该时间间隔，即

$$P=\frac{\mathrm{d}D}{\mathrm{d}t} \tag{10-9}$$

吸收剂量率的单位用 rad/h 或 Gy/h 表示。

10.3.3 照射量

照射量为 γ 光子在单位质量的空气中释放出来的全部电子（正电子和负电子）被完全阻止于空气中形成的离子总电荷的绝对值。它的专用单位是伦琴（R）。国际单位是库/千克（C/kg）。$1R = 2.58 \times 10^{-4} C/kg$。照射量率的单位是 C/(kg·h)。

10.3.4 剂量当量

尽管单位质量的生物组织吸收射线的能量相同，但不同类型射线，以及不同照射条件对生物组织的作用效果不一致。为便于将各种电离辐射剂量统一衡量，提出了剂量当量。剂量当量是反映各种射线或粒子被吸收后引起的生物效应强弱的电离辐射量。它不仅与吸收剂量有关，而且与射线种类、能量有关。过去采用以雷姆（rem）表示剂量当量单位，$1\,rem = 10^{-2} J/kg$。国际单位是希沃特（Sv），简称希，$1Sv = 1J/kg = 100rem$。

剂量当量的计算公式为：

$$H = DQN \tag{10-10}$$

式中 H——剂量当量，rem；

D——吸收剂量，rad；

Q——线质系数；

N——其他修正系数（对于外照射 $N = 1$）。

为了便于应用，将不同射线的线质系数 Q 简化并列入表 10-1 内。表内线质系数只限于容许剂量当量范围内使用而不适用于大剂量及大剂量率的急性照射。

表 10-1 不同射线的线质系数

照射类型	射线种类	线质系数
外照射	X，γ 电子	1
	热中子及能量小于 0.005MeV 的中能中子	3
	中能中子（0.02MeV）	5
	中能中子（0.1MeV）	8
外照射	快中子（0.5~10MeV）	10
	重反冲核	20
内照射	β^-，β^+，e^-，X	1
	α	10
	裂变过程中的碎片、α 发射过程中的反冲核	10

10.4 环境放射性对人群所致的辐射剂量

10.4.1 环境放射性物质进入人体的途径

环境中的放射性物质，可以通过呼吸道、消化道和皮肤三个途径进入人体。核爆炸裂变产物和放射性废物在自然界循环过程中，一部分放射性核素进入生物循环，并经食物链进入人体。循环过程如图 10-2 所示。

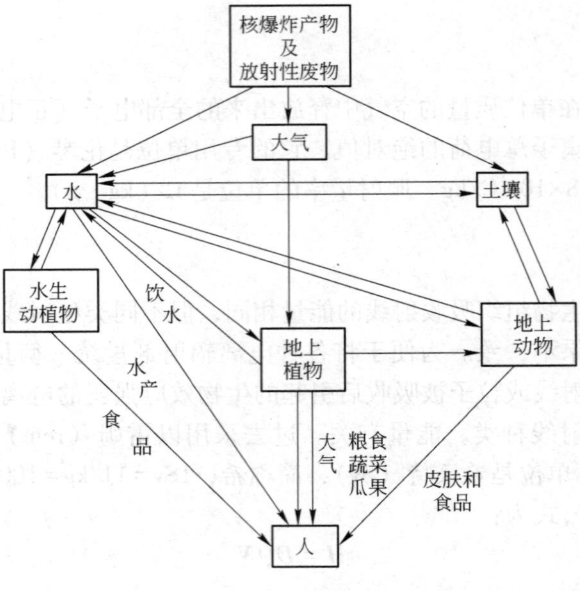

图 10-2　放射性物质进入人体的途径

10.4.2　天然辐射源的正常照射剂量

由于天然辐射是全世界居民都受到的一种照射，集体剂量贡献最大。了解所受照射剂量，认识随地区和生活习惯的不同，天然辐射剂量的变化情况具有很大的实际意义。

在地球上的任何一点，来自宇宙射线的剂量率是相对稳定的。但它随纬度和海拔高度而变化。在海拔数公里之内，高度每增加 1.5km，剂量率增加约 1 倍。天然辐射对人体的总剂量是外照射剂量与内照射剂量二者的总和。表 10-2 列出了正常地区天然辐射产生年有效剂量当量。内照射约比外照射高一倍，这是对成年人进行的估计。对于儿童，因吸入氡子体的有效剂量当量要高于成人，10 岁以下的儿童组年有效剂量当量约为每年 3mSv。

表 10-2　正常本底地区天然辐射产生的总剂量

源　项		年有效剂量当量/μSv		
		外照射	内照射	总　计
宇宙辐射	电离成分	280		280
	中子成分	21		21
宇生放射性核素			15	
陆生放射性核素	^{40}K	120	180	300
	^{87}Rb		6	6
	^{238}U 系	90	954	1044
	^{232}Th 系	140	186	326
总　计		650	1340	2000

10.4.3 人工辐射源的辐射剂量

现代科学技术的迅速发展，使居民所受的天然辐射源的照射剂量增加了。照射剂量的增加主要来源于以下方面。

10.4.3.1 建筑材料

有些建筑材料含有较高的天然放射性核素或半生放射性核素，使用这些建筑材料可导致室内辐射剂量水平的升高，如浮石、花岗石、明矾页岩制成的轻水泥等。

10.4.3.2 室内通风不良

通风状况，可明显影响氡的水平。在寒冷地区，室内换气频率为每小时 0.1~0.2 倍次。可引起 α 辐射对肺每年的剂量达到几个拉德。水中的氡不仅饮用后造成内照射，而且水中氡气还可以释放出来。当自来水中的氡的浓度高时，室内空气中氡的浓度也增高，这样通过吸入所致肺的剂量将高于正常饮用水摄入胃内所造成的辐射剂量。

10.4.3.3 飞行乘客

每年世界上大约有 10^9 的旅客在空中旅行 1h，在平均日照条件下，由于空中旅行所致的年集体剂量为 3×10^3 人 · Gy。长时间高空飞行的飞行员或空乘人员应注意加强辐射保护，减少宇宙射线的危害。

10.4.3.4 磷酸盐肥料的使用

人们在探索农作物增产途径的过程中，广泛地开发天然肥源，其中磷肥的开发量最大。磷矿通常与铀共生，因此随着磷矿开采，磷肥的生产和使用，一部分铀系的放射性核素就从矿层中转入到环境中来，通过生物链进入人体。全世界每年用 10^8t 磷酸盐肥料，每年由于使用磷肥造成的集体剂量负担是 3×10^2 人 · Gy。

10.4.3.5 燃煤动力工业

煤炭中含有一定量的铀、钍和镭。通过燃烧可使放射性核素浓集而散布于环境中。不同来源的煤、煤渣、飘尘（灰）的放射性核素的浓度是不同的。据统计，每百万千瓦的年生产能力的电厂，由沉降下来的煤灰造成的集体剂量负担贡献很小，约为 0.002~0.02 人 · rad/(MW · a)。但用煤灰，煤渣和煤矿石作建筑材料，不同程度地增加了房屋内的辐射剂量率。

10.4.3.6 消费品的辐射

含有各种放射性核素的消费品是为满足人们的各种需要而添加的。应用最广泛的具有辐射的消费品有夜光钟表、罗盘、发光标志、烟雾检出器和电视等。这些消费品的辐射程度因各国的规定不同而异。在消费品中应用最广泛的放射性核素有氚、^{85}Kr、^{226}Ra 等。用镭作涂料的夜光手表对性腺的辐射平均为每年几个毫拉德。虽然近年来改用氚作发光涂料，其外照射有所减少，但有些氚可以从表中溢出并引起全年 0.5mrad 的全身内辐射剂量。由于手表工业中应用的发光涂料量可引起全世界人群的集体剂量负担为每年 10^6 人 · rad。同时，它还将引起某些职业性照射。

估计使用消费品所致的剂量，由于不同情况的统计很困难而不易进行。根据联合国辐射委员会统计的消费品造成的辐射剂量负担为每年性腺剂量小于 1mrad。

10.4.3.7 核工业造成的辐射

在核工业中，几乎所有的放射性物质都出现在反应堆和消耗的燃烧中，或后处理工序与燃料分离后的各工艺过程中。在工业生产的各个环节中都会向环境释放少量的放射性物质。它们的半衰期都较短，很快就会衰变消失。只有少数半衰期较长的核素，才能扩散到较远的地区，甚至全球。

气态放射性废物的释放，主要有^{85}Kr 和^{133}Xe。此外还有氚和^{131}I。在液体废物中主要有氚、锶和^{137}Cs 等。特殊的核素是^{238}U 和^{129}I，它们的半衰期都相当长，然而这些核素不会在生物界累计相当的量以致造成大于 1mrad/a 的剂量。

^{14}C 的半衰期为 5730a，由轻水堆和后处理厂排出的^{14}C，估计对软组织的集体剂量负担为每年 5 人·rad/MW(e)，对骨衬细胞和红骨髓为 14 人·rad/[MW(e)·a]。

核动力造成的辐射剂量，国家有具体规定。同时，国际放射性辐射防护委员会（ICRP）亦有相应的标准，如职业照射全年全身剂量最大值不得超过 5rad，对居民的最高辐射的年剂量的限制为 0.5rad。这是 ICRP 建议的除了天然辐射源和病人的医疗照射外的总辐射量。

联合国原子辐射影响科学委员会估算了除去职业照射以外的由于核动力生产所造成的集体剂量负担，全世界居民中 50%的集体剂量负担是由于核动力生产中长寿命放射性核素^{14}C、^{85}Kr 和氚的全球扩散所造成的。在一些国家中对这些核素和^{129}I 向环境中的排放严加限制，以减少全球的集体剂量负担。核工业的生产过程造成的辐射剂量的情况见表 10-3。

表 10-3 核工业的生产过程所致的辐射剂量

核燃料流程的阶段		集体剂量负担/[人·rad/(MW(e)·a)]
采矿、选矿和核燃料制造	（1）职业照射反应堆运转	0.2~0.3
	（2）职业照射	1.0
	（3）局部和区域性居民照射	0.2~0.4
后处理	（1）职业照射	1.2
	（2）局部和区域性居民照射	0.1~0.6
	（3）全球居民照射	1.1~3.4
研究和发展	职业照射	1.4
	整个工业	5.2~8.2

10.4.3.8 核爆炸沉降物对人群造成的辐射

核试验后，沉降物在全球范围内的沉降对人造成的内外辐射，做过不少估计。1972 年和 1977 年联合国原子辐射影响科学委员会对其辐射剂量发表过报告书。据该委员会的估计，由于 1971~1975 年间进行的大气层核试验，使北半球和南半球居民对其剂量负担分别增加了 2%~6%。

1976 年以前所有的核爆炸造成全球总的剂量负担，约为 100mrad（性腺）到 200mrad（骨衬细胞）。北半球（温带）比此值要高出 50%，南半球约低于该值的 50%。由^{137}Cs 和短寿命核素的 γ 辐射所致的外照射，对所有组织的全球剂量负担约为 70mrad。内照射占有支配地位的是长寿命核素^{90}Sr 和^{137}Cs，它们的半衰期约为 30 年。寿命短一些的有^{106}Sm

和^{144}Ce。与核动力的情况下一样，^{14}C 给出了最高的剂量负担，对性腺和肺为 120mrad，对骨衬细胞和红骨髓为 450mrad。这些剂量将在几千年的时间内释放。

来自核爆炸试验的对不同组织的全球集体剂量负担是$(4\sim8)\times10^8$ 人·rad(不包括^{14}C)。在核爆炸的几周之内，短寿命的^{131}I 是对甲状腺辐射的重要核素之一。对饮用鲜牛奶的婴儿造成的最高年剂量，甲状腺可高达几毫拉德至 200rad，而成人甲状腺的最高年剂量约为婴儿的 1/10。

10.4.3.9　医疗照射

发达国家有充分的放射诊断治疗条件，可对人造成有遗传作用的剂量。来自医疗辐射的集体年剂量是每百万人为 $5\times10^4\sim10^5$ 人·rad。对只有有限放射设施的国家估计每 1 亿人为 10^3 人·rad。

从来自医疗辐射的集体剂量来看，职业照射与病人所受的照射相比是无意义的。来自医疗辐射的集体年剂量负担，放射设备发达的国家为 5×10^7 人·rad，而设施有限的国家约为 2×10^6 人·rad。

全球集体辐射最高剂量是来自医疗辐射，特别是诊断用的 X 射线。但在许多国家中，医用辐射设备还在不断增加，甚至有的国家规定不设核医学的医院不许开诊。

10.5　环境放射性标准

10.5.1　辐射防护的基本原则

辐射防护的目的是防止有害的非随机效应发生，并限制随机效应的发生率，使之合理地达到尽可能低的水平。目前国际上公认的一次性全身辐射对人体产生的生物效应见表 10-4。

表 10-4　辐射对人体产生的生物效应

剂量当量率/(Sv/次)	生　物　效　应
<0.1	无影响
0.1~0.25	未观察到临床效应
0.25~0.5	可引起血液变化，但无严重伤害
0.5~1	血液发生变化且有一定损伤，但无倦怠感
1~2	有损伤，可能感到全身无力
2~4	有损伤，全身无力，体弱的人可能因此死亡
4.5	50%受照者 30d 内死亡，其余 50%能恢复，但有永久性损伤
>6	可能因此死亡

国际放射防护委员会（ICRP）在总结了大量的科研成果和防护工作经验后提出了辐射防护的基本原则，即前述的剂量限制体系。

10.5.2　辐射的防护标准

我国的核能事业和放射性应用工作起步较晚，差不多与核能和放射性应用工作发展同步，适时的制定了相应的辐射性防护法规、标准。

1960 年 2 月，发布了我国第一个放射卫生法规《放射性工作卫生防护暂行规定》。依据这个法规同时发布了《电力辐射的最大容许标准》、《放射性同位素工作的卫生防护细则》和《放射工作人员的健康检查须知》三个执行细则。1964 年 1 月，发布了《放射性同位素工作卫生防护管理办法》。1974 年 5 月，颁布了《放射防护规定》（GBJ 8—1974）。1984 年 9 月 5 日颁发了《核电站基本建设环境保护管理办法》。

1989 年 10 月 24 日，施行《放射性同位素与射线装置放射防护条例》。包括总则、许可登记、放射防护管理、放射事故管理、放射防护监督、处罚和附则等 7 章内容。

2002 年颁布了《电离辐射防护与辐射源安全基本标准》（GB 18871—2002），该标准包括范围、定义、一般要求、对实践的主要要求、对干预的主要要求、职业照射的控制、医疗照射的控制、公众照射的控制、潜在照射的控制——源的安全、应急照射情况的干预、持续照射情况的干预及附录等内容。规定了有关剂量的当量限值，见表 10-5。

表 10-5 个人年剂量当量限值

人员	有效剂量当量/(mSv/a)	眼球/(mSv/a)	其他单个器官或组织/(mSv/a)	一次/mSv	一生/mSv	孕妇/(mSv/a)	16~18 岁青年/(mSv/a)
职业人员	50	150	500	100	250	15	15
公众成员	1	15	50				

我国关于辐射防护强制性执行的国家标准及规定，主要如下：

《电离辐射防护与辐射源安全基本标准》（GB 18871—2002）；

《低中水平放射性固体废物的浅层处置规定》（GB 9132—1988）；

《铀、钍矿冶放射性废物安全管理技术规定》（GB 14585—1993）；

《铀矿设施退役环境管理技术规定》（GB 14586—1993）；

《轻水堆核电厂放射性废水排放系统技术规定》（GB 14587—2011）；

《反应堆退役环境管理技术规定》（GB 14588—2009）；

《核辐射环境质量评价一般规定》（GB 11215—1989）；

《核设施流出物和环境放射性监测质量保证计划的一般要求》（GB 11216—1989）；

《核设施流出物监测的一般规定》（GB 11217—1989）；

《核电厂环境辐射防护规定》（GB 6249—2011）。

10.6 放射性污染的防治

10.6.1 辐射防护技术

随着社会的发展和人民生活水平的提高，辐射防护问题已经不仅仅局限于核工业、医疗卫生、核物理实验研究等领域，在农业、冶金、建材、建筑、地质勘探、环境保护等涉及民生的许多领域都引起了重视。因此，为了工作人员和广大居民的身体健康，必须掌握一定的辐射防护知识和技术。

10.6.1.1 外照射防护

外照射的防护方法主要包括时间防护、距离防护和屏蔽防护。

时间防护是指通过缩短受照时间，以达到防护目的的方法。基于人体所受的辐射剂量与受照射的时间成正比，熟练掌握操作技能，缩短受照时间，是实现防护的有效办法。

距离防护是指通过远离放射源，以达到防护目的的方法。点状放射源周围的辐射剂量与离源的距离平方成反比。因此，尽可能远离放射源是减少吸收剂量的有效方法。

屏蔽防护是指在放射源和人体之间放置能够吸收或减弱射线强度的材料，以达到防护目的的方法。屏蔽材料的选择及厚度与射线的性质和强度有关。几种射线的屏蔽防护方法为：

（1）α 射线的屏蔽。由于 α 粒子质量大，它的穿透能力弱，在空气中经过 3～8cm 距离就被吸收了。几乎不用考虑对其进行外照射屏蔽。但在操作强度较大的 α 源时需要戴上封闭式手套。

（2）β 射线的屏蔽。β 射线在物质中的穿透能力比 α 射线强，在空气中可穿过几米至十几米距离。一般采用低原子序数的材料如铝、塑料、有机玻璃等屏蔽 β 射线，外面再加高原子序数的材料如铁、铅等减弱和吸收韧致辐射。

（3）X 射线和 γ 射线的屏蔽。X 射线和 γ 射线都有很强的穿透能力，屏蔽材料的密度越大，屏蔽效果越好。常用的屏蔽材料有水、水泥、铁、铅等。

（4）n(中子)的屏蔽。n 的穿透力也很强。对于快中子，可用含氢多的水和石蜡作减速剂；对于热中子，常用镉、锂和硼作吸收剂。屏蔽层的厚度要随着中子通量和能量的增加而增加。

注意：上述屏蔽方法只是针对单一射线的防护。在放射源不止放出一种射线时必须综合考虑。但对于外照射，按 γ 和 n 设计的屏蔽层用于防护 α 和 β 射线是足够的了。而对于内照射防护，α 射线和 β 射线就成了主要防护对象。

10.6.1.2 内照射防护

工作场所或环境中的放射性物质一旦进入人体，它就会长期沉积在某些组织或器官中，既难以探测或准确监测，又难以排出体外，从而造成终生伤害。因此，必须严格防止内照射的发生。方法有：制定各种必要的规章制度；工作场所通风换气；在放射性工作场所严禁吸烟、吃东西和饮水；在操作放射性物质时要戴上个人防护用具；加强放射性物质的管理；严密监视放射性物质的污染情况，发现情况，尽早采取去污措施，防止污染范围扩大；布局设计要合理，防止交叉污染等。

10.6.2 放射性废物的治理

10.6.2.1 放射性废物的特性与分类

A 放射性废物的特性

放射性废物的特性为：

（1）放射性废物中含有的放射性物质，一般采用物理、化学和生物的方法不能使其含量减少，只能通过自然衰变使它们消失掉。因此，放射性三废的处理方法是：稀释分散、减容贮存和回收利用。

（2）放射性废物中的放射性物质不但会对人体产生内外照射的危害，同时放射性的热效应使废物温度升高。所以处理放射性废物必须采取复杂的屏蔽和封闭措施并应采取远距离操作及通风冷却措施。

（3）某些放射性核素的毒性比非放射性核素大许多倍，因此放射性废物处理比非放射性废物处理要严格困难得多。

（4）废物中放射性核素含量非常小，一般都处在高度稀释状态，因此要采取极其复杂的处理手段进行多次处理才能达到要求。

（5）放射性和非放射性有害废物同时兼容，所以在处理放射性废物的同时必须兼顾非放射性废物的处理。

对于具体的放射性废物，则要涉及净化系数、减容比等指标。

B　放射性废物的分类

为加强放射性废物的安全管理，保护环境，保证工作人员和公众健康，根据《中华人民共和国放射性污染防治法》《中华人民共和国核安全法》和《放射性废物安全管理条例》关于放射性废物分类的规定，环境保护部、工业和信息化部、国家国防科技工业局组织制定了《放射性废物分类》，自 2018 年 1 月 1 日起施行。1998 年发布的原《放射性废物的分类》（HAD401/04）同时废止。《放射性废物分类》将放射性废物分为极短寿命放射性废物、极低水平放射性废物、低水平放射性废物、中水平放射性废物和高水平放射性废物等五类，其中极短寿命放射性废物和极低水平放射性废物属于低水平放射性废物范畴。放射性废物分类体系概念示意图如图 10-3 所示，横坐标为废物中所含放射性核素的半衰期，纵坐标为其活度浓度。放射性废物活度浓度越高，对废物包容和与生物圈隔离的要求就越高。豁免废物或解控废物不属于放射性废物。

极短寿命放射性废物、极低水平放射性废物、低水平放射性废物、中水平放射性废物和高水平放射性废物对应的处置方式分别为贮存衰变后解控、填埋处置、近地表处置、中等深度处置和深地质处置，如图 10-3 所示。

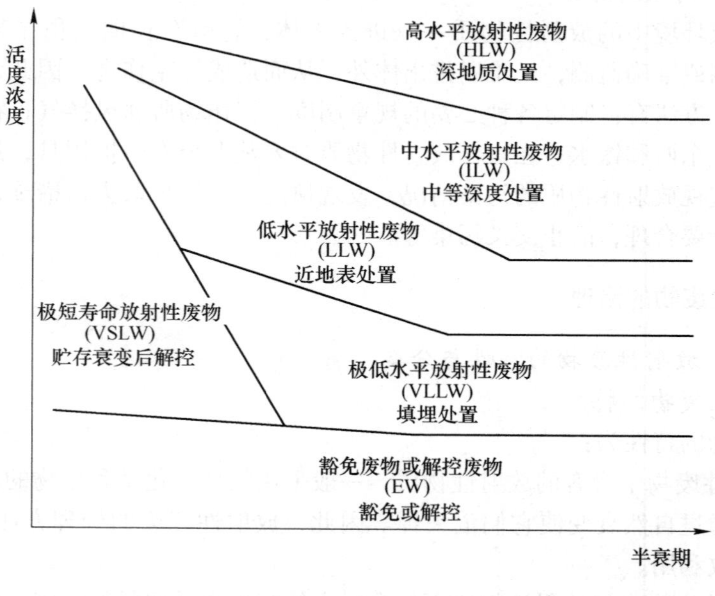

图 10-3　放射性废物分类体系概念示意图

表 10-6 列出了国际原子能机构（IAEA）推荐的分类标准。

表 10-6 国际原子能机构（IAEA）推荐的分类标准

<table>
<tr><th>废物种类</th><th>类 别</th><th>放射性浓度</th><th colspan="2">说 明</th></tr>
<tr><td rowspan="5">液体废物</td><td>1</td><td>$\leqslant 10^{-9}$</td><td colspan="2">一般可不处理，可直接排入环境</td></tr>
<tr><td>2</td><td>$10^{-9} \sim 10^{-6}$</td><td>处理设备不用屏蔽</td><td rowspan="3">可用一般的蒸发、离子交换或化学方法处理</td></tr>
<tr><td>3</td><td>$10^{-6} \sim 10^{-4}$</td><td>部分处理设备需加屏蔽</td></tr>
<tr><td>4</td><td>$10^{-4} \sim 10$</td><td>处理设备必须屏蔽</td></tr>
<tr><td>5</td><td>>10</td><td colspan="2">必须在冷却下贮存</td></tr>
<tr><td rowspan="4">气体废物</td><td></td><td>Ci/m^3</td><td colspan="2"></td></tr>
<tr><td>1</td><td>$\leqslant 10^{-10}$</td><td colspan="2">一般可不处理</td></tr>
<tr><td>2</td><td>$10^{-10} \sim 10^{-6}$</td><td colspan="2">一般要用过滤方法处理</td></tr>
<tr><td>3</td><td>$>10^{-6}$</td><td colspan="2">一般要用综合方法处理</td></tr>
<tr><td rowspan="5">固体废物</td><td></td><td>表面照射量率/R·h</td><td colspan="2"></td></tr>
<tr><td>1</td><td>$\leqslant 0.2$</td><td>不必采用特殊防护</td><td rowspan="3">主要为β，γ发射体，α放射性可忽略不计</td></tr>
<tr><td>2</td><td>$0.2 \sim 2$</td><td>需薄层混凝土或铅屏蔽防护</td></tr>
<tr><td>3</td><td>>2</td><td>需特殊的防护装置</td></tr>
<tr><td>4</td><td>α放射性固体废物，以 Ci/m^3 为单位</td><td colspan="2">主要为α发射体，要防止超临界问题</td></tr>
</table>

C 放射性废物污染的治理原则

根据国际原子能机构估计，1995 年全球核废物总量已达 447000t 重金属（即在核反应堆产生的乏燃料中存在的钚和铀同位素的质量）。放射性废物种类繁多，且污染物的形态、半衰期、射线、能量、毒性等方面有很大的差异，这就增加了放射性污染的治理的难度。

目前主要依据废物的形态，即废水、废气、固体废物，分别进行放射性污染的治理。放射性废物处理系统全流程包括废物的收集、废液废气的净化浓集和固体废物的减容、贮存、固化、包装及运输处置等。放射性废物处理流程示意图如图 10-4 所示。放射性废物的处置是废物处理的最后工序，所有的处理过程均应为废物的处置创造条件。

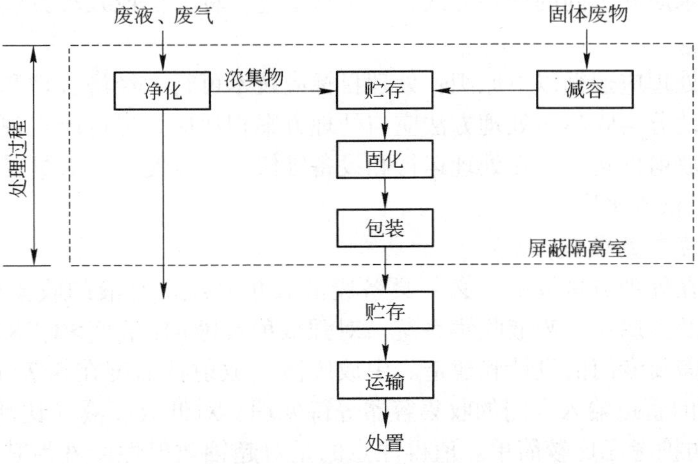

图 10-4 放射性废物处理流程示意图

高放废物在处置前要贮存一段时间，以便废物产生的热降到易于控制的水平。高放废液的主要来源是乏燃料后处理过程中产生的酸性废液，含有半衰期长毒性大的放射性核素，须经历很长时间才能衰变至无害水平，如锶90、铯137需要几百年。要在如此长的时间内确保高放废液同生物圈隔绝是十分困难的。

将高放废液贮存在地下钢罐中只能作为暂时措施，必须将废液转化为固体后包装贮存。例如，目前比较成熟的固化方法是将高放废液与化学添加物一起烧结成玻璃固化体，然后长期贮存于合适的设施中。迄今考虑过的高放废物的处置方案有许多种：地质处置、太空处置、深海海床下的处置、岩熔处置（置于地下深孔利用废物自热使之与周围岩石熔化成一体）、核“焚烧”（置于反应堆中子流中使长寿命核素变成短寿命核素）等方式。

当今公认为比较现实并正在一些发达国家中实施或准备实行的多为地质处置方案。将高放废物深藏在一个专门建造的，或由现成矿山改建的经过周密选址和水文地质调查的洞穴中或者一个由地表钻下去的深洞中，并建成一个处置库。矿山式库通常建在300~1500m深处，而深部钻孔原则上建在几千米深处。处置库的设施通常有地面封装和控制建筑物、地下运输竖井或隧道、通风道、地下贮存室等。库的结构包括天然屏障和工程屏障，以防止或控制废物中的放射性核素泄漏出来向生物圈迁移。

低放废物是放射性废物中体积最大的一类，占总体积的95%，其活度仅占总活度的0.05%。适用于低放废物的处置方式有：浅地层处置、岩洞处置、深地层处置等。浅地层通常指地表面以下几十米处，我国规定为50m以内的地层。浅地层可用在没有回取意图的情况下处置低中水平的短寿命放射性废物，但其中那个长寿命核素的数量必须严格控制，使得经过一定时期（如几百到一千年）之后，场地可以向公众开放。

必须指出，对放射性污染不能仅依靠治理，更应强调减少放射性废物的产生量，尽可能地把废物消灭在生产工艺中。

10.6.2.2 放射性废液的处理

放射性废液的处理非常重要。现在已经发展起来很多有效的废液处理技术，如化学处理、离子交换、吸附法、膜分离法、生物处理、蒸发浓缩等。根据放射性比活度的高低、废水量的大小及水质和不同的处置方式，可选择上述一种方法或几种方法联合使用，达到理想的处理效果。

放射性废液处理应遵循以下原则：处理目标应技术可行，经济合理和法规许可，废液应在产生场地就地分类收集，处理方法应与处理方案相适应，尽可能实现闭路循环，尽量减少向环境排放放射性物质，在处理运行和设备维修期间应使工作人员受到的照射降低到“可合理达到的最低水平”。

A 放射性废液的收集

放射性废液在处理或排放前，必须具备废液收集系统。废液的收集要根据废液的来源、数量、特征及类属设计废液收集系统。对强放射废液（比活度>3.7×10^9Bq/L）收集废液的管道和容器需要专门的设计和建造。中放废液（放射性活度在3.7×10^5~3.7×10^9Bq/L）采用具有屏蔽的管道输入专门的收集容器等待处理。对低放废液（比活度<3.7×10^5Bq/L）的收集系统防护考虑比较简单。值得注意的是对超铀放射性废液因其寿命长、毒性大需慎重考虑。

B 高放废液的处理

目前对高放废液处理的技术方案有以下四种：

（1）把现存的和将来产生的全部高放废液全都利用玻璃、水泥、陶瓷或沥青固化起来，进行最终处置而不考虑综合利用。

（2）从高放废液中分离出在国民经济中很有用的锕系元素，然后将高放废液固化起来进行最终处置。提取的锕系元素有^{241}Am、^{287}Np、^{238}Pu等。

（3）从高放废液中提取有用的核素，如^{90}Sr、^{137}Cs、^{155}Eu、^{147}Pm，其他废液作固化处理。

（4）把所有的放射性核素全部提取出来。对高放废液目前各国都在研究实验阶段。

C 中放和低放废液的处理

对中低放射性水平的废液处理首先应该考虑采取以下三种措施：即尽可能多地截留水中的放射性物质，使大体积水得到净化；把放射性废液浓缩，尽量减少需要贮存的体积及控制放射性废液的体积；把放射性废液转变成不会弥散的状态或固化块。

目前应用于实践的中低放射性废液处理方法很多，常用化学沉淀、离子交换、吸附、蒸发的方法进行处理。

10.6.2.3 放射性废气的处理

放射性污染物在废气中存在的形态包括放射性气体、放射性气溶胶和放射性粉尘。

A 放射性气溶胶的处理

放射性气溶胶的处理是采用各种高效过滤器捕集气溶胶粒子。为了提高捕集效率，过滤器的填充材料多采用各种高效过滤材料，如玻璃纤维、石棉、聚氯乙烯纤维、陶瓷纤维和高效滤布等。

B 放射性气体的处理

由于放射性气体的来源和性质不同，处理方法也不相同。常用的方法是吸附，即选用对某种放射性气体有吸附能力的材料做成吸附塔。经过吸附处理的气体再排入烟囱。吸附材料吸附饱和后须再生后才可继续用于放射性气体的处理。

C 高烟囱排放

高烟囱排放是借助大气稀释作用处理放射性气体常用的方法，用于处理放射性气体浓度低的场合。烟囱的高度对废气的扩散有很大影响，必须根据实际情况（排放方式、排放量、地形及气象条件）来设计，并选择有利的气象条件排放。

10.6.2.4 放射性固体废物的处理和处置

A 核工业废渣

核工业废渣一般指采矿过程的废石渣及铀铅处理工艺中的废渣。这种废渣的放射性活度很低而体积庞大，处理的方法是筑坝堆放，用土壤或岩石掩埋，种上植被加以覆盖，或者将它们回填到废弃之矿坑。

B 放射性沾染的固体废物

这类固体废物系指被放射性沾染而不能再使用的物品，例如工作服、手套、废纸、塑料和报废的设备、仪表、管道、过滤器等。对此应根据放射性活度，将高、中、低及废放射性固体废物分类存放，然后分别处理。对可燃性固体废物采用专用的焚烧炉焚烧减容，其灰烬残渣密封于专用容器，贴上放射性标准符号，并写上放射性含量、状类等。对不可燃的固体废物，经压缩减容后置于专用容器中。

经过处理的固体放射性废物，应采用区域性的浅地层废物埋藏场进行处置。埋藏地点应选择在距水源和居民点较远的地方，且必须经过水文地质、地震因素等考察，按照规定建造。

C 中低放射性废液固化块处置

对中低放射性废液处理后的浓集及残渣，可以用水泥、沥青、玻璃、陶瓷及塑料固化方法使其变成固化块。将这些固化块以浅地层埋藏为主，作为半永久或永久性的贮存。

D 高放废物的核工业废渣最终处置

高放固体废物主要指的是核电站的乏燃料、后处理厂的高放废液固化块等。这些固体废物的最终处置是将其完全与生物圈隔绝，避免其对人类和自然环境造成的危害。然而，它的最终处置是至今尚未解决的重大题目。世界各学术团体和不少学者经过多年研究提出过不少方案，例如深地层埋藏，投放到深海或在深海钻井的处置方案，投放到南极或格陵兰冰层以下，用火箭运送到宇宙空间等。但是，每一种方案都有较大缺陷，或者成本太高，或者在未来可能造成新的污染。

10.6.2.5 放射性表面污染的去除

放射性表面污染是造成内照射危害的途径之一。空气中放射性气溶胶沉降于物体表面造成表面污染。由于通风和人员走动，可能使这些污染物重新悬浮于空气中，被吸入人体后形成内照射。必须对地面、墙壁、设备及服装表面的放射性污染加以控制。表面污染的去除一般采用酸碱溶解、络合、离子交换、氧化及吸收等方法。不同污染表面所用的去污剂及其使用方法不同。

10.6.3 放射性废物管理

国际原子能机构（IAEA）在征集成员国意见的基础上，经理事会批准，在1995年发布了放射性废物管理九条基本原则，即保护人体健康，保护环境，保护后代，不给后代增加不适当的负担，建立国家法律框架，控制废物的产生，废物产生和管理间的相依性，确保设施寿期内的安全及超越国境的考虑。以上九条基本原则，是在总结几十年的经验教训基础上提出的，具有较强的合理性和前瞻性，是必须长期坚持的放射性废物管理原则。

我国《电离辐射防护与辐射源安全基本标准》（GB 18871—2002）中在上述原则的基础上，提出放射性废物的安全管理除遵循一般有毒、有害物质的管理要求外，还要遵循电离辐射源的管理要求。

1997年9月5日《乏燃料管理安全和放射性废物管理安全联合公约》（简称《联合公约》）在国际原子能机构第四十一届常会上获得通过。2001年6月18日，公约正式生效。《联合公约》是迄今为止有关放射性废物管理方面最重要的全球性公约，亦是继1994年《核安全公约》以来国际放射性物质管理法领域又一新的重大突破。从理论上研究《联合公约》所确立的乏燃料管理和放射性废物管理的基本原则与制度，不断完善公约的内容，对于实现核安全领域可持续发展具有重要的意义。

亚洲核合作论坛（FNCA）2006年度“放射性废物管理研讨会”于2006年11月20日

至24日在北京召开。来自FNCA成员国澳大利亚、中国、印度尼西亚、日本、韩国、马来西亚、菲律宾、泰国和越南的代表参加了会议。会议主要讨论了FNCA各成员国的放射性废物管理进展，包括法规、管理体制、低中放废物处置设施概念设计、放射性废物的处理与整备和退役中的清洁解控等。会议还对今后的工作计划和有关事项进行了讨论。FNCA是一项经常性的工作，为了保证高质量、高回报地参加有关活动，建议开辟经费渠道，开展一些经常性的研究活动。

由于城市人口密集，生产活动强烈，放射性材料使用范围较广，因此应特别加强城市放射性废物安全管理。工矿企业、科研、医疗及教育等部门是城市放射性废物的主要来源。城市放射性废物具有以下一些特征：

(1) 放射性核素的品种多，但绝大部分核素的半衰期较短。

(2) 放射性比活度较低，一般在 $3.7\times10^3 \sim 3.7\times10^5$ Bq/kg，甚至更低。

(3) 大部分是干固体废物，如工作服、手套、鞋套、试管、棉签、包装品等污染物品。

(4) 废物绝大部分具有可压缩性和可燃性。

(5) 废放射源种类多，但一般是和包装容器一起存放，且大部分放射源的活度在 3.7×10^{10} Bq 以下。

尽管城市放射性废物的数量与核燃料循环产生的废物相比要少得多，活度低，但由于其分布面广，污染点多，并且废物的产生速率随社会的进步，生产力的发展而在不断增加，因此对公众的健康和环境的安全都将造成威胁，必须进一步加强对城市放射性废物的安全管理。

对放射性废物的安全管理分为放射性废物产生单位、放射性废物营运单位，以及有关审管部门的管理。不同层面上的管理重点、程序不尽相同，各部门应严格履行各自的职责，但相互之间又要密切配合。

(1) 审管部门的最主要职责是制定政策、规章、标准，并监督执行。城市放射性废物应从加强监控、履行相关手续并符合程序、建立档案、建立数据库和计算机网络系统等方面加强管理。

(2) 放射性废物产生单位是废物产生的“源头”，必须严格遵守废物最少化原则，可以从加强员工培训、严格落实分类收集存放和处理废物制度、实行分区管理、采用先进工艺设备、指定专人管理、按时解控、做好预处理等几方面加强管理。

(3) 放射性废物营运单位要在城市放射性废物的收、贮过程中严格管理。这是避免差错和责任事故的重要环节，也是废源、废物最终能科学、有效、安全、合理处置的前提和基础。

放射性同位素的应用涉及国民经济和社会发展的各行各业，产生的放射性废物量多、面广，且情况复杂。因此放射性废物的管理，尤其是城市放射性废物的管理是一项长期、琐碎和艰巨的工作，为更好地保障公众及环境的安全，建立以人为本的和谐社会，促进国民经济的协调和可持续性发展，如何科学、有效地提高城市放射性废物的安全管理，是值得深入探讨和研究的课题。

10.7 放射性监测与评价

10.7.1 放射性监测

10.7.1.1 监测内容

放射性监测是为放射性防护乃至环境保护提供科学依据的重要工作。放射性监测的范围和内容大致分为工作场所和环境中的辐射剂量监测。

A 工作场所的监测

工作场所的放射性监测包括监测工作场所辐射场的分布和各种放射性物质；监测操作、贮存、运输和使用过程中放射性活度和辐射剂量；测定空气中放射性物质的浓度以及表面污染程度和工作人员的内、外照射剂量；测定“三废”处理装置和有关防护措施的效能；配合检修及事故处理的监测。

B 环境监测

首先要监测该地区的天然本底辐射；根据情况测量 α、β、γ 等射线的天然本底数据，收集空气、水、土壤和动植物体中放射性物质含量的资料，并将空气中天然辐射所产生的 α、β 放射性气溶胶的浓度随气候等条件变化的涨落范围数据建立档案。

根据地理和气候等情况合理布置监测点，对核设施周围或居民区附近进行长期或定期或随机的、固定或机动的、有所侧重的监测。例如，空气、水、土壤及动植物的总 α、总 β、总 γ 强度等进行监测。

10.7.1.2 监测方法

A 外照射监测

辐射场监测　可用各类环境辐射监测仪表测定工作场所的辐射剂量，以了解放射性工作场所辐射剂量的分布。使用的仪表事先必须经过国家计量部门认可的标准放射源标定。监测可以定点或随机抽样进行，有些项目（如 γ 辐射剂量）也可连续监测。

个人剂量监测　个人剂量监测是控制公众，尤其是放射性工作者受辐射照射量最重要的手段。长期从事放射性工作的人员必须佩带个人剂量笔或热释光剂量片，并建立个人辐射剂量档案。

B 内照射监测

内照射剂量的监测通常是对排泄物中所含放射性物质进行测定。但由于放射性物质很难从人体内部器官被排出，所以测量精度很差。

C 表面污染监测

表面污染监测主要是测定 α 和 β 射线在单位面积内的强度。操作放射性物质的工作人员的体表、衣服及工作场所的设备、墙壁、地面等的表面污染水平，可用表面污染监测仪（目前主要是半导体式表面活度监测仪）直接测量，或用“擦拭法”间接测量。所谓“擦拭法”是用微孔滤纸擦拭污染物表面，然后测定纸上的放射性活度，经过修正后推算出物体表面被放射性污染的程度。

D 放射性气溶胶监测

一般采用抽气方法，取样口在人鼻的高度。将空气中的气溶胶吸附在高效过滤器上，然后进行测量，最后计算出气溶胶浓度。

E 放射性气体监测

放射性气体的监测方法主要是采样测量，即将放射性气体吸附在滤纸或某种材料上，然后根据所要测量的射线性质（如种类、能量等）选择不同的探测器进行测量，例如，X或γ射线可用X或γ探测器测量；α或β射线常用塑料闪烁计数器或半导体探测器以及谱仪系统进行测量。

F 水的监测

放射性工作场所排出的废水包括一般工业废水和放射性废水，都要进行水中放射性物质含量的测量，以确定是否符合国家规定的排放标准。根据放射性污染环境水的途径和监测目的，对环境水样的种类和取样点作出选择。一般按一定体积取3个平行样品加热蒸干，然后将样品放在低本底装置上进行测量，最后标出每升体积所含放射性活度(Bq/L)。在有条件的单位可对样品进行能谱分析，或用各种物理、化学或放化方法测定所含核素的种类及含量。如果水中含盐量太高，应先进行分离处理。

G 土壤监测

土壤监测是为了了解放射性工作场所附近地区沉降物以及其他方式对土壤的放射性污染情况。首先在一定面积的土地上以0~5cm为取样深度，按对角线或梅花形采样，取4~5个点的土壤混合。然后将样品称重、晾干后过筛，在炉中灰化，然后冷却，称重并搅拌均匀，放于样品盒中。最后根据所要测量的射线种类不同选用不同的低本底测量装置测量。

H 植物和动物样品的放射性监测

制样及测量方法与土壤样品基本相同。将新鲜动、植物样品称量、晾干，在炉中灰化，然后冷却、称量、研磨并混合均匀，取适量部分放于样品盒中并用低本底测量装置进行测量。

10.7.2 放射性评价

评价辐射环境的指标归纳如下：

（1）关键居民组所接受的平均有效剂量当量。在广大群体中选择出具有某些特征的组，这一特征使得他们从某一给定的实践中受到的照射剂量高于群体中其他成员。一般以关键居民组的平均有效剂量当量进行辐射环境评价，因为用关键组成员接受的照射剂量作为辐射实践对公众辐射影响的上限值，安全可靠程度较高。

（2）集体剂量当量。集体剂量当量是描述某个给定的辐射实践施加给整个群体的剂量当量总和，用于评价群体可能因辐射产生的附加危害，并评价防护水平是否达到最优化。

（3）剂量当量负担和集体剂量当量负担。剂量当量负担和集体剂量当量负担用于评价放射性环境污染在将来对人群可能产生的危害。这两个量是把整个受照群体所接受的平均剂量当量率或群体的集体剂量当量率对全部时间进行积分求得的。两种平均剂量当量都是在规定的时间内（一般在一年内）进行某一实践造成的。假定一切有关的因素都保持恒定不变，那么年平均剂量当量和集体剂量当量分别等于一年实践所给出的剂量当量负担和集体剂量当量负担并会达到平衡值。需要保持恒定的条件包括进行实践的速率，环境条件，受照射群体中的人数以及人们接触环境的方式。在某些情况下，不可能使这一实践保持足够长时间恒定不变，即年剂量当量率达不到平衡值。采用时剂量当量率积分就可求出负担量。

（4）每基本单元所用的集体剂量当量。以核动力电站为例，通常以每兆瓦年（电）所产生的集体剂量当量来比较和衡量获得一定经济利益所产生的危害。

10.7.3 辐射环境质量评价的整体模式

评价放射性核素排放到环境后对环境质量的影响，其主要内容就是估算关键居民组中的个人平均接受的有效剂量当量和剂量当量负担，并与相应的剂量限值作比较。这就需要把放射性核素进入环境后使人受到照射的各种途径用一些由合理假定构成的模式近似地表征出来。整个模式要求能表征出待排入环境放射性核素的物理化学性质、状态、载带介质输运和弥散能力、照射途径及食物链的特征以及人对放射性核素摄入和代谢等方面的资料。通过模式进行计算得到剂量当量值（或集体剂量当量）和由模式参数的不确定性造成预示剂量的离散程度两个结果。

为满足以上要求，整体模式应包括以下三部分：

（1）载带介质对放射性核素的输运和弥散。另外，可根据排放资料计算载带介质的放射性比活度和外照射水平。

（2）生物链的转移，可由载带介质中的比活度推算出进入人体的摄入量。

（3）人体代谢模式，可根据摄入量计算出各器官或组织受到的剂量。

确定评价整体模式的全过程由下述五个步骤组成：

（1）确定制定模式的目的。要达到这个目的必须考虑三种途径：1）污染空气和土壤使人直接受到外照剂量；2）吸入污染空气受到的内照剂量；3）食入污染的粮食和动植物使人接受的内照剂量。

（2）绘制方框图。把放射性核素在环境中转移的动态过程中涉及的环境体系及生态体系简化成均匀的、分立的单元，然后把这些动力学库室用有标记的方框来表示，方框和方框间的箭头表示位移方向和途径。

（3）鉴别和确定位移参数。这些参数（包括转移参数和消费参数）要根据野外调查及实验资料来确定。

（4）预示体系的响应。预示体系的响应有两种方法，即浓集因子法和系统分析方法。

浓集因子法适用于缓慢连续排放的情况。它假定从核设施向环境排放的比活度与原来环境中的放射性比活度之间存在着平衡关系，于是，各库室间的比活度和时间无关，相邻库室间放射性活度之比为常数，称为浓集因子。根据各库室的比活度，公众暴露于该核素和介质的时间，对该核素的摄入率，估算出公众对该核素的年摄入量和年剂量当量。

系统分析方法是用一组相连的库室模拟放射性核素在特定环境中的动力学行为。

（5）模式和参数的检验。可采用参数的灵敏度分析和模式的稳定度分析两种方法。

参数灵敏度分析：在确定模式的每一步中都应当对参数的灵敏度进行分析。由于把灵敏度分析技术用于最初选定的那些途径的初步数据，所以可以推论出各种照射途径的相对重要性。而后可以从理论上确定真实系统中哪些途径需要优先进行实验研究。

模式的稳定度（Robustness）分析：稳定度分析是定量的说明模式的所有参数不确定度联合造成总的结果的离散程度。

上述只是原则上简单地介绍了辐射环境评价方法的指导思想。实际工作相当复杂，工作量非常大。

10.8 放射性污染处理典型案例

10.8.1 核燃料加工厂放射性污染事故

10.8.1.1 污染事件的基本情况

1999年9月30日，日本茨城县那珂郡东海村铀加工设施JCO东海事业所转换试验楼内发生一起重大核污染泄漏事故。转换试验楼建筑面积为260m^2，设置了相关的铀加工设施，将浓缩度小于20%的六氟化铀、核废料以及重铀酸盐沉淀物等铀原料进行转换或回收、精制，从而制造氧化铀粉末或硝酸盐铀酰溶液。

这天上午10时35分左右，在制造硝酸铀酰过程中，作业人员违反操作规程，为了缩短作业时间，使用不锈钢水桶进行操作，代替了操作规程中“5”和“6”两个正规的操作工序。为了进行均匀混合和精制，又违反操作规程，把不锈钢水桶中浓缩度为18.8%的超过铀临界量的硝酸铀酰溶液加入到沉淀槽中。根据推算，铀的临界量为2.4kg，而加入到沉淀槽中的硝酸铀酰溶液的铀含量竟达到16kg。正是由于加入超过铀临界量的硝酸铀酰溶液，使沉淀槽中的物料很快进入临界状态，立即发生了自持链式反应。这时发现物料发出蓝光，辐射监测报警铃立即鸣响，因此判明发生了临界事故。随后，几名当班的工人又手忙脚乱地开错了装置，结果使大量的放射性气体逸入居住有33000人的东海镇上空。

上午10时43分，东海村消防队接到，报警内容是：有急病人，请派救护车。报警时没有说明发生了辐射事故，因而，急救队员不知实情，部分急救队员没有穿防护服就进入事故现场而受到了照射。JCO东海事业所没有监测中子射线的专门仪器，事故发生后对中子射线的测定是在6h以后才实施的。由于对中子射线缺乏有效的防护手段，给救援行动带来很大困难，使参加救援的一些急救队不得不在现场外待命。

这次事故中，受到辐射危害的共69人，其中，包括JCO东海事业所员工59人（重伤3人，大约两个半月后死亡1人，七个月后又死亡1人），东海村消防队急救队员3人，附近建筑公司员工7人。事故发生后，在JCO东海事业所周围空气中的辐射剂量是平常值的7~10倍。另外，根据不完全统计，事故当天，向避难场所疏散的120人也受到了照射。

10.8.1.2 事故的主要原因和经验教训

该事件按照日本科技厅分析，初步定为4级事故，放射性向外释放超过规定限值，工作人员受到足以产生急性健康影响剂量的厂内事故。

A 主要原因

这是一起由于人为操作错误引起的临界事件，核燃料工厂工人的错误操作是造成这次核事件的主要原因，在操作规程和安全文化素养方面也存在着缺陷。工人在操作中违反了操作规则，当班的工人把铀与硝酸盐进行混合。操作工人把16kg的铀投入特制的反应罐中，比规定的临界安全界限整整多出了13.6kg。几名工人忙中出错，又开错装置，结果使大量的放射性气体逸入居住有33000人的东海镇上空。

B 经验教训

铀加工设施必须严格遵守操作规程，应该加强安全文化教育。为了防止发生临界事故，必须严格实施“临界管理”，避免铀的聚集量超过临界量。JCO东海事业所的沉淀槽采取的临界管理方式是质量控制方式，这起临界事故就是因为作业人员没有严格遵守正规的操作规程，向沉淀槽中投入的铀溶液超过了铀的临界量而发生的。通过这起事故可以看出，即使有了完善的设计，还必须加强安全管理，才能保证不发生事故。另外，JCO 东海事业所对员工没有进行有关临界事故的安全教育，并且在该公司内也没有设置一旦发生临界事故时的警报系统，这些教训今后也应该认真吸取。

应加强对中子射线的监测。发生临界事故时会发出中子射线，中子射线能够穿透一般的混凝土墙壁。从这次事故中可以看出，JCO 东海事业所事前没有考虑到对中子射线的监测。另外，由于对中子射线缺乏有效的防护手段，因而给救援工作带来很大困难，使参加救援的急救队不得不在现场外待命。

应急救员工作要做好辐射防护准备。在应急抢救过程中，由于急救队员不知实情，部分急救队员就进入事故现场而受到了照射。事故报警单位和洁净的消防、应急等单位都应该吸取这方面的教训，积极准备应急预案，有效地实施灭火救援等活动，减少辐射对现场人员和救援人员的伤害。

10.8.2 铀金属车屑自燃造成污染事故

10.8.2.1 污染事故的基本情况

某元件厂天然铀元件芯棒加工产生的车屑，用铁皮桶盛装，放置于厂区前的废物厂内。某年某天，值班警卫发现该处着火，但由于不知道此处存放着铀屑，未引起重视。稍后流动巡逻警卫发现火势加大，用电话报告厂消防队。因电话不通，25min 后消防队才出动，此时该处的 200 多桶车屑绝大部分已经着火。当时正在刮着 5 级西风，火势很大，难以扑灭，燃烧一直持续了约 6h。事件发生后，铀的氧化物大部分仍留在原场地。估计损失铀金属约 1t，总放射性活度为 2.48×10^{10}Bq，污染面积 3000m^2。

10.8.2.2 事故原因和经验教训

此次事故的原因和经验教训主要有：

（1）铀屑容易自燃，遇热或明火发生激烈反应。粉末在空气中能自燃，即使在氮气、二氧化碳、氟和碘氛围中，也能激烈反应而燃烧。铀屑露天存放是不允许的，因为：一是铀屑极易氧化自燃；二是铀屑与温度较高的水也能发生反应，置换出氢，氢有燃爆危险。铀屑最好转化成金属铀锭或稳定铀化物来保存。

（2）铀屑着火不能用普通灭火方法灭火。使用普通灭火剂灭火，火势会更旺。干沙、氟化钙可控制火势。铀屑着火形成 UO_2(U_3O_8)气溶胶弥散在空气中，会被吸入人体。铀是 α 放射性核素，要防止内照射的伤害作用，灭火人员应穿辐射防护衣服，要戴呼吸保护器。事故处理后要对涉及人员做体检，检查尿、便、呼出气体中的反射性，对呼吸系统做检查。对场地上散布的铀氧化物要及时妥善收集，对污染的土壤要进行清污处理与处置。

（3）管理松懈。铀屑是易燃危险物，随意堆放在场地上，没有采取措施和设置警示标志，厂内人员不了解，或没有去重视它；火灾报警系统不畅通，着火后电话报告厂消防队，25min 后消防队才闻讯出动，此时 200 多桶铀屑绝大部分已着火；缺乏应急响应准备，燃烧延续 6h，烧掉约 1t 金属铀，造成大面积污染。

习　题

10-1　α 衰变，β 衰变，γ 衰变的主要产物有哪些？

10-2　某放射性核素发生泄漏事件，测得土壤中浓度是 0.02×10^{-6}。已知此放射性核素的半衰期是 23.5 年，求 50 年后土壤中的浓度。

10-3　简述产生辐射损伤的四个阶段。

10-4　简述放射性废物的特性及其对处置方法的要求。

10-5　什么是放射性活度、吸收剂量、照射量、剂量当量？

11 电磁辐射污染控制

无线电通信、微波加热、高频淬火、超高压输电网站等的广泛应用，给人类物质文化生活带来了极大的便利，但也由于产生大量的电磁波，对自然与社会带来了诸多负面影响。电磁辐射已成为当今危害人类健康的致病源之一。

伴随电磁污染的发生，环境物理学的一个分支——环境电磁学应运而生。环境电磁学是研究电磁辐射与辐射控制技术的科学。主要研究各种电磁污染的来源及其对人类生活环境的影响以及电磁污染的控制方法和措施。它主要以电气、电子科学理论为基础，研究并解决各类电磁污染问题，是一门涉及工程学、物理学、医学、无线电学及社会科学的综合学科。

环境电磁学的研究有两个特点：一是涉及范围较广，不仅包括自然界中各种电磁现象，而且包括各种电气电磁干扰，以及各种电器、电子设备的设计、安装和各系统之间的电磁干扰等；二是技术难度大，因为干扰源日益增多，干扰的途径也是多种多样的，在很多行业普遍存在电磁干扰问题。电磁干扰对系统和设备是非常有害的，有的钢铁制造厂和化工厂就是因为控制系统受电磁干扰，致使产品质量得不到保证，使企业每年损失数亿元。环境电磁工程学涉及的范围非常广泛，研究的内容也非常丰富，尤其在抗电磁干扰方面正日益显现出它强大的生命力和发展前景。可以预见，在不久的将来，会有更多的新技术应用于防治电磁辐射。我国自 20 世纪 60 年代以来，在监测、控制电磁干扰的影响以及探讨电磁辐射对机体的作用等方面已取得很大的进展，并制定了电磁辐射和微波安全卫生标准。此外，在防护技术上也取得了较大的进展。

随着电磁学与电子电气设备的大量应用与发展，继之而来的是环境电磁污染控制学的形成与初步建立。环境电磁污染控制学是针对电磁污染，解决电磁危害而发展起来的。为了更好地研究与论述电磁污染的控制治理技术，我们首先对电磁方面的几个基本的物理概念作些必要的介绍。

11.1 电磁场的基本概念

11.1.1 电场与磁场

电场是电荷及变化磁场周围空间里存在的一种特殊物质。电场这种物质与通常的实物不同，它不是由分子原子所组成，但它是客观存在的。电场具有通常物质所具有的力和能量等客观属性。电场的力的性质表现为：电场对放入其中的电荷有作用力，这种力称为电场力。电场的能的性质表现为：当电荷在电场中移动时，电场力对电荷做功，这说明电场具有能量。

静止电荷在其周围空间产生的电场，称为静电场；随时间变化的磁场在其周围空间激发的电场称为感应电场。普遍意义的电场则是静电场和感应电场两者之和。电场是一个矢量场，其方向为正电荷的受力方向。电场的力的性质用电场强度来描述。

能够产生磁力的空间存在着磁场。与电场类似，磁场也是一种看不见、摸不着的特殊物质。磁体周围存在磁场，磁体间的相互作用就是以磁场作为媒介的。磁体的磁性来源于电流，电流是电荷的运动，因而概括地说，磁场是由运动电荷或变化电场产生的。磁场的基本特征是能对其中的运动电荷施加作用力，磁场对电流、对磁体的作用力或力矩皆源于此。

11.1.2 电磁场与电磁辐射

电磁场是交变的电场与交变的磁场的组合，彼此间相互作用，相互维持。电场的变化，会在导体及电场周围的空间产生磁场。由于电场在不停地变化着，因而产生的磁场也必然不停地变化着。这样变化的磁场又在它自己的周围空间里，产生新的电场。不断变化的电场与磁场交替地产生，由近及远，互相垂直，与自己的运动方向垂直并以一定速度在空间内传播的过程，称为电磁辐射，也称为电磁波。

当利用发射机把强大的高频率电流输送到发射天线上，电流就会在天线中振荡，从而在天线的周围产生了高速度变化的电磁场，并向远方传播，正如把石子投入水面激起水波一样。电磁波传播如图 11-1 所示。

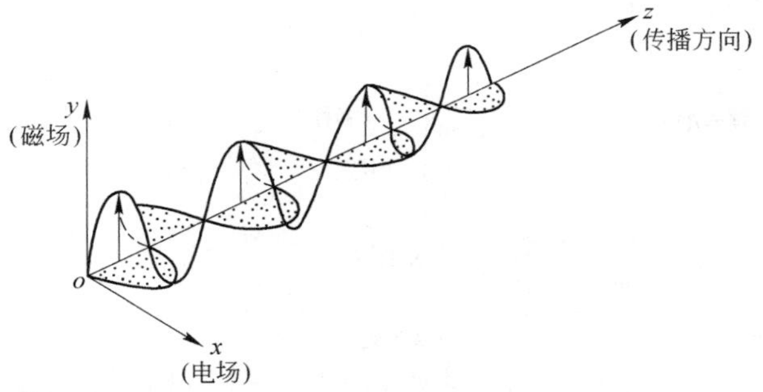

图 11-1　电磁波传播图

电磁波完成一次振荡所需要的时间，称为一个周期。每秒钟完成的振荡周期数称为电磁波的频率，单位为赫兹（Hz）。

11.1.3 射频电磁场

交流电的频率达到每秒钟 10 万次以上时，它的周围便形成了高频率的电场和磁场，这就是射频电磁场，而一般将每秒钟振荡 10 万次以上的交流电，称为高频电流或射频电流。

射频电磁场或射频电磁波可用波长（λ）表示，单位是 nm、cm、m，也可用振荡频率 f 表示，单位是赫兹（Hz）、千赫（kHz）、兆赫（MHz）。按其频率范围可分为从极低频到至高频的 12 个频段（表 11-1）。

表 11-1 电磁频谱表

频段名称	频率范围	波段名称	波长范围
极低频（ELF）	3～30Hz	极长波	100～10Mm
超低频（SLF）	30～300Hz	超长波	10～1Mm
特低频（ULF）	300～3000Hz	特长波	100～100000m
甚低频（VLF）	3～30kHz	甚长波（万米波）	10～10000m
低频（LF）	30～300kHz	长波（千米波）	10～1000m
中频（MF）	300～3000kHz	中波（百米波）	10～100m
高频（HF）	3～30MHz	短波（十米波）	100～10m
甚高频（VHF）	30～300MHz	超短波（米波）	10～1m
特高频（UHF）	300～3000MHz	分米波	10～1dm
超高频（SHF）	3～30GHz	厘米波	10～1cm
极高频（EHF）	30～300GHz	毫米波	10～1mm
至高频	300～3000GHz	亚毫米波	1～0.1mm

无线电波是指波长从 10000m～1mm 的电磁波，占据了从甚低频到至高频为止的 9 个频段。继无线电波之后依次为红外线、可见光、紫外线、X 射线、γ 射线，大致划分如图 11-2 所示。

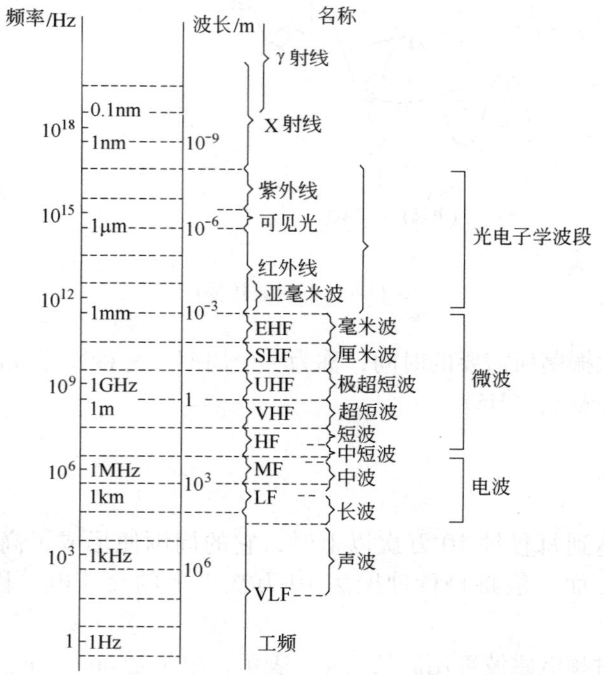

图 11-2 电磁波频谱图

由电子、电气设备工作过程中所造成的电磁辐射是非电离辐射而不是电离辐射。非电离辐射的量子所携带的能量较小，如微波频段的量子能量只有 $1.2\times10^{-6}\sim4\times10^{-4}$J，不足以破坏分子，使分子电离。

无线电波的波长与频率的关系为：

$$\lambda = c/f \tag{11-1}$$

式中 λ——波长，m；

c——电磁波传播的速度为 3×10^8，m/s；

f——频率，Hz。

射频电磁场强度与许多因素有关，我们将这些因素称之为场强影响参数，主要有：

（1）功率。对于同一设备或其他条件相同而功率不同的设备进行场强测试的结果表明：设备的功率愈大，其辐射强度愈高，反之则小。功率与场强变化成正比关系。

（2）与场源的间距。一般而言，与场源的距离加大，场强迅速衰减。例如，在某设备的操作台附近，场强为 170～240V/m；距操作台 0.5m 后，场强衰减到 53～65V/m；距操作台 1m 后，场强衰减为 24～31V/m；距操作台 2m 后，场强衰减到极小值。由上可知，屏蔽防护重点应在设备近区。

（3）屏蔽与接地。电磁屏蔽就是在外界交变电磁场下，通过电磁感应，屏蔽壳体内产生感应电流，而这电流在屏蔽空间又产生了与外界电磁场方向相反的电磁场，从而抵消或削弱了外界电磁场。

接地就是将在屏蔽体（或屏蔽部件）内由于感应生成的射频电流迅速导入大地，以便使屏蔽体（或屏蔽部件）本身不再成为射频的二次辐射源，从而保证屏蔽作用的高效率。

（4）空间内有无金属天线或反射电磁波的物体以及金属结构。由于金属是良导体，在电磁场作用下，极易感应生成涡流。由于感生电流的作用，便产生新的电磁辐射，致使在金属周围形成又一新的电磁作用场，即二次辐射。有了二次辐射，往往要造成某些空间场强的增大。例如，某短波设备附近有暖气片，由于二次辐射的结果，使之场强加大，高达 220V/m。在射频作业环境中要尽量减少金属天线以及金属物体，防止二次辐射。

11.2 电磁污染的量度单位

度量电磁污染的单位很多，大体可分为两大类，分别用于度量辐射强度和辐射剂量。

11.2.1 辐射强度

辐射强度主要用于度量辐射源在空间某点产生的电磁场强度或者能量密度。依据电磁场的频段，采用不同的度量单位。通常，对大于 300MHz 的频段（特高频，微波频段），采用能量通量密度度量，其单位为 W/cm^2、mW/cm^2、$\mu W/cm^2$。对于小于 300MHz 的频段（高频，100kHz～30MHz；甚高频，30～300MHz），采用电场强度和磁场强度作为度量单位。电场强度常用 V/m、mV/m、μV/m 或分贝表示，磁场强度常用 A/m、mA/m、μA/m。在进行电磁环境测量时，干扰场强国家计量标准采用单位为 mV/m，用分贝表示时，1mV/m＝0dB。

11.2.2 辐射剂量

辐射剂量用于度量受体实际吸收电磁辐射程度。*SAR* 是较为有名的辐射剂量度量指标。*SAR* 是英文 Specific Absorption Rate 的缩写，用于计量多少无线电频率辐射能量被身体所实际吸收，称作特殊吸收比率或比吸收率简称 *SAR*，以瓦特/每千克（W/kg）或毫瓦/每克（mW/g）来表示。其直接物理含义是单位时间内单位质量的有机体吸收的电磁辐射能量。

SAR 的准确定义是：给定物质密度（ρ）下的一体积单元（dV）中单位物质（dm）吸收（耗损）的单位电磁能量（dW）相对于时间的导数。

$$SAR = \frac{\mathrm{d}}{\mathrm{d}t}\left(\frac{\mathrm{d}W}{\mathrm{d}m}\right) = \frac{\mathrm{d}}{\mathrm{d}t}\left(\frac{\mathrm{d}W}{\rho \mathrm{d}V}\right) \tag{11-2}$$

如果界定有机体吸收的电磁辐射能量全部转化为热能，从而引起有机体组织温度升高，这样就可以根据有机体组织温度升高的情况推算 *SAR*，计算公式如下：

$$SAR = \frac{\sigma E_{\mathrm{i}}^2}{\rho} = c_{\mathrm{i}} \left.\frac{\mathrm{d}T}{\mathrm{d}t}\right|_{t=0} \tag{11-3}$$

式中 E_{i}——细胞组织中的电场强度有效值，以 V/m 表示；

σ——人体组织的电导率，S/m；

ρ——人体组织密度，kg/m^3；

c_{i}——人体组织的热容量，J/kg；

$\mathrm{d}T/\mathrm{d}t$——组织细胞的起始温度时间导数，K/s。

目前，美国、欧洲均采用 *SAR* 值作为度量手机辐射的指标，国际电联、国际卫生组织等国际组织也推荐采用 *SAR* 值，我国正在制定的电磁辐射防护标准，也将采用 *SAR* 值。

11.3 电磁辐射污染源种类及传播途径

11.3.1 电磁污染源种类

电磁辐射污染源主要包括两大类，即天然电磁辐射污染源与人为电磁辐射污染源。

11.3.1.1 天然电磁辐射污染源

天然的电磁辐射污染源来自于地球的热辐射、太阳热辐射、宇宙射线、雷电等，是由自然界某些自然现象所引起的（表 11-2）。在天然电磁辐射中，以雷电所产生的电磁辐射最为突出。由于自然界发生某些变化，常常在大气层中引起电荷的电离，发生电荷的蓄积，当达到一定程度后引起火花放电。火花放电频带极宽，可从几千赫兹一直到几百兆赫兹。另外，如火山喷发、地震和太阳黑子活动都会产生电磁干扰，天然的电磁辐射对短波通讯干扰特别严重，这也是电磁辐射污染源之一。

表 11-2 天然电磁辐射污染源分类

分　类	来　源
大气与空气污染源	自然界的火花放电、雷电、台风、高寒地区飘雪、火山喷发……
太阳电磁场源	太阳黑子活动与黑体辐射……
宇宙电磁场源	银河系恒星的爆发、宇宙间电子移动……

11.3.1.2 人为电磁辐射污染源

人为电磁辐射污染源产生于人工制造的若干系统、电子设备与电气装置，主要来自广播、电视、雷达、通讯基站及电磁能在工业、科学、医疗和生活中的应用设备。人为电磁场源按频率不同又可分为工频场源与射频场源。工频场源（数十至数百赫兹）中，以大功率输电线路所产生的电磁污染为主，同时也包括若干种放电型场源。射频场源（0.1~30MHz）主要指由于无线电设备或射频设备工作过程中所产生的电磁感应与电磁辐射。射频电磁辐射频率范围宽，影响区域大，对近场区的工作人员能产生危害，是目前电磁辐射污染环境的重要因素。人为电磁辐射污染源如表11-3所示。

表 11-3 人为电磁辐射污染源分类

分类		设备名称	污染来源与部件
放电所致场源	电晕放电	电力线（送配电线）	由于高电压、大电流而引起静电感应、电磁感应、大地漏泄电流所造成
	辉光放电	放电管	白光灯、高压水银灯及其他放电管
	弧光放电	开关、电气铁道、放电管	点火系统、发电机、整流装置
	火花放电	电气设备、发动机、冷藏车、汽车	整流器、发电机、放电管、点火系统
工频感应场源		大功率输电线、电气设备、电气铁道	高电压、大电流的电力线场电气设备
射频辐射场源		无线电发射机、雷达	广播、电视与通风设备的振荡与发射系统
		高频加热设备、热合机、微波干燥机	工业用射频利用设备的工作电路与振荡系统
		理疗机、治疗机	医学用射频利用设备的工作电路与振荡系统
家用电器		微波炉、电脑、电磁灶、电热毯	功率源为主
移动通信设备		手机、对讲机等	天线为主
建筑物反射		高层楼群以及大的金属构件	墙壁、钢筋、吊车

人为辐射的产生源种类、产生的时间和地区以及频率分布特性是多种多样的，若根据辐射源的规模大小对人为辐射进行分类，可分为下述三类。

A 城市杂波辐射

在没有特定的人为辐射源的地方，也有发生于远处多数辐射源合成的杂波。城市杂波与各辐射源电波波形和产生机构等方面的关系不大，但与城市规模和利用电气的文化活动、生产服务以及家用电器等因素有直接的关系并有正比关系。城市杂波没有特殊的极化面，大致可以看成为连续波。

B 建筑物杂波

在变电站所、工厂企业和大型建筑物以及构筑物中多数辐射源会产生一种杂波，这种来自上述建筑物的杂波，则称为建筑物杂波。这种杂波多从接收机之外的部分串入到接收机之中，产生干扰。建筑物杂波一般呈冲击性与周期性波形，可以认为是冲击波。

C 单一杂波辐射

它是特定的电气设备与电子装置工作时产生的杂波辐射，它因设备与装置的不同而具有特殊的波形和强度。单一杂波辐射主要成分是工、科、医疗设备（简称ISM设备）的电磁辐射，这类设备对信号的干扰程度与该设备的构造、功率、频率、发射天线形式、设备与接收机的距离以及周围的地形、地貌有密切关系。

11.3.2 电磁污染的传播途径

电磁辐射所造成的环境污染途径大体上可分为空间辐射、导线传播和复合污染三种。

11.3.2.1 空间辐射

当电子设备或电气装置工作时，会不断地向空间辐射电磁能量，设备本身就是一个发射天线。

由射频设备所形成的空间辐射，分为两种：一种是以场源为中心，半径为一个波长之内的范围。电磁能量传播是以电磁感应方式为主，将能量施加于附近的仪器仪表、电子设备和人体上。另一种是在半径为一个波长之外的范围，电磁能量传播以空间放射方式将电磁波施加于敏感元件和人体之上。

11.3.2.2 导线传播

当射频设备与其他设备共用一个电源供电时，或其间有电气连接时，电磁能量（信号）就会通过导线进行传播。另外，信号的输出和输入电路、控制电路等也能在强电磁场之中“拾取”信号，并将所“拾取”的信号再进行传播。

11.3.2.3 复合污染

当空间辐射与导线传播同时存在时所造成的电磁污染。

11.4 电磁辐射的监测及标准

11.4.1 电磁辐射监测

电磁污染的测量实际是电磁辐射强度的测量。在这方面，重点介绍工业、科研和医用射频设备辐射强度的测量方法。

基于它们所造成的污染是由于这些设备在工作过程中产生的电磁辐射。因此，对于这类设备辐射强度的测量可以一次性进行。大体测量方法如下。

当设备工作时，以辐射源为中心，确定东、南、西、北、东北、东南、西北、西南八个方向（间隔45°角）做近区场与远区场的测量。

11.4.1.1 近区场强的测量

近区场强的测量方法为：

（1）首先计算近区场（又称感应场）作用范围，即一个波长之内均为近区场。对我们最经常接触的从短波段30MHz到微波段的3000MHz的频段范围，其波长范围从10m到1m。

（2）由于近区场中电场强度与磁场强度不呈固定关系的特点，场强的测定应分别进行电场强度与磁场强度的测定。

（3）用经有关部门检定合格的射频电磁场（近区）强度测定仪进行测定。测定前应按产品说明书规定，关好机柜门，上好盖门，拧紧螺栓，使设备处于完好状态。测定时，射频设备必须按说明书规定处于正常工作状态。

（4）在每个方位上，以设备面板为相对水平零点，分别选取10cm、0.5m、1m、2m、3m、10m、50m为测定距离，一直测到近区场边界为止。

(5) 取三种测定高度，即：

头部　离地面150~170cm处；

胸部　离地面110~130cm处；

下腹部　离地面70~90cm处。

(6) 测定方向以测定点上的天线中心点为中心，全方向转动探头，以指示最大的方向为测定方向。现场为复合场时，暂以测定点上的最强方向上的最大值为准（若出现几个最大点时，以其中最大的一点为准）。

(7) 应避免人体对测定的影响。测定电场时，测试者不应站在电场天线的延伸线方向上；测定磁场时，测试者不应与磁场探头的环状天线平面相平行。操作者应尽量离天线远些，测试天线附近1m范围内除操作者外避免站人或置放金属物体。

(8) 测定部位附近应尽量避开对电磁波有吸收或反射作用的物体。

11.4.1.2　远区场强的测量

远区场强的测量方法为：

(1) 根据计算，确定远区场起始边界。

(2) 在8个方向上分别选取3m、10m、30m、50m、100m、150m、200m、300m作为测定距离。

(3) 可以只测磁场或电场强度。

(4) 测定高度均取2m。如有高层建筑，则分别选取1、3、5、7、10、15等层测量高度。

(5) 测定仪器为标定合格的远场仪并选取场仪所示的准峰值。

11.4.2　作业场所电磁辐射安全卫生标准

为了有效地保护作业人员与高场强作用下居民的身体健康，防止电磁辐射对生产和生活环境的污染，制定电磁辐射控制标准是非常必要的。

关于标准的制定，目前国际上约有几十个国家和相关组织做出了标准限值与测量方法的规定。具体到标准限值，各国家相差甚为悬殊，主要是由于对于不同频段的电磁辐射生物学作用机理、实验内容与方法、现场卫生学调查的方法与对象、统计处理方法等不同而导致结果的不一致，致使限值有很大差异。此外，随着人们实践和认识的不断深化，实验与统计处理方法的不断完善与科学化，标准的限值也在不断修改与调整，使之更加合理、科学，更具实践意义和可操作性。

由于不同频段电磁辐射在作业人员工作地点形成不同的作用场，而且不同频段电磁辐射的生物学作用的活性也不一致，因此需要根据不同频段的特征，分别制定容许辐射的限量。

此类标准按工作频率可划分为：作业场所工频辐射卫生标准、作业场所高频辐射卫生标准、作业场所甚高频辐射卫生标准与作业场所微波辐射卫生标准等四种。

本书重点介绍作业场所高频辐射卫生标准。该标准为了保护广播发射台站、高频淬火、高频焊接、高频熔炼、塑料热合、射频溅射、介质加热、短波理疗等高频设备的工作人员和高场强环境中其他工种作业人员的身体健康而制定。

我国的高频辐射作业安全标准是由广播系统值班人员首先提出。1974年，中央广播事业局（即广播电影电视部）和四机部（即现在的信息产业部）联合委托北京市劳动保护科学研究所，开展电磁辐射安全卫生标准和防护技术的科研工作。北京劳研所邀请北京市工业卫生职业病研究所、沈阳市劳动卫生研究所和江苏省及苏州市卫生防疫站等 15 个单位组成协作组，通过对我国不同地区、不同强度的广播电台和工业高频淬火、高频焊接、高频熔炼、高频热合、射频溅射、介质加热、短波理疗等设备的电磁场强度的测试与分析，大面积的现场卫生学调研、体检和动物实验研究，提出我国高频辐射作业安全标准。

工作频率适用范围：100kHz~30MHz；

场强标准限值：$E \leqslant 20\text{V/m}$；$H \leqslant 5\text{A/m}$。

上述标准已经全国卫生标准技术委员会劳动卫生分委会审查通过。世界各国和组织颁布的标准列于表 11-4。

表 11-4 世界各国和组织射频辐射职业安全标准限值

国家或组织	频率范围	标准限值	备注
美国国家标准协会	10MHz~100GHz	10mW/cm² 1mW/cm²	在任何 0.1h 之内 任何 0.1h 之内的平均值
美国三军	10MHz~100GHz	10mW/cm² 10~100mW/cm² 100mW/cm²	连续辐射 不准接触
英 国	30MHz~100GHz	10mW/cm²	连续 8h 作用的平均值
北约组织	30MHz~100GHz	0.5mW/cm²	
加拿大	10MHz~100GHz	1mW · h/cm² 10mW/cm²	在 0.1h 内的平均值 在任何 0.1h 内
波 兰	300MHz~300GHz	10μW/cm² 100μW/cm² 1mW/cm² 10mW/cm²	辐射时间在 8h 之内 2h/d 20min/d 不允许接触
法 国	10MHz~100GHz	10mW/cm² 100mW/cm² 1mW/cm²	在任何 1h 之内 休息与公共场所
俄罗斯	100kHz~10MHz 10~30MHz 100kHz~30MHz 0~300MHz >300MHz	50V/m 20V/m 5A/m 5V/m 10μm/cm² 100μW/cm² 1μW/cm²	电场分量 电场分量 磁场分量 全日工作 2h/d 15~20h/d
IRPA/INIRC①	400MHz~300GHz	1~5mW/cm²	
德 国	30MHz~300GHz	2.5mW/cm²	
澳大利亚	30MHz~300GHz	1mW/cm²	
捷 克	30kHz~30MHz 30~300MHz	50V/m 10V/m	均值 最大值

续表 11-4

国家及来源	频率范围	标准限值	备注
中国（全国卫生标准技术委员会劳卫分委会审查通过）	100kHz～30MHz	20V/m 5A/m	8h 允许值
中国（GB 10437—1989）	30～300MHz	连续波≤50μm/cm² 脉冲波≤25μm/cm²	8h 允许值
中国（GB 10436—1989）	>300MHz	50μm/cm² 300μm/cm² 5mW/cm²	8h 允许值 一日总剂量 不准接触
中国（军标）	30MHz～300GHz	50μmW/cm² 25μm/cm²	连续波 脉冲波

① 为国际辐射防护协会/非电离辐射委员会。

11.4.3 电磁辐射环境安全标准

一些发达国家在比较深入和广泛的研究工作基础上，比如苏联在中、短波与微波频段，美、日等国在微波频段等，研究电磁辐射对肌体的影响，寻求人、生物与电磁之间的关系，确定人与电磁场共存的和谐条件。在研究工作的基础上，上述国家相继于 20 世纪 50 年代或 60 年代提出并制定了相关频段的电磁辐射卫生标准或电磁污染环境标准，对电磁辐射环境进行人为控制。一般看来，许多国家基本上采用了作业安全标准允许值的 1/10 作为环境电磁辐射安全标准允许值。我国在 20 世纪 80 年代开展了居民环境安全标准的制定工作，已经正式发布的标准有：国家环境保护部《电磁辐射防护规定》（GB 8702—2014）、国防科学技术委员会 1988 年 5 月 6 日发布的《微波辐射生活区安全限值军用标准》（GJB 475）两个标准。

本教材重点介绍《电磁辐射防护规定》（GB 8702—2014），该标准由国家环境保护部和国家质量监督检验检疫总局联合发布。

11.4.3.1 基本限值

A 职业照射

在每天 8h 工作期间内，任意连续 6min 按全身平均的比吸收率（*SAR*）应小于 0.1W/kg。

B 公众照射

在一天 24h 内，任意连续 6min 按全身平均的比吸收率（*SAR*）应小于 0.02W/kg。

11.4.3.2 导出限值

A 职业照射

在每天 8h 工作期间内，电磁辐射场的场量参数在任意连续 6min 内的平均值应满足表 11-5 要求（防护限值与频率关系如图 11-3 高位曲线所示）。

表 11-5 职业照射导出限值

频率范围/MHz	电场强度/$V \cdot m^{-1}$	磁场强度/$A \cdot m^{-1}$	功率密度/$W \cdot m^{-2}$
0.1~3	87	0.25	(20)①
3~30	$150/\sqrt{f}$	$0.40/\sqrt{f}$	$(60/f)$①
30~3000	(28)②	(0.075)②	2
3000~15000	$(0.5\sqrt{f})$②	$(0.0015\sqrt{f})$②	$f/7500$
15000~30000	(61)②	(0.16)②	10

①平面波等效值，供对照参考；

②供对照参考，不作为限值；表中 f 为频率，单位为 Hz，表中数据作了取整处理。

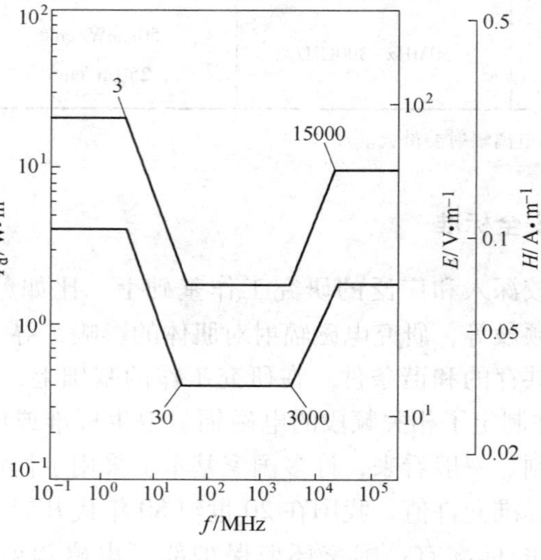

图 11-3 防护限值与频率的关系

B 公众照射

在一天 24h 内，环境电磁辐射场的场量参数在任意连续 6min 内的平均值应满足表 11-6 要求（防护限值与频率关系如图 11-3 低位曲线所示）。

表 11-6 公众照射导出限值

频率范围/MHz	电场强度/$V \cdot m^{-1}$	磁场强度/$A \cdot m^{-1}$	功率密度/$W \cdot m^{-2}$
0.1~3	40	0.1	(40)①
3~30	$67/\sqrt{f}$	$0.17/\sqrt{f}$	$(12/f)$①
30~3000	(12)②	(0.032)②	0.4
3000~15000	$(0.22\sqrt{f})$②	$(0.001\sqrt{f})$②	$f/7500$
15000~30000	(27)②	(0.073)②	2

①平面波等效值，供对照参考；

②供对照参考，不作为限值；表中 f 是频率，单位为 MHz，表中数据作了取整处理。

图 11-3 中可见，无论是职业照射还是公众照射，最严格的限值均出现在 30～3000Hz 频段处，这也是人体最敏感的频段。

11.5 电磁辐射污染的控制

11.5.1 电磁辐射的主要防护措施

为了减小电子设备的电磁泄漏，必须从产品设计、屏蔽与吸收等角度入手，采取治本与治表相结合的方案，防止电磁辐射的污染与危害。

制定防护技术措施的基本原理如下。

11.5.1.1 加强电磁兼容性设计审查与管理

纵观中外，无论是工厂企业的射频应用设备，还是广播、通信、气象、国防等领域内的射频发射装置，其电磁泄漏与辐射，除技术上的原因外，主要问题就是设计与管理方面的责任。因此，加强电磁兼容性管理是极为重要的一环。

11.5.1.2 认真做好模拟预测与危害分析

无论是电子、电气设备，还是发射装置，在产品出厂前，均应进行电磁辐射与泄漏状态的预测与分析，实施国家强制性产品认证制度。大、中型系统投入使用前，还应当对周围环境电磁场分布进行模拟预测，以便对污染危害进行分析。

11.5.1.3 合理设计设备

A 提高槽路的滤波度

滤波度不好的设备，不仅造成很强的谐波辐射，产生串频现象，影响设备的正常工作，而且也会带来过大的能量损失。因此，在进行设备的槽路设计时，必须精确计算，采取妥善的技术措施，努力提高其滤波度，达到抑制谐波的目的。

B 元件与布线要合理

元件与布线不合理，比如高、低频布线混杂在一起，元件距离机壳过近等等，均是造成电磁辐射与泄漏的原因之一。为此，在进行线路设计时，元件与布线必须合理。例如，元件与布线均应高、低频分开，条件允许时宜在高、低频中间实行屏蔽。

目前，在布线上多采用垂直交叉布线或高、低频线路远距离布设并采用屏蔽等技术方案，效果良好。

C 屏蔽体的结构设计要合理

一般要求设备的屏蔽壳设计要合理，比如机壳的边框不能采用直角过渡，而应当采用小圆弧过渡。各屏蔽部件之间尽量采用焊接，特殊情况下采用螺钉固定连接时，应当在两屏蔽材料之间垫入弹片后再拧紧，以保证它们之间的电气性能良好。

11.5.1.4 实行屏蔽

由于设备的屏蔽不够完善，例如以往的设备，有些屏蔽体不是良导体，或者缺乏良好的电气接触；有些设备的结构不严密，缝隙过大；有些设备的面板为非屏蔽材料，因而造成漏场强度很大，有时出现局部发热或喷火现象。由于屏蔽体的结构设计不合理，有部分设备，主要辐射单元的屏蔽壳采用了棱角突出的设计，容易引起尖端辐射。如某广播发射机面板处电磁场强度均为 30V/m，而其机箱框边为直角，没有小圆弧过渡，结果场强高达

50V/m。所以正确的、合理的屏蔽，是防止电子、电气设备的电磁辐射与泄漏，实现电磁兼容的基本手段与关键。

11.5.1.5 射频接地

射频防护接地情况的好坏，直接关系到防护效果的好坏。随着频率的升高，地线要求就不太严格，微波频率甚至不需要接地。射频接地的作用原理，就是将在屏蔽体（或屏蔽部件）内由于感应生成的射频电流迅速导入大地，以便使屏蔽体（或屏蔽部件）本身不再成为射频的二次辐射源，从而保证屏蔽作用的高效率。必须强调的是，射频屏蔽要妥善进行接地，二者构成一个统一体。射频接地与普通的电气设备保护接地是极不相同的，二者不能互相替代。

11.5.1.6 吸收防护

吸收防护是将根据匹配原理与谐振原理制造的吸收材料，置于电磁场之中，可以把吸收到的波能转化为热能或其他能量，从而达到防护目的。采用吸收材料对高频段的电磁辐射，特别是微波辐射与泄漏抑制，效果良好。吸收材料多用于设备与系统的参数测试。防止设备通过缝隙、孔洞泄漏能量，也可用于个人防护。

11.5.1.7 采用机械化与自动化作业，实行距离防护

从理论上分析，感应电磁场与距离的平方成反比，辐射电磁场与距离成反比。因此可知，屏蔽间距愈大，电磁场强度的衰减幅度愈大。所以，加大作业距离可提高屏蔽效果。

11.5.1.8 滤波

即使系统已经有合适的设计和安排，并考虑了恰当的屏蔽和接地，但仍然有泄漏的能量进入系统，使其性能恶化或引起故障。滤波器可以限制外来电流数值或把电流封闭在很小的结构范围内，从而把不希望传导的能量降低到系统能圆满工作的水平。确定设备滤波要求（或对前面述及的屏蔽、接地要求）的原始依据，是设计人员所采用的正式或非正式的技术规范。关键设备引线上允许的干扰电平必须在设计初期就加以规定，以使电路设计人员知道它们的分机所必须满足的条件。因此应在功能试验阶段和其他阶段连续地确定它们是否能符合这些技术规范的要求。然而，当必须采用滤波器的时候，应该注意避免由于各个设计组之间的不协调所引起的重复滤波。

11.5.1.9 正确使用设备

当设备投入使用前，必须结合工艺与加工负载，正确调整各项电气参数，最大限度地保证设备的输出匹配，使设备处于优良的工作条件下。同时，还要加强对设备的维护与保养。例如，10kW 的高频设备，其阳极电流调整到 0.8~1.5A 之间，栅极反馈电流调整到 150~300mA 之间，属于正常范围。但在使用上，往往阳极电流大而栅极电流小，这表明了振荡部分本身的耗散功率高，从而使得加热效率很差。因此，为达到最佳的工作状态，即理想的匹配与耦合状态，要求调整阳极电流到谷点，栅极电流到峰点。但要注意工作频率不可过低或过高，若过高，则高频辐射所造成的散射功率过多；若过低，则涡流减小，加热效果差。

11.5.1.10 加强个人防护

增强自我保护意识，加强自我防护。减轻电磁波污染的危害，有许多易于操作的措施。总的原则有两个：其一，尽量增大人体与发射源的距离；其二，由于工作需要不能远离电磁波发射源的，必须采取屏蔽防护的办法。因为电磁波对人体的影响，与发射功率大

小、发射源的距离紧密相关，它的危害程度与发射功率成正比，与距离的平方成反比。以移动电话为例，虽然其发射功率只有几瓦，但由于其发射天线距人的头部很近，其实际受到的辐射强度，却相当于距离几十米处的一座几百千瓦的广播电台发射天线所受到的辐射强度。好在人们使用的时间很短，一时还不会表现出明显的危害症状，但使用时间一长，辐射引起的症状将会逐渐暴露。有鉴于此，我们在平时工作和日常生活中，应自觉采取措施，减少电磁波的危害。如在机房等电磁场强度较大的场所工作的人员，应特别注意工作期间休息，可适当到远离电磁场的室外活动；家用电器不宜集中放置；观看电视的距离应保持在2~5m，并注意开窗通风；微波炉、电冰箱不宜靠近使用；青少年尽量少玩电子游戏机；电热毯预热后应切断电源；儿童与孕妇不要使用电热毯；平时应多吃新鲜蔬菜与水果，以增强肌体抵御电磁波污染的能力；积极采用个体防护装备。

11.5.1.11 加强城市规划与管理，实行区域控制

根据日本及其他国家的实践，应当强调工、科、医设备的布局要合理，凡是射频设备集中使用的单位，应划定一个确定的范围，给出有效的保护半径，其他无关建筑与居民住宅应在此范围之外建造。大功率的发射设备则应当建在非居民区和居民活动场所之外的地点，实行区域控制以及距离防护。全市应划分干净区、轻度污染区与严重污染区，确定重点，逐步加以改造与治理。进一步加强对无线电发射装置的管理，对电台、电视台、雷达站等的布局及新设台址的选择问题，必须严格执行我国制定的《关于划分大、中城市无线电收发信区域和选择电台场址暂行规定》。新建电台不宜建筑在高层建筑物的顶部。只有合理的布局，妥善地治理，加强城市规划与管理，努力实现电磁兼容，才是搞好电磁防治的关键。

11.5.2 高频设备的电磁辐射防护

高频设备的电磁辐射防护的频率范围一般是指0.1~300MHz，其防护技术有电磁屏蔽、接地技术及滤波等几种。

11.5.2.1 电磁屏蔽

A 电磁屏蔽的机理

电磁屏蔽主要利用了电磁感应原理。在外界交变电磁场下，通过电磁感应，屏蔽壳体内产生感应电流，而这电流在屏蔽空间又产生了与外界电磁场方向相反的电磁场，从而抵消了外界电磁场，达到屏蔽效果。在抗干扰辐射危害方面，屏蔽是最好的措施。通俗地讲，电磁屏蔽就是利用某种材料制成一个封闭的物体，这个封闭的物体有两重作用，它既可使封闭体的内部不受外部的电磁场的影响，同时封闭体的外部区域也不受其内部的电磁场的影响。

电磁干扰过程必须具备三要素：电磁干扰源、电磁敏感设备、传播途径，三者缺一不可。采用屏蔽措施，一方面可抑制屏蔽室内电磁波外泄，抑制电磁干扰源；另一方面也可防止外部电磁波进入室内。电磁屏蔽一般可以分成三种：第一种是对静电场（包括变化很慢的交变电场）的屏蔽。这种屏蔽现象实际上是由于屏蔽物的导体表面的电荷，在外界电场的作用下重新分布，直到屏蔽物的内部电场均为零时才能停止，如高压带电作业工人所穿的带电作业服。第二种屏蔽是对静磁场（包括变化很慢的交变磁场）的屏蔽。它同静电屏蔽相似，也是通过一个封闭物体实现屏蔽。它与静电屏蔽不同的是，它使用的材料不是

铜网，而是磁性材料。有防磁功能的手表，就是基于这一原理制造的。第三种屏蔽是对高频、微波电磁场的屏蔽。如果电磁波的频率达到百万赫兹以上，这种频率的电磁波射向导体壳时，就像光波射向镜面一样被反射回来，同时也有一小部分电磁波能量被消耗掉，也就是说电磁波很难穿过屏蔽的封闭体。另外，屏蔽体内部的电磁波也很难穿出去。

屏蔽室按其结构可以分成两类：第一类是板型屏蔽室，是由若干块金属薄板制成，对于毫米波段，只能采用这类屏蔽室；第二类是网型屏蔽室，是由若干块金属网或板拉网等嵌在金属骨架上构成。在制作中，有的是按装配方法，也有按焊接的方法。

如今，人们已经把电磁屏蔽包围物制造成各种统一规格，可以拆装运输，这类包围物统称电磁屏蔽室。

通常屏蔽室所需要的屏蔽效能是因其用途而异。屏蔽效能可以用屏蔽效率来衡量，公式如下：

$$S_E = 20\lg\frac{E_1}{E_2}$$

或

$$S_H = 20\lg\frac{H_1}{H_2}$$

或

$$S_\omega = 10\lg\frac{\omega_1}{\omega_2} \tag{11-4}$$

式中 S_E——电场屏蔽效率，dB；

S_H——磁场屏蔽效率，dB；

S_ω——辐射屏蔽效率，dB；

E_1，E_2——屏蔽前后电场强度；

H_1，H_2——屏蔽前后磁场强度；

ω_1，ω_2——屏蔽前后辐射强度。

由于屏蔽体材料材质的不同，材料的选择成为屏蔽效果好坏的关键。材料内部电场强度 E 与磁场强度 H 在传播过程中均按指数规律迅速衰减。电磁波的衰减系数是衡量电磁波在导体材料中衰减快慢的参数，该系数越大，衰减得越快，屏蔽效果越好。

B　电磁屏蔽室的设计制作

屏蔽效果的好坏不仅与屏蔽材料的性能、屏蔽室的尺寸和结构有关：也与到辐射源的距离、辐射的频率以及屏蔽封闭体上可能存在的各种不连续的形状（如接缝、孔洞等）和数量有关。屏蔽体结构设计的一般要求如下：

（1）屏蔽材料必须选用导电性高和透磁性高的材料，通过在中波与短波各频段实验结果可知，铜、铝、铁均具有较好的屏蔽效能，可以结合具体情况选用。对于超短波，微波频段，一般可用屏蔽材料与吸收材料制成复合材料，用来防止电磁辐射。

（2）屏蔽结构要合理。在设计屏蔽结构时，要求尽量减少不必要的开孔及缝隙。要求尽量减少尖端突出物。

电磁屏蔽室内通常有各种仪器设备，工作人员还要进进出出，这就要求屏蔽室有门、通风孔、照明孔等工作配套设施，这就会使得屏蔽室出现不连续部位。在加工大型屏蔽室时，就是一块大网板也会有接缝。要使屏蔽室有良好的屏蔽效果，屏蔽室的每一条焊缝都应做到电磁屏蔽。用连续焊接的方法形成的接缝是射频特性最好的。屏蔽室的孔洞是影响屏蔽性能的另一因素。为了减小其影响，可在孔洞上接金属套管。套管与孔洞周围有可靠的电气连接；孔洞的尺寸还应当小于干扰电波的波长。

屏蔽室的门有两种形式，一种是金属板式，是采用与屏蔽相同的板材，用它把木制门架包起来，形成一金属板门；另一种是金属网式，是由金属网嵌接在木制框架上，并且焊牢。通常门上是用两层金属网覆盖。

屏蔽室有时也设有窗户。它是用金属网覆盖的，其四周必须与屏蔽室构件焊接好。窗户必须镶有两层小网孔的金属网，网的间距小于0.2mm，两层网的间距小于5cm，两层网都必须与屏蔽有可靠的电气接触。

在板型屏蔽室的情况下，则须装设通风管道，否则室内温度过高导致电波的生物效应增强，对工作人员健康十分不利，同时对高功率仪器设备的工作也很不利。一旦装设了通风管道后，电磁能量有可能从通风管道“泄漏”，还需要采取必要的抑制措施，为了抑制通风管道电磁能泄漏，可以在适当部位镶上金属网，其四周要与屏蔽室构件焊接好。从表面上看是一个通风孔洞，实际上电磁波不能通过。

(3) 屏蔽厚度的选用。屏蔽厚度问题一般认为，接地良好时，屏蔽厚度增加，屏蔽效率也有增高的趋势。但由于射频（特别是高频波段）的特性，所以厚度不需要无限制地增加。

从实验可知，当厚度在1mm以上时，其屏蔽效能的差别不显著。

(4) 屏蔽网孔大小（目数）及层数的选用。如选用屏蔽金属网，对于中、短波，一般目数小些就可以保证足够的屏蔽效果；而对于超短波、微波来说，屏网目数一定要大(即网眼要小)，由实验得知，双层金属网屏效一般大于单层金属网屏效，当间距在5~10cm以上时，衰减量双层等于单层的两倍。

11.5.2.2 接地技术

A 接地技术的机理

接地是指将场源屏蔽体或屏蔽体部件内由于感应电流的产生而采取迅速的引流，造成等电势分布的措施；也就是说，高频接地是将设备屏蔽体和大地之间，或者与大地可以看成公共点的某些构件之间，用低电阻的导体连接起来，形成电气通路，造成屏蔽系统与大地之间提供一个等电势分布。

接地包括高频设备外壳的接地和屏蔽的接地。屏蔽装置有了良好的接地后可以提高屏蔽效果，以中波段较为明显。屏蔽接地一般采用单点接地，个别情况（如大型屏蔽室）采用多点接地。高频接地的接地线不宜太长，其长度最好能限制在波长1/4以内，即使无法达到这个要求，也应避开波长1/4的奇数倍。

B 接地系统

防护接地情况的好坏，直接关系到防护效果。接地的技术要求有：接地电阻要尽可能小；接地线与接地极以用铜材为好；接地极的环境条件要适当；接地极一般埋设在接地井内。

任何屏蔽的接地线都要有足够的表面积，要尽可能地短，以宽为10cm的铜带为好。

接地极主要有三种方式：接地铜板、接地格网板、嵌入接地棒。

地面下的管道（如水管、煤气管等）是可以充分利用的自然接地体。这种方法简单节省费用，但是接地电阻较大，只适用于要求不高的场合。

11.5.2.3 滤波

滤波是抑制电磁干扰最有效手段之一。线路滤波的作用就是保证有用信号通过，并阻截无用信号通过。电源网络的所有引入线，在其进入屏蔽室之处必须装设滤波器。若导线分别引入屏蔽室，则要求对每根导线都必须进行单独滤波。在对付电磁干扰信号的传导和某些辐射干扰方面，电源电磁干扰滤波器是相当有效的器件。

滤波器是由电阻、电容和电感组成的一种网络器件。滤波器在电路中的设置位置是各式各样的，其设置位置要根据干扰侵入的途径确定。

11.5.2.4 其他措施

其他措施包括：

（1）采用电磁辐射阻波抑制器，通过反作用场在一定程度上抑制无用的电磁散射。

（2）在新产品和新设备的设计制造时，尽可能使用低辐射产品。

（3）从规划着手，对各种电磁辐射设备进行合理安排和布局，并采用机械化或自动化作业，减少作业人员直接进入强电磁辐射区的次数或工作时间。

除上述防护措施外，加强个体防护，通过适当的饮食，也可以抵抗电磁辐射的伤害。

11.5.3 广播、电视发射台的电磁辐射防护

广播、电视发射台的电磁辐射防护首先应该在项目建设前，以《电磁辐射防护规定》（CB 8702—2014）为标准，进行电磁辐射环境影响评价，实行预防性卫生监督，提出包括防护带要求等预防性防护措施。对于业已建成的发射台对周围区域造成较强场强，一般可考虑以下防护措施：

（1）在条件许可的情况下，采取措施，减少对人群密集居住方位的辐射强度，如改变发射天线的结构和方向角。

（2）在中波发射天线周围场强大约为15V/m，短波场强为6V/m的范围设置绿化带。

（3）调整住房用途，将在中波发射天线周围场强大约为10V/m，短波场源周围场强为4V/m的范围内的住房，改作非生活用房。

（4）利用建筑材料对电磁辐射的吸收或反射特性，在辐射频率较高的波段，使用不同的建筑材料，包括钢筋混凝土，甚至金属材料覆盖建筑物，以衰减室内场强。

11.5.4 微波设备的电磁辐射防护

为了防止和避免微波辐射对环境的“污染”而造成公害，影响人体健康，在微波辐射的安全防护方面，主要的措施有以下三方面。

11.5.4.1 减少源的辐射或泄漏

根据微波传输原理，采用合理的微波设备结构，正确设计并采用适当的措施，完全可以将设备的泄漏水平控制在安全标准以下。在合理设计和合理结构的微波设备制成之后，应对泄漏进行必要的测定。合理的使用微波设备，为了减少不必要的伤害，规定维修制度和操作规程是必要的。

在进行雷达等大功率发射设备的调整和试验时，可利用等效天线或大功率吸收负载的方法来减少从微波天线泄漏的直接辐射。利用功率吸收器（等效天线）可将电磁能转化为

热能散掉。

11.5.4.2 实行屏蔽和吸收

为防止微波在工作地点的辐射，可采用反射型和吸收型两种屏蔽方法。

A 反射微波辐射的屏蔽

使用板状、片状和网状的金属组成的屏蔽壁来反射散射微波，可以较大地衰减微波辐射作用。一般，板片状的屏蔽壁比网状的屏蔽壁效果好，也有人用涂银尼龙布来屏蔽，亦有不错的效果。

B 吸收微波辐射的屏蔽

对于射频，特别是微波辐射，也常利用吸收材料进行微波吸收。

吸收材料是一种既能吸收电磁波，又是对电磁波的发射和散射都极小的材料。目前电磁辐射吸收材料可分为两类，一类为谐振型吸收材料，是利用某些材料的谐振特性制成的吸收材料。这种吸收材料厚度小，对频率范围较窄的微波辐射有较好的吸收效率。另一类为匹配型吸收材料，是利用某些材料和自由空间的阻抗匹配，达到吸收微波辐射能的目的。

人们最早用的吸收材料是一种厚度很薄的空隙布。这层薄布不是任意的编制物，它具有 377Ω 的表面电阻率，并且是用碳或碳化物浸过的。

如果把炭黑、石墨羧基铁和铁氧体等，按一定的配方比例填入塑料中，即可以制成较好的窄带电波吸收体。为了使材料具有较好的机械性能或耐高温等性能，可以把这些吸收物质填入橡胶、玻璃钢等物体内。

微波炉在使用时会产生电磁波。通常，微波炉的炉体和炉门之间，是可能泄漏电磁能的主要部位。在其间装有金属弹簧片以减小缝隙，然而这个缝隙减小是有限度的，由于采用导电橡胶来防泄漏，由于长期使用，重复加热，橡胶会老化，从而失去弹性，以至缝隙又出现了。目前，人们用微波吸收材料来代替导电橡胶，这样一来，即使在炉门与炉体之间有缝隙，也不会产生微波泄漏。这种吸收材料是由铁氧粉与橡胶混合而成，它具有良好的弹性和柔软性，容易制成所需的结构形状和尺寸，使用时相当方便。

微波辐射能量随距离加大而衰减，且波束方向狭窄，传播集中，可以加大微波场源与工作人员或生活区的距离，达到保护人民群众健康的目的。

11.5.5 电磁辐射的管理

人类进入了信息时代，信息传播是多渠道的，而电磁波是传播信息的最快捷方式。为传递信息，大量的广播台站、电视台、各种雷达站、卫星通信站、微波中继站、可移动式的发射装置等如雨后春笋般多起来。从传递和接受信息来讲，这些设备发出的电磁波是有用信号，但它却增加了环境中的电磁辐射水平。对人群来讲，它是一种污染；对一些电子设备来讲，它是一种干扰。再加上工业、医疗卫生领域和科研部门的许多辐射体，它们所产生的辐射定会导致局部环境电磁辐射污染加重。因此，电磁辐射污染日趋明显或加重已不是一种呼喊，而是成为事实了。根据国家环境保护总局 1997~1998 年在全国 30 个省、市、自治区进行的环境电磁辐射污染调查显示，我国目前环境中人为电磁辐射不断增加的原因，主要为五大系统造成的：

（1）广播电视系统：发射设备增多、功率加大。

（2）通信系统：设备迅速增多和普及，使用频繁。

（3）工业、科研、医疗卫生系统：设备增加。

（4）电力系统：高压输出线、送变电站等发展飞快。

（5）交通运输系统：电气化铁道、轻轨、磁悬浮列车等投入运行。

在此五大系统中，广播电视发射设备达1万多台，总功率超过13×10^4kW；工业、科研、医疗卫生等高频设备近1.5万台，合计功率250kW，移动通信发展尤为迅速，手机用户的增加令人吃惊，已达1.5亿用户，移动通信基站超过8万，并还在增加。

从现实出发，面临电磁辐射这一公害，必须加强环境保护工作，也只有把环境保护工作和经济发展有机地结合起来，走可持续发展道路才是上策。既支持上述五大系统的事业的正当发展，又要保护好环境、保护好人群健康，以达到可持续发展的目的。为此，必须制定一系列防治对策，加强对电磁辐射的管理，其最终目的是实现社会经济的可持续发展。其应遵循的原则为：

（1）保护人体健康、保护生态环境；

（2）推动技术进步，提供性能更好、更安全的产品；

（3）促进经济发展，加快产业发展，促进世界经济贸易的往来。

11.5.5.1 健全法规、标准

对电磁辐射进行管理，必须依靠法律、法规。我国《环境保护法》在第四十二条明确提出电磁辐射对环境的污染和危害。这是我们进行电磁辐射环境管理的法律依据。这个依据是很原则的。应根据这一依据，制定电磁辐射有关法规、管理条例、标准、监测方法等。自20世纪80年代以来，我国先后制定了与电磁辐射相关的标准、法规、法律等有：

全国人大、国务院发布的有：

（1）《中华人民共和国环境保护法》（2014年修订）；

（2）《中华人民共和国劳动法》（1994年）；

（3）《国家建设项目环境保护管理条例》（1998年）；

（4）《中华人民共和国环境影响评价法》（2002年10月发布，2003年9月1日实施）。

由卫生部、国家技术监督局联合组织制定的标准有：《作业场工频电场卫生标准》（GB 16203—1996）。

由国防科学技术工业委员会发布的国家军用标准有：

（1）《微波辐射安全限值》（GJB 7—1984）；

（2）《超短波辐射作业区安全限制》（GJB 1002—1990）；

（3）《水面舰艇磁场对人体作用安全限值》（GJB 2779—1996）。

由国家环境保护总局组织制定的标准有：

（1）《电磁辐射防护规定》（GB 8702—2014）；

（2）1997年国家环保局18号令：《电磁辐射环境保护管理办法》；

（3）《辐射环境保护管理导则：电磁辐射监测仪器和方法》（HJ/T 10.2—1996）；

（4）《辐射环境保护管理导则：电磁辐射环境影响评价方法与标准》（HJ/T 10.3—1996）；

(5) 500kV 超高压送变电工程《电磁辐射环境影响评价技术规范》(HJ/T 24—2014)。

由国家技术监督局发布的法规有：

(1)《工频电场测量》(GB/T 12720—1991)；

(2)《地球站电磁环境保护要求》(GB 13615—2009)；

(3)《微波接力站电磁环境保护要求》(GB 13616—2009)；

(4)《城市无线电噪声测量方法》(GB/T 15658—2012)；

(5)《交流电气化铁道接触网无线电辐射干扰测量方法》(GB/T 15709—1995)；

(6)《航空无线电导航台站电磁环境要求》(GB 6364—2013)。

除此之外，还有一些相应的地方管理办法等也是应当重视的，例如，《北京市移动通信建设项目环境保护管理规定（试行）》，于 1999 年 12 月出台，2000 年 4 月实施。本规定明确指出，凡公众照射导出限值的功率密度大于 $40\mu W/cm^2$ 的地区不得建设移动通信台（站），以及其他条款均有利于保护北京市环境及公众健康，对移动通信台（站）合理布局起到了规范性作用，同时对保护北京城市景观也有重要意义。这些标准、法规等在电磁辐射职业卫生和环境工作中发挥了重要作用，取得了很多成绩与管理经验。为了适应国民经济发展，特别是我国加入世贸组织以后，由于发展需要，还要加大力度，更加完善我国的电磁辐射有关标准、法规等，以适应形势发展的需要，这也是势在必行的。有法可依、严格执法，必将把我国的电磁辐射环境保护事业推向更高水平。

11.5.5.2 建设高素质专业队伍

对于我们这么地大人多的一个大国来说，在面临着电磁辐射污染日益明显的形势下，建立健全有较高素质的专业队伍就显得特别重要。

A 建立专业队伍

从过去的经验看，职业方面电磁辐射问题由卫生部门、职业病防治机构去监测管理；环境电磁辐射方面的问题由环境保护部门监测管理。各自取得了长足进展，但还很不够，队伍还比较薄弱，所应有的手段、技术、方法与仪器设备等多数较匮乏，人员素质有的较低，远不能适应实际工作的需要。在不少地区、部门尚无专人管理。例如，有不少地区、部门由放射性队伍来代管，没有配备电磁辐射专业人员，这样该队伍就难免出现一条腿长、一条腿短的现象，有可能电磁辐射管理流于形式。所以，一定要建立专业队伍。有条件的省、市、地区或大型部门与单位，应首先建立自己的专门队伍。

B 培训专业人才

培训专业人才主要体现在：

(1) 加强在职培训。对已有从事这方面工作的人员进行继续教育，进行在职培训，提高专业水平，可由政府或职能部门协同有条件的大学、研究机构组织实施，使得这部分专业人员知识、技术不断更新，掌握最新技能与方法，提高服务与管理水平。

(2) 培养高素质专业人才。建议开展电磁辐射专业教育。为了适应形势发展要求，建议在有条件的高校设立电磁辐射学科教育，开展此专业内容的课程设置。我国有的高校已开展了电磁兼容学科教育，并招收电磁兼容（EMC）硕士、博士研究生；有的高校招收生物电磁学硕士、博士研究生。这无疑对此专业发展是有利的，但这还不够，与实际需要还有较大差距，应当在大学本科开设电磁辐射专业教育，以使这些人才能走进各地的部门去从事电磁辐射实际工作。

11.5.5.3 建立健全电磁辐射建设项目环境影响评价及审批制度

A 目的

通过评价、审批、验收可以避免项目建设的盲目性、减少或避免电磁辐射体可能带来的污染。其最终是有利于电磁辐射事业的发展，又能达到保护好环境和保护人群健康的目的。

B 范围

这项制度所应规定的、必须经评价、审批、验收的、与电磁辐射有关的范围是：

（1）广播电视系统电磁辐射设施及设备。

（2）通信系统发射电磁辐射设施及设备。

（3）工业、科教、医疗卫生系统射频电磁辐射设施及设备。

（4）交通运输系统电磁辐射设施及设备，包括轻轨、电气化铁道、地下铁道、有轨电车、无轨电车、磁悬浮列车等。

（5）电力系统电磁辐射设施及设备，包括高压输电线路、电缆、送变电站等。

上述五大系统的电磁辐射项目都应向主管部门申请，除按规定拥有豁免水平以上电磁辐射设备外，其他都应办理审批手续。其中大型电磁辐射体还要进行环境影响评价和组织验收，达到合格要求才能准许立项修建或投入使用。为了更好地把关，其中大型项目，例如，200kW 以上广播电视项目等，应由国家环境保护总局组织评审验收。北京的中央广播电视塔、上海的东方明珠广播电视塔、天津的天津广播电视塔均分别由国家环境保护总局组织专家进行了评价和验收，事后证明，组织评审验收确实收到了很好效果。一些中、小型项目可分别由各省、市、自治区组织评审验收。上述五大系统项目，依项目大小均要进行由中央、地方政府职能部门组织评审与验收，中、小型项目也要进行登记与审批，以便于管理。

C 实施

这种制度应由政府及其职能部门组织实施，是强制性的、必须遵守的制度。如若工作需要各级政府可以组织有关专业人员成立评审组，在政府领导下去完成评审与验收工作。例如，国家环境保护总局于 1996 年组织成立的“国家环境保护总局电磁辐射环境影响审评专家委员会”就是这样一个组织，它是由全国知名专家组成，在国家环保总局领导下，几年来做了一些重大项目审批与验收工作，事实证明，已经收到了较好的社会效益、经济效益与环境效益。

11.5.5.4 建立以监督为主的科学管理体系

电磁辐射环境管理指的是完整而有效的科学管理体系的建立与健全，要想实现科学管理，应当做到：

（1）监督管理。没有监督，只有一般公式化管理，既没有定性也没有定量手段是达不到管理目标的，所以监督是实现科学管理的重要手段，对拥有电磁辐射设备的单位，不仅要进行环境影响评价和审批验收，更要在设备运行期间进行监督，监督能获得第一手材料。监督内容应包括赴现场检查环境保护设施，检查污染源运行记录，并进行定期和不定期的检查，开展实地监测等。

（2）监测管理。公众环境监测和作业环境监测为环境管理服务提供了可靠的支持。没有电磁辐射公众与作业场所的监测就不可能获得实际数据与资料，没有电磁辐射监测，管理就谈不上科学化、定量化、法制化，因此也谈不上真正的管理。

（3）建立档案和数据资料库。应把上述五大系统电磁辐射设施、设备档案完善地建立健全起来，这样既便于服务，又有利于科学管理。

11.6 电磁辐射污染评价

从环境保护和环境医学的角度出发，对一个地区的环境电磁辐射是优还是劣而加以评定，称为电磁辐射环境质量评价。为了评价不同的情况，它又分为电磁辐射环境质量现状评价与电磁辐射环境影响评价两种。电磁辐射环境质量现状评价主要是对一个地区或一个城镇的电磁辐射环境质量现状作出全面评价，以了解这个区域或城镇电磁辐射是否已造成对环境污染，便于针对性地制定措施改善和保护环境；电磁辐射环境影响评价主要是预测和评价拟建的大型电磁辐射体，如广播与电视发射塔、雷达站、导航台等建设项目对周围环境可能产生的影响。新建、改建和扩建大型电磁辐射体时，都必须在规划设计完毕而尚未动工兴建之前，进行电磁辐射环境影响评价。

我国国家标准《辐射环境保护管理导则电磁辐射环境影响评价方法与标准》（HJ/T 10.3—1996），对此做了具体规定，是环境影响评价的规范性文件与依据，应认真执行。

电磁辐射环境影响评价分为初步评价和最终评价。初步评价是在获得环境保护部门颁发的项目规划建设许可后进行；最终评价一般应于项目（或分阶段）竣工验收前进行。由有资格环评的单位和技术人员所写的“电磁辐射环境影响报告书”是一个独立的、完整的、正式的有法律效力的技术文件。

11.6.1 电磁辐射环境影响报告书主要章节和内容

11.6.1.1 评价依据

此部分要给出项目建议书、区域规划批准文件、编制环境影响报告书的委托文件及评价标准等。

11.6.1.2 评价对象说明

在评价对象说明这一部分中应该说明项目的名称、性质、辐射频率、功率及性质、运行状态等。

11.6.1.3 环境描述

描述项目所在位置及其周围居民分布、建筑布局、土地利用情况以及发展规划、敏感对象分布和特征等。

11.6.1.4 电磁辐射背景值现状调查

调查内容包括现有计划建设的电磁辐射设备，也包括实际测量出的电磁辐射水平分布情况。

11.6.1.5 模拟类比测量

模拟本项目电磁设备的正常工作或利用类似本项目电磁设备规模、性质、功率、辐射频率、使用条件的其他已营运设备进行电磁环境辐射强度的实际测量，用于预测本项目建成后电磁环境变化的定量数据。

11.6.1.6 环境影响评价分析

环境影响评价应对公众受到电磁辐射的水平和家用电器及其他敏感设备受到的影响两方面进行计算和分析。

11.6.1.7 防治措施描述

防治污染措施包括管理措施、技术措施和上岗人员素质三方面的描述。

11.6.1.8 代价利益分析

说明建设项目的建设和运行所带来的直接利益和间接利益，并从经济、社会、环境等方面论述项目的建设和运行所付出的代价。

11.6.1.9 结论

全面分析后，给出评价结论。结论部分包括问题、对策和建议等。

11.6.2 评价范围和方法

11.6.2.1 评价范围

评价范围为：

（1）功率大于200kV的发射设备。以发射天线为中心，要对半径为1km的范围进行全面评价，如辐射场强最大的地点超过1km，则应对选定的方向扩大评价范围到最大场强处和低于标准限值处。

（2）其他陆地发射设备。评价范围以天线为中心，发射机功率户大于100kW时，其半径为1km；发射机功率户不大于100kW时，半径为0.5km。

对于有方向性的天线，可从天线辐射主瓣的半功率角内评价到0.5km；如果高层建筑的部分楼层进入天线辐射主瓣的半功率角以内时，应选择不同高度对该楼层进行室内或室外的场强测量。

（3）工业、科教、医疗电磁辐射设备。如高频热合机、高频淬火炉、热疗机等评价范围为：以设备为中心的250m。

（4）对高压输电线路和电气化铁道。评价范围以有代表性为准，对具体线路作具体分析后确定。

（5）对可移动式电磁辐射设备。一般按移动设备载体的移动范围确定评价范围。对于陆上可移动设备，如可能进入人口稠密区的，应考虑对载体外公众的影响。

11.6.2.2 评价方法

评价方法为：

（1）说明或描述。对于评价依据、项目说明、环境描述、结论章节，可以采用说明或描述的方式编制。

（2）现场数据测量。项目建设之前背景值以及建成后的影响应采用现场测量办法取得真实数据。现场测量应按《电磁辐射监测仪器和方法》（HJ/T 10.2—1996）推荐的方法进行。采用HJ/T 10.2—1996所推荐的测量方法时，在报告书中应对所用方法的可靠性进行说明。

(3) 模拟计算。对公众和仪器设备的影响需要了解电磁辐射场的分布。对电磁辐射场的分布可以采用经过考证的数学模式进行计算。对所采用的计算公式和参数要在报告书中写明。

(4) 模拟类比测量。应说明模拟或类比的电磁辐射设备概况、测量地点和条件、测点分布、所使用仪表、数据处理和统计、测量结果及分析。

(5) 对公众受照射的评价。对于公众受照评估分受照个体剂量估算和群体剂量评估；对于公众个体剂量估算，要给出最大受照个体剂量；对于群体受照剂量评估要给出人口与受照射剂量的分布关系。

(6) 对仪器设备影响的评价。对仪器设备受到电磁辐射的影响主要根据计算分析和实际调查进行评价。评价要给出受影响设备种类、严重程度和距离范围等。

11.6.3 评价标准

11.6.3.1 公众总的受照射剂量

公众总的受照射剂量包括各种电磁辐射对其影响的总和，即包括拟建设施可能造成或已经造成的影响，还要包括已有背景电磁辐射的影响。总的受照剂量限值不应大于国家标准《电磁辐射防护规定》(GB 8702—2014) 的要求。

11.6.3.2 单个项目的影响

为使公众受到总照射剂量小于《电磁辐射防护规定》(GB 8702—2014) 的规定值，对单个项目的影响必须限制在 GB 8702—2014 限值若干分之一。在评价时，对于国家环保总局负责审批的大型项目可取 GB 8702—2014 中场强限值的 $1/\sqrt{2}$，或功率密度限值的1/2。其他项目则取场强限值的 $1/\sqrt{5}$，或功率密度限值的 1/5 作为评价标准。

11.6.3.3 行业标准的考虑

国内在电磁辐射领域颁布了许多行业标准，在编制报告书时，有时需要与这些行业标准比较。如不能满足有关行业标准时，在报告书中要论证其超过行业标准的原因。

11.6.4 电磁辐射环境影响评价工作中应用的仪器和方法

当在进行电磁辐射环境影响评价工作时，其所使用的监测仪器和运用的方法必须符合要求，所以我国环境保护行业标准《辐射环境保护管理导则：电磁辐射监测仪器和方法》(HJ/T 10.2—1996) 已作了明确规定，在此不赘述。

习　题

11-1　电磁污染的传播途径有哪些?

11-2　简述电磁辐射的主要防护措施。

11-3　简述电磁屏蔽和接地的原理。

11-4　简述我国目前环境中人为电磁辐射不断增加的原因。

11-5　对电磁辐射源采取屏蔽措施，测得同一地点采取屏蔽前后的电场强度分别为 100V/m，30V/m，计算屏蔽效率。

12 热污染及其防治

12.1 概　述

12.1.1　热环境

环境热学是环境物理学的一个分支，是研究热环境及其对人体的影响以及人类活动对热环境的影响的学科。热环境又称环境热特性，是指提供给人类生产、生活及生命活动的生存空间的温度环境，它主要是指自然环境、城市环境和建筑环境的热特性。太阳能量辐射创造了人类生存空间的大的热环境，而各种能源提供的能量则对人类生存的小的热环境作进一步的调整，使之更适宜于人类的生存。热环境除太阳辐射的直接影响外，还受许多因素如相对湿度和风速等的影响，是一个反映温度、湿度和风速等条件的综合性指标。如表 12-1 所示，热环境可以分为自然环境和人工环境。

表 12-1　热环境的分类

名　称	热　源	特　性
自然热环境	主要热源是太阳	热特性取决于环境接收太阳辐射的情况，并与环境中大气同地表的热交换有关，也受气象条件的影响
人工热环境	房屋、火炉、机械、化学等设施	人类为了防御、缓和外界环境剧烈的热特性变化，创造的更适于生存的热环境。人类的各种生产、生活和生命活动都是在人类创造的人工环境中进行的

地球是人类生产、生活和生命活动的主要空间，其热量来源主要有两大类。一类是天然热源即太阳，它以电磁波的方式不断向地球辐射能量。环境的热特性不仅与太阳辐射能量的多少有关，同时也取决于环境中大气与地表的热交换状况。另一类是人为热源，即人类在生产、生活和生命过程中产生的热量。太阳表面的有效温度为 5497℃。太阳辐射通量（或称太阳常数）是指地球大气圈外层空间垂直于太阳光线束的单位时间内接收的太阳辐射能量的大小，其值大约为 8. 15J/(cm^2 · min)。太阳辐射能量的 35%被云层反射回宇宙空间，18%被大气层吸收，47%照射到地球表面。

影响地球接受太阳辐射的因素主要有两方面，一是地壳以外的大气层；二是地表形态。太阳辐射中到达地表的主要是短波辐射，其中距地表 20~50km 的臭氧层主要吸收对地球生命系统构成极大危害的紫外线，而较少量的长波辐射被大气下层中的水蒸气和二氧化碳所吸收。大气中的其他气体分子、尘埃和云，则对大气辐射起反射和散射作用，大的微粒主要起反射作用，小的微粒对短波辐射的散射作用较强。大气中主要物质吸收辐射能量的波长范围见表 12-2。地表的形态决定了吸收和反射太阳辐射能量之间的比例关系，不同的地表类型差异较大。地表在吸收部分太阳辐射的同时，又对太阳辐射起反射作用，且吸热后温度升高的地表也同样以长波的形式向外辐射能量。

表 12-2　大气中主要物质吸收辐射能量的波长范围

物质种类	吸收能量的波长范围/μm		
N_2，O_2，NO	<0.1	短波	距地 100km，对紫外线完全吸收
O_2	<0.24	短波	距地 50~100km，对紫外线部分吸收
O_3	0.2~0.36	短波	在平流层中吸收绝大部分的紫外线
	0.4~0.85	长波	
	8.3~10.6	长波	对来自地表辐射少量吸收
H_2O	0.93~2.85	长波	
	4.5~80	长波	6~25km 附近，对来自地表辐射吸收能力较强
CO_2	4.3 附近	长波	
	12.9~17.1	长波	对来自地表的辐射完全吸收

热环境中的人为热量来源包括：

（1）各种大功率的电器机械装置在运转过程中，以副作用的形式向环境中释放的热能，如电动机、发电机和各种电器等。

（2）放热的物理、化学反应过程，如核反应堆和化石燃料燃烧。

（3）密集人群释放的辐射能量，一个成年人对外辐射的能量相当于一个 146W 的发热器所散发的能量，例如在密闭潜水艇内，人体辐射和烹饪等所产生的能量积累可以使舱内温度达到 50℃。

12.1.2　热污染类型及成因

20 世纪 50 年代以来，随着社会生产力的发展，能源消耗迅速增加，在能源转化和消费过程中不仅产生直接危害人类的污染物，而且还产生了对人体无直接危害的 CO_2、水蒸气和热废水等。这些成分排入环境后引起环境增温效应，达到损害环境质量的程度，便成为热污染。

12.1.2.1　热污染的类型

根据污染对象的不同，可将热污染分为水体热污染和大气热污染（表 12-3）。

表 12-3　热污染的分类

分　类	污 染 源	备　注
水体热污染	热电厂、核电站、钢铁厂的循环冷却系统排放的热水；石油、化工、铸造、造纸等工业排放含大量废热的废水	一般以煤为燃料的火电站热能利用率仅 40%，轻水反应堆核电站仅为 31%~33%，且核电站冷却水耗量较火电站多 50% 以上。废热随冷却水或工业废水排入地表水体，导致水温急剧上升，改变水体理化性质，对水生生物造成危害
大气热污染	主要是城市大量燃料燃烧过程产生废热，高温产品、炉渣和化学反应产生的废热等	目前关于大气热污染的研究主要集中在城市热岛效应和温室效应。温室气体的排放抑制了废热向地球大气层扩散，更加剧了大气的升温过程

随着现代工业的迅速发展和人口的不断增长，环境热污染将日趋严重。目前热污染正逐渐引起人们的重视，但至今仍没有确定的指标用以衡量其污染程度，也没有关于热污染

的控制标准。因此，热污染对生物的直接或潜在威胁及其长期效应，尚需进一步研究，并应加强对热污染的控制与防治。

12.1.2.2　热污染的成因

环境热污染主要是由人类活动造成的，如表 12-4 所示，人类活动对热环境的改变主要通过直接向环境释放热量、改变大气的组成、改变地表形态来实现。

表 12-4　热污染的成因

成　因		说　明
向环境释放热量		能源未能有效利用，余热排入环境后直接引起环境温度升高；根据热力学原理，转化成有用功的能量最终也会转化成热，而传入大气
改变大气层组成和结构	CO_2 含量剧增	CO_2 是温室效应的主要贡献者
	颗粒物大量增加	大气中颗粒物可对太阳辐射起反射作用，也有对地表长波辐射的吸收作用，对环境温度的升降效果主要取决于颗粒物的粒度、成分、停留高度、下部云层和地表的反射率等多种因素
	对流层水蒸气增多	在对流层上部亚声速喷气式飞机飞行排出的大量水蒸气积聚可存留 1~3 年，并形成卷云，白天吸收地面辐射，抑制热量向太空辐射；夜晚又会向外辐射能量，使环境温度升高
	平流层臭氧减少	平流层的臭氧可以过滤掉大部分紫外线，现代工业向大气中释放的大量氟氯烃（CFCs）和含溴卤化烃哈龙（Halon）是造成臭氧层破坏的主要原因
改变地表形态	植被破坏	地表植被破坏，增强地表的蒸发强度，提高其反射率，降低植物吸收 CO_2 和太阳辐射的能力，减弱了植被对气候的调节作用
	下垫面改变	城市化发展导致大面积钢筋混凝土构筑物取代了田野和土地等自然下垫面，地表的反射率和蓄热能力，以及地表和大气之间的换热过程改变，破坏环境热平衡
	海洋面受热性质改变	石油泄漏可显著改变海面的受热性质，冰面或水面被石油覆盖，使其对太阳辐射的反射率降低，吸收能力增加

12.2　人类活动对热环境的影响

12.2.1　温室效应

12.2.1.1　温室效应的概念

温室效应是指地球大气层的一种物理特性，即大气层中的温室气体吸收红外线辐射的能量多过它释放到太空外的能量，使地球表面温度上升的现象。

温室效应并不可怕，相反它还是地球上众多生物的保护神，是地球上生命赖以生存的必要条件。这是因为，如果地球表面像一面镜子，直接反射太阳的短波辐射，则这种能量将会很快穿过大气层回到宇宙空间去，那么地球平均气温将下降 33℃，地球上将会是一个寒冷的荒凉世界。正是因为有了温室效应，才使地球保持了相对稳定的气温，从而使生命繁衍生息，兴旺发达。但由于近年来人口激增，人类活动频繁，矿物燃料用量猛增，森林植被的破坏，使得大气中 CO_2 和各种气体微粒含量不断增加，造成了温室效应加剧，导致全球变暖，给气候、生态环境及人类健康等多方面带来负面影响，使人们对温室效应产生了恐惧心理。

12.2.1.2 温室效应的原理

我们知道温室有两个特点：温度较室外高，不散热。生活中我们可以见到玻璃育花房和蔬菜大棚就是典型的温室。使用玻璃或透明塑料薄膜来做温室，让太阳光能够直接照射进温室，加热室内空气，而玻璃或透明塑料薄膜又可以不让室内的热空气向外散发，使室内的温度保持高于外界的状态，以提供有利于植物快速生长的条件。地球的大气层和云层也有类似的保温功能，故俗称温室效应。由于 CO_2 这类气体的功用和温室玻璃有着异曲同工之妙，都是只允许太阳光进入，而阻止其反射，进而实现保温、升温作用，因此被称为温室气体。大气中的每种气体并不都能强烈吸收地面长波辐射，目前被确认为影响气候变化的温室气体，除了 CO_2 外，还包括甲烷（CH_4）、氧化亚氮（N_2O）、氟氯碳化物（CFCs，氟利昂是其中一种）、全氟化碳（PFCs）、六氟化硫（SF_6）等。种类不同，吸热能力也不同，每单位质量 CH_4 的吸热量是 CO_2 的21倍，而 N_2O 更高，是 CO_2 的290倍。某些人造的温室气体吸热能力更高，如全氟化碳（PFCs）等的吸热能力是 CO_2 的千倍以上。

12.2.1.3 温室气体的种类及特性

温室气体在大气层中不足1%，其总浓度会受到人类活动的直接影响。

大气层中主要的温室气体有 CO_2、CH_4、一氧化二氮（N_2O）、氯氟碳化物（CFCs）及臭氧（O_3）等。表12-5显示了一些温室气体的特性。

表12-5 几种主要温室气体的特性

温室气体	增　加	减　少	对气候的影响
CO_2	（1）燃料 （2）改变土地的使用（砍伐森林）	（1）被海洋吸收 （2）植物的光合作用	吸收红外线辐射，影响大气平流层中 O_3 的浓度
CH_4	（1）生物体的燃烧 （2）肠道发酵作用 （3）水稻	（1）和OH自由基起化学作用 （2）被土壤内的微生物吸收	吸收红外线辐射，影响对流层中 O_3 及OH自由基的浓度，影响平流层中 O_3 和 H_2O 的浓度
N_2O	（1）生物体的燃烧 （2）燃料 （3）化肥	（1）被土壤吸取 （2）在大气平流层中被光线分解及和氧起化学作用	吸收红外线辐射，影响大气平流层 O_3 的浓度
O_3	光线令 O_2 产生光化学作用	与 NO_x，ClO_x 及 HO_x 等化合物的催化反应	吸收紫外光及红外线辐射
CO	（1）植物排放 （2）人工排放（交通运输和工业）	（1）被土壤吸取 （2）和OH自由基起化学作用	影响平流层中 O_3 和OH自由基的循环，产生 CO_2
CFCs	工业生产	在对流层中不易被分解，但在平流层中会被光线分解和跟氧产生化学作用	吸收红外线辐射，影响平流层中 O_3 的浓度
SO_2	（1）火山活动 （2）煤及生物体的燃烧	（1）干和湿沉降 （2）与OH自由基产生化学作用	形成悬浮粒子而散射太阳辐射

12.2.1.4 温室气体作用强度

各种温室气体对地球的能量平衡有不同程度的影响。为了量度各种温室气体对地球变暖的影响，政府间气候变化专门委员会（Intergovermental Panel on Climate，IPCC）在1990年的报告中引入全球变暖潜能反映温室气体的相对强度，其定义是指某一单位质量的温室气体在一定时间内相对于 CO_2 的累积辐射力。对气候转变的影响来说，全球变暖潜能的指数已考虑到各温室气体在大气层中的存留时间及其吸收辐射的能力（表12-6）。在计算全球变暖潜能的时候，需要掌握各温室气体在大气层中的演变情况（通常不太了解）和它们在大气层的余量所产生的辐射力（比较清楚知道）。因此，全球变暖潜能含有一些不确定因素，对目前了解比较清楚的气体来说，其全球变暖潜能的估计精度在35%左右。

表 12-6 各种温室气体的全球变暖潜能

温室气体	留存期/a	全球变暖潜能		
		20a	100a	500a
CO_2	未能确定	1	1	1
CH_4	12	62	23	7
N_2O	114	275	296	156
CFCs	—	—	—	—
$CFCl_3$（CFC-11）	45	6300	4600	1600
CF_2Cl_2（CFC-12）	100	10200	10600	5200
$CClF_3$（CFC-13）	640	10000	14000	16300
$C_2F_3Cl_3$（CFC-113）	85	6100	6000	2700
$C_2F_4Cl_2$（CFC-114）	300	7500	9800	8700
C_2F_5Cl（CFC-115）	1700	4900	7200	9900

注：排放1kg该种温室气体相当于1kg CO_2 所产生的温室效应（资料来自政府间气候变化专门委员会第三份评估报告，2001）。

12.2.2 热岛效应

12.2.2.1 城市热岛效应的概念

如果同时测定一个城市距地一定高度位置处的温度数据，然后绘制在城市地图上，就可以得到一个城市近地面等温线图。从图上可以看出，在建筑物最为密集的市中心区，闭合等温线温度最高，然后逐渐向外降低，郊区温度最低，这就像突出海面的岛屿，高温的城市处于低温郊区的包围之中，这种现象被形象地称为“城市热岛效应”。

城市热岛效应早在18世纪初首先在伦敦发现。国内外许多学者的研究业已表明：城市热岛强度是夜间大于白天，日落以后城郊温差迅速增大，日出以后又明显减小。表12-7为世界主要城市与郊区的年平均温差。中国观测到的“热岛效应”最为严重的城市是上海和北京；世界上最大的城市热岛是加拿大的温哥华与德国的柏林。

表 12-7 世界主要城市与郊区的年平均温差

城市	温差/℃	城市	温差/℃
纽约	1.1	巴黎	0.7
柏林	1.0	莫斯科	0.7

城市热岛效应导致城区温度高出郊区农村 0.5~1.5℃（年平均值）左右，夏季，城市局部地区的气温有时甚至比郊区高出 6℃以上。上海市，年气温在 35℃以上的高温天数都要比郊区多出 5~10 天以上。这当然与城区的地理位置、城市规模、气象条件、人口稠密程度和工业发展与集中的程度等因素有关（见表 12-8）。日本环境省 2002 年夏季发表的调查报告表明，日本大城市的“热岛”效应在逐渐增强，东京等城市夏季气温超过 30℃的时间比 20 年前增加了 1 倍。这份调查报告指出，在东京，1980 年夏季气温超过 30℃的时间为 168h，2000 年增加到 357h，东京 7~9 月份的平均气温升高了 1.2℃。

表 12-8 中国主要城市热岛强度与城市规模、人口密度关系

城市	气候区域	城市面积/km^2	城市人口/万人	人口密度/人·km^{-2}	温差/℃
北京	中温带亚湿润气候区	87.8	239.4	27254.0	2.0
沈阳	中温带亚湿润气候区	164.0	240.8	14680.0	1.5
西安	中温带亚湿润气候区	81.0	130.0	16000.0	1.5
兰州	中温带亚干旱气候区	164.0	89.6	5463.0	1.0

注：资料来源，朱瑞兆等，中国不同区域城市热岛研究，1993。

12.2.2.2 城市热岛效应的成因

城市热岛效应是人类在城市化进程中无意识地对局地气候所产生的影响，是人类活动对城市区域气候影响中最为典型的特征之一，是在人口高度密集、工业高度集中的城市区域由人类活动排放的大量热量与其他自然条件因素综合作用的结果。

随着城市建设的高速发展，热岛效应也变得越来越明显。究其原因，主要有以下五个方面：

（1）城市下垫面的热属性发生改变。城市下垫面是指大气低部与地表的接触面。城市内大量的人工建筑如混凝土、柏油地面、各种建筑墙面等，改变了下垫面的热属性，这些人工构筑物吸热快、传热快，而热容量小，在相同的太阳辐射条件下，它们比自然下垫面（绿地、水面等）升温快，因而其表面的温度明显高于自然下垫面。白天，在太阳的辐射下，构筑物表面很快升温，受热构筑物面把高温迅速传给大气；日落后，受热的构筑物，仍缓慢向市区空气中辐射热量，使得近地面气温升高。比如夏天，草坪温度 32℃、树冠温度 30℃的时候，水泥地面的温度可以高达 57℃，柏油马路的温度更是高达 63℃。

（2）人工热源释放大量热能。工业生产、居民生活制冷、采暖等固定热源，交通运输、人群等流动热源不断向外释放废热。城市能耗越大，热岛效应越强。美国纽约市 2001 年生产的能量约为接受太阳能量的 1/5。

（3）城市大气污染加剧了温室效应。城市中的机动车辆、工业生产以及大量的人群活动产生的大量的氮氧化物、二氧化碳、粉尘等物质改变了城市上空大气的组成，使其吸收太阳辐射和地球长波辐射的能力得到了增强，加剧了大气的温室效应，引起地表的进一步

升温。

（4）高大建筑物造成地表风速小且通风不良。城市的平均风速比郊区小25%，城郊之间的热量交换弱，城市白天蓄热多，夜晚散热慢，加剧了城市热岛效应。

（5）城市地表蒸散能力下降。城市中绿地、林木、水体等自然下垫面的大量减少加上城市的建筑、广场、道路等构筑物的大量增加，导致城区下垫面不透水面积增大，雨水能很快从排水管道流失，可供蒸发的水分比郊区农田绿地少，消耗于蒸发的潜热亦少，其所获得的太阳能主要用于下垫面增温，从而极大地削弱了缓解城市热岛效应的能力。

12.2.2.3 城市热岛效应带来的影响

城市热岛效应的不利影响主要表现在以下五个方面：

（1）城市热岛效应的存在，使得城区冬季缩短，霜雪减少，有时甚至出现城外降雪城内雨的现象（如上海1996年1月17日至18日），从而可以降低城区冬季采暖能耗。

（2）城市热岛效应加剧城区夏季高温天气，降低劳动者的工作效率，且易造成中暑甚至死亡。医学研究表明，环境温度与人体的生理活动密切相关，环境温度高于28℃时，人就有不舒适感；温度再高就易导致烦躁、中暑、精神紊乱；如果气温高于34℃加之频繁的热浪冲击，还可以引发一系列的疾病，特别是使心脏、脑血管和呼吸系统疾病的发病率上升，加剧大气污染，进一步伤害人体健康。例如，1966年7月9~14日，美国圣路易斯市气温高达38.1~41.1℃，比热浪前后高出5.0~7.5℃，导致城区死亡人数由原来正常情况的35人/天陡增至152人/天。1980年圣路易斯市和堪萨斯市，两市商业区死亡率分别升高57%和64%，而近郊区只增加了约10%。

（3）城市热岛效应会给城市带来暴雨、飓风、云雾等异常的天气现象，即“雨岛效应”、“雾岛效应”。夏季经常发生市郊降雨，远离市区干燥的现象。对美国宇航局“热带降雨测量”卫星观测数据的分析显示，受热岛效应的影响，城市顺风地带的月平均降雨次数要比顶风区域多28%，在某些城市甚至高出51%。他们还发现，城市顺风地带的最高降雨强度，平均比逆风区域高出48%~116%。2000年上海市区汛期雨量要比远郊多出50mm以上。

（4）热岛效应可能引发恶性循环，加剧城市能耗和水耗。对于居民生活和消费构成影响的主要是夏季高温天气下的热岛效应。为了降低室温和提高空气流通速度，人们普遍使用空调、电扇等电器装置，从而加大了耗电量。例如，目前美国1/6的电力消费用于降温目的，为此每年需付400亿美元。

（5）形成城市风。由于城市热岛效应，市区空气受热不断上升，周围郊区的冷空气向市区汇流补充，城乡间空气的对流运动，被称为“城市风”，在夜间尤为明显，而在城市热岛中心上升的空气又在一定高度向四周郊区冷却扩散下沉以补偿郊区低空的空缺，这样就形成了一种局部环流，称为城市热岛环流。这样就使扩散到郊区的废气、烟尘等污染物质重新聚集到市区上空，难于向下风向扩散稀释，加剧城市大气污染。

12.2.2.4 城市热岛效应的防治

城市中人工构筑物的增加、自然下垫面的减少是加剧城市热岛效应的主要原因，因此在城市中通过各种途径增加自然下垫面的比例，是缓解城市热岛效应的有效途径之一。

城市绿地是城市中的主要自然因素，因此大力发展城市绿化，是减轻热岛影响的关键措施。绿地能吸收太阳辐射，而所吸收的辐射能量又有大部分用于植物蒸腾耗热和在光合作用中转化为化学能，从而用于增加环境温度的热量大大减少。绿地中的园林植物，通过蒸腾作用，不断从环境中吸收热量，降低环境空气的温度。每公顷绿地平均每天可从周围环境吸收 81.8MJ 的热量。植物还可以通过光合作用吸收空气中的二氧化碳，1 公顷的绿地，平均每天可以吸收 1.8t 的二氧化碳，削弱了温室效应。

研究表明：城市绿化覆盖率与热岛强度成反比，绿化覆盖率越高，则热岛强度越低。当覆盖率大于 30%后，热岛效应即可得到明显削弱。规模大于 3 公顷且覆盖率达到 60%以上的集中绿地，基本上与郊区自然下垫面的温度相当。在新加坡、吉隆坡等花园城市，热岛效应较为轻微。深圳和上海浦东新区绿化布局合理，草地、花园和苗圃星罗密布，热岛效应也小于其他城市。

除了绿地能够有效缓解城市热岛效应之外，水面、风等也是缓解城市热岛的有效因素。水的热容量大，在吸收相同热量的情况下，升温值最小，表现为较其他下垫面的温度低；水面蒸发吸热，也可降低水体温度。风能带走城市中的热量，也可以在一定程度上缓解城市热岛效应。

12.3 水体热污染源及其防治

当人类排向自然水域的温热水使所排放水域的温升超过一定限度时，就会破坏该水域的自然生态平衡，导致水质变化，威胁到水生生物的生存，并进一步影响到人类对该水域的正常利用，即为水体的热污染。

12.3.1 水体热污染的来源

水体热污染主要来源于工业冷却水，以电力工业为主，其次是冶金、化工、石油、造纸和机械行业（表 12-9）。这些行业排出的主要废水中均含有大量废热，排入地表面水体后，导致水温急剧升高，从而影响环境和生态平衡。美国每天所排放的冷却用水达 4.5 亿立方米，接近全国用水量的 1/3，废热水含热量约 1×10^9MJ，足够 2.5 亿立方米的水温升高 10℃。

表 12-9 各行业冷却水排放的比例

行 业	电 力	冶 金	化 工	其 他
占总量的百分比/%	81.3	6.8	6.3	5.6

通常核电站的热能利用率为 31%~33%，火力发电站热效率是 37%~38%。火力发电站产生的废热有 10%~15%从烟囱排出，而核电站的废热则几乎全部从冷却水排出。所以在相同的发电能力下，核电站对水体产生的热污染问题比火力发电站更为明显。

12.3.2 水体热污染防治

12.3.2.1 技术手段

A 改进冷却方式，减少温排水

产生温排水的企业，应根据自然条件，结合经济和可行性两方面的因素采取相应的防治措施。以对水体热污染最严重的发电行业为例，其产生的冷却水不具备一次性直排条件的，应采用冷却池或冷却塔，使水中废热逸散，并返回到冷凝系统中循环使用，以提高水的利用率。

B 废热水的综合利用

利用温热水进行水产品养殖，在国内外都取得了较好的试验成果。在温热排水没有放射性及化学污染的前提下，选择一些可适应温热水的生物品种，可取得促进其产卵量增加、成活率提高、生长速率加快的良好效果。

农业是温热水有效利用的一个重要途径，在冬季用热水灌溉能促进种子发芽和生长，从而延长了适于作物种植的时间。在温带的暖房中用温热水浇灌还能培植一些热带或亚热带的植物。

利用温热排水作为区域性供暖，在瑞典、德国、芬兰、法国和美国都已取得成功。适量的温热水排入污水处理系统有利于提高活性污泥的活性，特别是在冬季，污水温度的升高对活性污泥中的硝化菌群的生长繁殖极为有利，可以整体提升污水处理效果。

C 制定废热水的技术标准

为了防止废热水的污染，尽可能利用废水中的余热，除了要大力发展废热水热能回收技术外，还要充分了解废水排放水域的水文、水质及水生生物的生态习性，以便在经济合理的前提下，制定废热水的排放标准。

12.3.2.2 法律手段

水体热污染控制的重要指标是废热水排入扩散后的水体温升和热污染带规模。水体温升是指热污染带向下游扩散，经过一定距离至近于完全混合时，河水温度比自然水温高出的温度。水体温升多少，应在保护环境和经济合理这两者之间作出适当的选择。

我国的相关法律法规只对水体热污染作了原则性的要求，尚需进一步进行量化和规范。例如《中华人民共和国水污染防治法》第二十七条规定：“向水体排放含热废水，应当采取措施，保证水体的水温符合水环境质量标准，防止热污染危害”。《中华人民共和国海洋环境保护法》第三十六条规定：“向海域排放含热废水，必须采取有效措施，保证邻近渔业水域的水温符合国家海洋环境质量标准，避免热污染对水产资源的危害”。

美国国家技术咨询委员会（NTAC）对水质标准中水温做了较为详细的规定，例如对于淡水中的温水水生生物，规定热排放要求如下：一年中的任何月份，向河水中排放的热量不得使河水温升超过2.8℃，湖泊和水库上层升温不得超过1.6℃，禁止温热水湖泊浸没排放；必须保持天然的日温和季温变化；水体温升不得超过主要水生生物的最高可适温度。

12.4 大气热污染源及其防治

能源以热的形式进入大气，并且能源消耗的过程中还会释放大量的副产物如二氧化碳、水蒸气和颗粒物质等，这些物质会进一步促进大气的升温。当大气升温影响到人类的生存环境时，即为大气热污染。

12.4.1 大气热污染的来源

大气热污染主要来源于城市大量燃料燃烧过程所产生的废热，以及高温产品、炉渣和化学反应产生的废热等。具体来说，可分为以下三个方面。

12.4.1.1 工业企业生产

工业企业生产是大气热污染的主要来源。各种锅炉、窑炉排放出的高温烟气，携带了大量的热量。火力发电厂、核电站和钢铁厂等的冷却系统，也向大气中释放了大量的热量。

12.4.1.2 生活炉灶、采暖锅炉与空调废热

在居住区里，随着人口的集中，大量的民用生活炉灶和采暖锅炉需要耗用大量的能源，这些能源所产生的热量，在消费过之后，又被排入大气环境中。据统计，中国北方城市采暖能耗可达总能耗的1/5。近年来，空调热污染日益为人们所关注。由人工制冷机提供冷源的空调系统工作时，制冷机制冷工质在冷凝器中冷凝放出的热量，一般通过冷却塔（水冷式冷凝器）或直接经冷凝器（空冷式冷凝器）排向周围大气，若通风条件不好及建筑楼群较密，将造成空调房间以外一定环境温度升高，即空调系统对环境造成热污染。

12.4.1.3 交通运输

近几十年来，由于交通运输事业的发展，城市行驶的汽车日益增多，火车、轮船、飞机等客货运输频繁。这些交通工具通过燃烧油料以获取动力，做功之后的废能几乎全部排入大气。

12.4.2 大气热污染的防治

12.4.2.1 技术手段

A 植树造林

森林是最高的植被。森林对温度、湿度、蒸发、蒸腾及雨量可起调节作用。

森林可以调节温度。根据观察研究的结果说明，森林不能降低日平均温度，但能略微增加秋冬平均温度。森林能降低每日最高温度，而提高每日最低温度，在夏季较其他季节更为显著。

森林可以显著影响湿度。林木的生命不能离开蒸腾，这是植物的生理原因。林内的相对湿度要比林外高，树木越高，则树叶的蒸腾面积越大，它的相对湿度亦越高。

森林可以影响地表蒸发量。降水到地面上，除去径流及深入土壤下层以外，有相当部分将被蒸发回天空。蒸发多少要由土壤的结构、气温与湿度的大小、风的速度决定。森林能减低地表风速，提高相对湿度，林地的枯枝败叶能阻碍土壤水分蒸发，因此光秃的土地比林地水分蒸发要大5倍，比雪的蒸发要大4倍。

森林可以调节雨量。在条件相同地区，森林地区要比无林地区降水量大。一般要大20%~30%。森林地区比较多雾，树枝和树叶的点滴降水，每次约有1~2mm，以1年来计算，水量也是可观的。

B 提高燃料燃烧的完全性

由于化石燃料是目前世界一次能源的主要部分，其开采、燃烧耗用等方面的数量都很大，从而对环境的影响也令人关注。化石燃料在利用过程中对热环境的影响，主要是燃烧时的高温热气和利用之后的余热所造成的污染。提高燃料燃烧的完全性，一方面通过提高使用效率，使更多的能量转变为产品；另一方面可以减少温室气体排放，缓解温室效应。

C 发展清洁和可再生能源

大力开发利用清洁和可再生能源，可以减少CO_2排放，降低温室效应。另外，一些清洁能源和可再生能源本来就广泛存在于生物圈内，如太阳能、风能、潮汐能等，即使不加以利用，最终也会在生物圈中转变为热量。通过科学技术使这些能源为人类作贡献，使用

后的废能排入环境，并没有增加地球总的热量排放。同时，由于替代了部分石化能源，相当于减少了额外的热量排放。

12.4.2.2 法律手段

大气的热污染将危害到全人类的生存发展，所以需要国际上的广泛合作。

A 全球立法

《京都议定书》是人类有史以来通过控制自身行动以减少对气候变化影响的第一个国际文件。1997 年 12 月，在日本京都召开的联合国《气候变化框架公约》缔约方第 3 次大会上，通过了旨在限制各国温室气体排放量的协议，这个协议就是《京都议定书》。这一具有法律效力的文件规定，39 个工业化国家在 2008~2012 年，38 个主要工业国的 CO_2 等 6 种温室气体排放量需在 1990 年的基础上平均削减 5.2%，其中美国削减 7%，欧盟削减 8%，日本和加拿大分别削减 6%。其他缔约方也各有减排比例。《京都议定书》需要包括所有发达国家在内的至少 55 个缔约方批准才能生效，原因是这些国家和地区的排放量占世界总排放量的 55%。美国人口仅占全球人口的 5%，CO_2 排放量占世界总排放量的 22%，是世界上 CO_2 最大的排放源，欧盟 CO_2 排放量也占世界总排放量的 1/7。

B 区域立法

我国环境立法中，如大气污染防治、植树造林、清洁生产等很多法律法规的颁布实施，都对大气热污染的控制起到良好的作用，但尚无针对“大气热污染”的法律规定。现行法律中唯一与热污染有联系的是《中华人民共和国环境保护法》第 42 条：“排放污染物的企业事业单位和其他生产经营者，应当采取措施，防治在生产建设或者其他活动中产生的废气、废水、废渣、粉尘、恶臭气体、放射性物质以及噪声、振动、电磁波辐射等对环境的污染和危害”。根据本条，热污染等新形式污染的排污者一样负有采取措施防治污染的义务。

在居民生活的热污染方面，存在着如强光反射、餐饮业的废热排放、空调废热排放导致的居民室内温度升高，以致出现室内家具烘烤变形、门窗因惧热而不便开启通风、为降温空调超时运转等现象。随着公民法律意识的增强，诸如“热污染”等新类型的相邻权纠纷也在增多。对此类纠纷的裁决，除了民法的原则精神外，还有待于更明确的规定出台。

总之，环境热污染对人类的危害大多是间接的。环境冷热变化首先冲击对温度敏感的生物，破坏原有的生态平衡，然后以食物短缺、疾病流行等形式波及人类。危害的出现往往要滞后较长时间，而且热污染的程度既受到周围大环境的影响，又与人的主观感受有密切关系。所以，要控制热污染，必须加强相关领域的研究工作。

习　题

12-1 简述城市热岛效应越来越明显的原因。

12-2 简述水体热污染的危害。

12-3 列举常见的大气热污染源。

13 光污染及其防治

13.1 概　　述

13.1.1 光环境

13.1.1.1　光环境的定义

由可见光所构成物理场，称为光环境。光环境包括室内光环境和室外光环境。

室内光环境主要是指由光（照度水平、亮度分布、照明形式和颜色）与颜色（色调、色饱和度、室内颜色分布、颜色显现）在室内建立的同房间形状有关的生理和心理环境。其功能是要满足物理、生理（视觉）、心理、人体功效学及美学等方面的要求。

室外光环境是在室外空间由光照射而形成的环境。它的功能除了要满足与室内光环境相同的要求外，还要满足诸如节能和绿色照明等社会方面的要求。对建筑物来说，光环境是由光照射于其内外空间所形成的环境。光环境中的光源包括天然光和人工光。

13.1.1.2　光环境的影响因素

光环境有以下的基本影响因素：

（1）照度和亮度。照度和亮度是明视的基本条件。保证光环境的光量和光质量的基本条件是照度和亮度。

（2）光色。光色指光源的颜色。按照国际照明委员会（CIE）标准表色体系，将三种单色光（例如红光、绿光、蓝光）混合，各自进行加减，就能匹配出感觉到与任意光的颜色相同的光。此外，人工光源还有显色性，表现出照射到物体时的可见度。在光环境中光还能激发人们的心理反应，如温暖、清爽、明快等。

（3）周围亮度。人们观看物体时，眼睛注视的范围与物体的周围亮度有关。根据实验，容易看到注视点的最佳环境是周围亮度大约等于注视点亮度。美国照明学会提出周围的平均亮度为视觉对象的1/3~3。

（4）视野外的亮度分布。视野以外的亮度分布指室内顶棚、墙面、地面、家具等表面的亮度分布。在光环境中各自亮度不同，构成丰富的亮度层次。

（5）眩光。在视野中由于亮度的分布或范围不当或在时空方面存在着亮度的悬殊对比，以致引起不舒适或降低观看细部或目标的能力，这种现象称为眩光。眩光在光环境中是有害因素，应设法控制或避免。

（6）阴影。在光环境中无论光源是天然光或人工光，当光存在时，就会存在着阴影。在空间中由于阴影的存在，才能突出物体的外形和深度，因而有利于光环境中光的变化，丰富了物体的视觉效果。在光环境中希望存在较为柔和的阴影，而要避免浓重的阴影。

13.1.1.3　光环境中光的效果

在光环境中以光为主体产生出下列效果：

（1）光的方向性效果。光的方向一般有顺光、侧光、逆光、顶光、底光。在光环境中光的方向性效果主要表现在增强室内空间的可见度，增强或减弱光和阴影的对比，增强或减弱物体的立体感。在室内光环境中只要调整光源的位置和方向，就能获得所要求的方向性效果。这种效果对建筑功能、室内表面、人物形象及人们的心理反应都起着重要作用。

（2）光的造型立体感效果。物体表面上由于光的阴暗变化会产生光的造型立体感效果，简称立体感。在光环境中室内外表面的细部、浮雕、雕塑等都会体现光的这种效果。在室内光环境中人物形象、表面材料等受光照射后都能表现出立体感来，会使人们获得美好的感受。

（3）光的表面效果。在室内空间中光在各表面上的亮度分布或有无光泽，构成光的表面效果。

（4）光的色彩效果。光和色彩属于不可分开的领域，对室内光环境来说，光和色彩起着相辅相成的作用。光的反射比与色彩的明度直接相关，如表 13-1 所示。可见光的反射比越大，色彩的明度也越大。

表 13-1 色彩的明度与光的反射比的关系

明度级	0	1	2	3	4
反射比	0	1. 21	3. 13	6. 56	12. 00
明度级	5	6	7	8	9
反射比	19. 77	30. 05	43. 06	59. 10	78. 66

13. 1. 2 光污染

13. 1. 2. 1 光污染的定义及产生

光污染是现代社会中伴随着新技术的发展而出现的环境问题。当光辐射过量时，就会对人们的生活、工作环境以及人体健康产生不利影响，称之为光污染。

狭义的光污染指干扰光的有害影响。干扰光是指在逸散光中，由于光量和光方向，使人的活动、生物等受到有害影响，即产生有害影响的逸散光。逸散光指从照明器具发出的，使本不应是照射目的的物体被照射到的光。广义光污染指由人工光源导致的违背人的生理与心理需求或有损于生理与心理健康的现象，包括眩光污染、射线污染、光泛滥、视单调、视屏蔽、频闪等。广义光污染包括了狭义光污染的内容。

光污染属于物理性污染，其特点是光污染是局部的，随距离的增加而迅速减弱；在光环境中不存在残余物，光源消失，污染即消失。

13. 1. 2. 2 光污染来源

随着我国现代化城市建设的不断发展，特别是越来越多的城市大量兴建玻璃墙建筑和实施“灯亮工程”、“光彩工程”，使城市的“光污染”问题日益突出。光污染主要来自两个方面：一是指城市建筑物采用大面积镜面式铝合金装饰的外墙、玻璃幕墙所形成的光污染；二是指城市夜景照明所形成的光污染，随着夜景照明的迅速发展，特别是大功率高强度气体放电光源的广泛使用，使夜景照明亮度过高，严重影响人们的工作和休息，形成“人工白昼”，使人们昼夜不分，打乱了正常的生物节律。此外，由于家庭装潢引起的室内光污染也开始引起人们的重视。

A 玻璃幕墙形成的光污染

由玻璃幕墙导致的光污染产生的特定条件是：

（1）使用了大面积高反射率镀膜玻璃。

（2）在特定方向和特定时间下产生，即玻璃幕墙相对太阳照射的方向，或与人所成的特定角度。由于太阳对地球的相对位置总是在不断变化，因此，产生特定角度也是有特定时限的。

（3）光污染的程度与玻璃幕墙的方向、位置及高度有密切关系。人的视角在 1.7m 高左右与 150°夹角之内影响最大，光反射的强度与反射物到人眼的距离的平方成反比。所以，直射日光的反射光的产生方向取决于玻璃面对太阳的几何位置关系。

B 夜景照明形成的光污染

过高亮度以及夜景照明过度使用所形成的光污染，主要包括大气光污染、侵扰光污染、眩光污染、颜色污染等，成为一种新的城市污染源。

地面发出的人工光在尘埃、空气或其他大气悬浮粒子的散射作用下，扩散入大气层中形成城市上空很亮的大气光污染。

夜景照明中没投向投射对象的部分散逸光和建筑（或墙面）的反射光，透过门窗射向不该照亮的住宅、医院、旅馆等人们休息的场所，形成侵扰光污染。侵扰光污染直接影响到人们的睡眠与健康。

视野中的道路照明、广告照明、体育照明、标志照明等产生的直接眩光和雨后地面、玻璃墙面等光泽表面的反射眩光都会引起视觉的不适、疲劳及视觉障碍，严重时会损害视力甚至造成交通事故。

视场中颜色的对比常常引起视觉的不适应，这种不适应将导致视觉对物体颜色的感觉出现差异或不敏感。夜景照明中的有色光易引起驾驶员对交通信号灯及衣着不鲜艳的行人失去正确的判断，从而造成交通事故。

C 室内光污染

室内光污染主要可概括为以下三种：

（1）室内装修采用镜面、釉面砖墙、磨光大理石以及各种涂料等装饰反射光线，明晃白光，炫眼夺目。

（2）室内灯光配置设计的不合理性，致使室内光线过亮或过暗。室内的一些常用光源其照明亮度和眩光效应各不相同，光源选择不合理会造成不同程度的眩光污染；另外，人眼感觉到的眩光与光源的位置有很大关系，室内光源布置不合理也会产生眩光污染。

（3）夜间室外照明，特别是建筑物的泛光照明产生的干扰光，有的直射到人的眼睛造成眩光，有的通过窗户照射到室内，把房间照得很亮，影响人们的正常生活。

上述原因导致室内产生了不同程度的眩光，引起了严重的光污染，影响了人们的视觉环境，进而威胁到人类的健康生活和工作效率。

13.1.2.3 光污染的分类

目前，国际上一般将光污染分成三类，即白光污染、人工白昼和彩光污染。

A 白光污染

阳光照射强烈时，城市里建筑物的玻璃幕墙、釉面砖墙、磨光大理石和各种涂料等装饰反射光线，明晃白亮，炫眼夺目。长时间在白色光亮污染环境下工作和生活的人，视网膜和虹膜都会受到程度不同的损害，使人出现头晕心烦、失眠、食欲下降、情绪低落、身体乏力等类似神经衰弱的症状。

B　人工白昼

夜间，广告灯、霓虹灯闪烁夺目，强光束甚至直冲云霄，夜间照明过度，使得夜晚如同白天一样，即所谓人工白昼。在这样的“不夜城”里，人们夜晚难以入睡，白天工作效率低下。人工白昼还会伤害鸟类和昆虫，强光可能破坏昆虫在夜间的正常繁殖过程。

C　彩光污染

舞厅、夜总会安装的黑光灯、旋转灯、荧光灯以及闪烁的彩色光源构成了彩光污染。黑光灯所产生的紫外线强度大大高于太阳光中的紫外线，且对人体的有害影响持续时间长。彩光污染不仅有损于人的生理功能，还会影响心理健康。

13.2 光学基础

13.2.1 光的基本物理量

表示光的基本物理量有光通量、发光强度、照度、亮度等。

13.2.1.1　光通量

光通量是标度可见光对人眼的视觉刺激程度的量，常用符号 Φ 表示，单位为 lm（流明）。因此，光通量以人眼的光感觉为标准来评价光的辐射通量，具有一定的主观性。光通量可由下式计算：

$$\Phi(\lambda) = P(\lambda)V(\lambda)K_m \tag{13-1}$$

式中，$\Phi(\lambda)$为波长为 λ 的光通量，lm；$P(\lambda)$为波长为 λ 的辐射能通量（辐射源在单位时间内发射的能量），W；$V(\lambda)$为波长为 λ 的光谱光视效率，由图 13-1 给出；K_m 为最大光谱光视效能，对明视觉来说，取在 $\lambda=555$nm 处，值为 683lm/W。

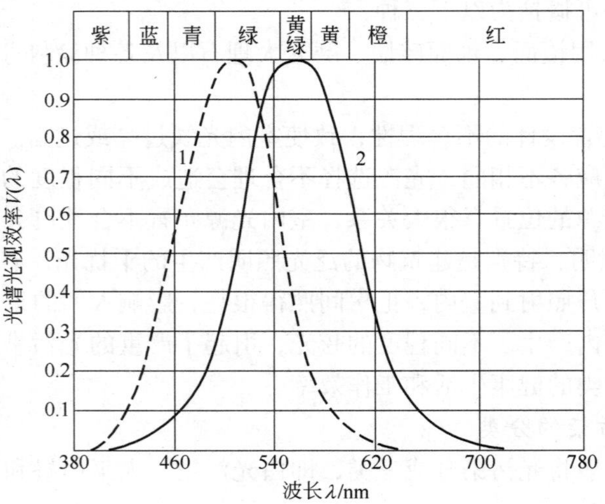

图 13-1　光谱光视效率曲线 $V(\lambda)$

1—暗视觉；2—明视觉

多色光光通亮为各单色光之和，即

$$\Phi(\lambda)=\Phi(\lambda_1)+\Phi(\lambda_2)+\cdots=K_m\Sigma[P(\lambda)V(\lambda)] \tag{13-2}$$

不同光源发出的光通量在空间分布是不同的。例如一个 100W 的白炽灯，发出 1250lm 光通量。用灯罩后，灯罩将光向下反射，使向下的光通量增加，就会感到桌面上亮些。

例题 已知钠光发出的波长为 589nm 的单色光，其辐射能通量为 10.3W，试计算其发出的光通量。

解：从图 13-1 的光谱光视效率曲线中可以查出，对应于波长 589nm 处的 $V=0.78$，则该单色光源发出的光通量为：

$$\Phi_{589}=10.3\times0.78\times683\approx5487\ \text{lm}$$

13.2.1.2 发光强度

发光强度是用于衡量光源光通量的空间密度的物理量。若光源在某一方向的微小立体角 dΩ 内发出的光通量为 dΦ，则该方向的发光强度 I 为：

$$I=\frac{\mathrm{d}\Omega}{\mathrm{d}\Phi} \tag{13-3}$$

式中 Φ——光通量，lm；

Ω——立体角，sr；

I——发光强度，cd（坎德拉）。

若取平均值，则有

$$I=\frac{\Phi}{\Omega} \tag{13-4}$$

因此，发光强度的含义是光源在某一方向的单位立体角内所发出的光通量，表示光源在 1sr 立体角内发射出 1lm 的光通量，即

$$1\text{cd}=\frac{1\text{lm}}{1\text{sr}}$$

立体角（Ω）的含义为球的表面积 S 对球心所形成的角，即以表面积 S 与球的半径平方之比来度量，即

$$\Omega=\frac{S}{r^2} \tag{13-5}$$

当 $S=r^2$ 时，对球心所形成的立体角 $\Omega=1$sr。容易看出，1sr = 1 平方弧度。因此，通俗地说，1cd 就是光源在以它为中心的 1 平方弧度的范围内的发出 1lm 的光通量。

为了区别不同的部位，故在发光强度符号 I 的右下角标注角度数字，如 40W 的白炽灯在光轴线处，即正下方的发光强度表示为 $I_0=30$cd，而 $I_{180}=0$，则表示沿光轴往上转 180°即正上方处的发光强度。用这些数字可清楚地表明光源向四周空间发射的光通量分布情况。

13.2.1.3 照度

照度表示被照面上的光通量密度，即被照面单位面积 S 上所接受的光通量数值，用以表示被照面的照射程度。定义式为：

$$E = \frac{\Phi}{S} \tag{13-6}$$

照度的常用单位是勒克斯（简称勒，符号为 lx），1 勒克斯等于 1 流明的光通量均匀分布在 $1m^2$ 的被照面上：

$$1lx = \frac{1lm}{1m^2} \tag{13-7}$$

13.2.1.4 亮度

亮度用于表示发光面明亮程度，指发光表面在视线方向单位面积上的发光强度。

发光体在视网膜上成像所形成的视感觉与视网膜上物像的照度成正比，物像的照度越大，就会感觉越亮。而该物像的照度与发光体在视线方向的投影面积成反比，与发光体在视线方向的发光强度成正比。故亮度 L_α 可表示为

$$L_\alpha = \frac{dI_\alpha}{\cos\alpha \cdot dS} \tag{13-8}$$

对于平均值，则有

$$L_\alpha = \frac{I_\alpha}{\cos\alpha \cdot S} \tag{13-9}$$

对于一个漫散射面，尽管各个方向的光强和光通量不同，但各个方向的亮度都是相等的。电视机的荧光屏就是近似于这样的漫散射面，所以从各个方向上观看图像，都有相同的亮度感。

由于物体的表面亮度在各个方向上不一定相等，常在亮度符号的右下侧注明角度 α，指明物体表面的法线与光线之间的夹角。亮度的曾用国际单位为 nt（尼特），意义为 $1m^2$ 表面积上，沿法线方向（$\alpha=0$）产生 1cd 的发光强度，即

$$1nt = \frac{1cd}{1m^2}$$

有时也用另一较大单位 sb（熙提）表示每 $1cm^2$ 面积上发出 1cd 发光强度时的亮度单位：

$$1sb = 10^4 nt$$

一些常见光源的亮度值见表 13-2。

表 13-2 常见光源亮度值

光 源 名 称	亮度值/sb	光 源 名 称	亮度值/sb
太阳表面（正午）	225000	阴天天空（平均值）	0.2
太阳表面（近地平线）	160000	白炽灯灯丝（真空灯泡）	200
晴天天空（平均值）	0.8	白炽灯（充气灯）	1200

13.2.2 电光源的基本技术参数

电光源的技术特性参数从照明节电角度出发，主要有发光效率、光源寿命、光源颜色

和有关的电气性能。

13.2.2.1 发光效率

发光效率，简称光效，是电光源发出的光通量和所用电功率之比，单位是 lm/W（流明/瓦），是评价电光源用电效率最主要的技术参数。

13.2.2.2 光源寿命

光源寿命又称光源寿期。电光源的寿命通常由有效寿命和平均寿命两个指标来表示。有效寿命指灯开始点燃至灯的光通量衰减到额定光通量的某一百分比时所经历的点灯时数，一般规定在 70%~80%之间；平均寿命指一组试验样灯，从点燃到其中的 50%的灯失效时，所经历的点灯时数。

13.2.2.3 光源颜色

光源的颜色，简称光色，用色温和显色指数两个指标来度量。

A 色温

当光源的发光颜色与把黑体（能全部吸收光能的物体）加热到某一温度所发出的光色相同（对于气体放电等为相似）时，该温度称为光源的色温。色温用热力学温度来表示，单位是开尔文，符号为 K。

光源的色温是灯光颜色给人直观感觉的度量，与光源的实际温度无关。不同的色温给人不同的冷暖感觉（见表 13-3）。一般，在低照度下采用低色温的光源会感到温馨快活；在高照度下采用高色温的光源则感到清爽舒适。在比较热的地区宜采用高色温冷感光源，在比较冷的地方宜采用低色温暖光源。

表 13-3 色温与感觉的关系

色温/K	>5000	3300~5000	<3300
感 觉	冷	中 间	暖

B 显色指数

显色指数是指在光源照到物体后，与参照光源相比（一般以日光或接近日光的人工光源为参照光源），对颜色相符程度的度量参数，符号是 R_a。R_a 越小，显色性越差，反之显色性越好。

国际照明委员会（CIE）用显色指数把光源的显色性分为优、良、中、差四组，作为判别光源显色性能的等级标准（见表 13-4）。

表 13-4 显色性的等级标准

显色性组别	优	良	中	差
显色指数范围	80~100	60~79	40~59	20~39

显色性是择用光源的一项重要因素，对显色性要求很高的照明用途，例如，美术品、艺术品、古玩、高档衣料等的展示销售，为避免颜色失真，不宜采用显色性较差的光源。但在显色性要求不高，而要求色彩调节的场所，可利用显色性的差异来增加明亮提神的气氛。表 13-5 给出了主要光源的光效和显色指数（R_a）的对照。光源中效率最高的是低压钠灯，几乎没有显色性能（计算出的是无意义的负值）；相反，白炽灯及卤钨灯显色性极好（$R_a=100$），但发光效率很低。

表 13-5 各类光源的光效和显色指数对照

灯类型	光效/lm · W^{-1}	显色指数
普通照明灯 150W（1000h）	14.4	100
卤钨灯 150W（2000h）	17	100
多荧光粉	65	95
三基色荧光粉	93	80
陶瓷金属卤化物灯 150W	90	85
高压钠灯 150W 高显色性	86	60
高压钠灯 150W 高光效	116	25
低压钠灯 131W	206	45
高压汞灯 3500 125W	54	50

13.2.2.4 光源启动性能

光源的启动性能是指灯的启动和再启动特性，用启动所需要的时间来度量。一般地讲，热辐射电光源的启动性能最好，能瞬时启动发光，也不受再启动时间的限制；气体发电光源的启动特性不如热辐射电光源，不能瞬时启动。除荧光灯能快速启动外，其他气体放电灯的启动时间至少在 4min 以上，再启动时间最少也需要 3min 以上。

13.3 光环境质量评价

对于光环境的好坏，不同年龄不同性别的人感觉是不同的，普通用户提的意见没有具体标准。为了建立光环境的客观指标，世界各国都有一定的照明范围、照明标准或照明设计指南与评价方法。

13.3.1 照度标准

人眼对外界环境的明暗差异的知觉，取决于外界景物的亮度。但是，规定适当的亮度水平相当复杂，因为它涉及各种物体不同的反射特性，所以实践中还是以照度水平作为灯光照明的数量指标。

确定照度水平要综合考虑视觉功效，舒适感与经济、节能等因素。提高照度水平对视觉功效只能改善到一定程度，并非越高越好。实际应用的照度标准都是经过综合考虑的取值。

在没有专门规定工作位置的情况下，通常以假想的水平工作面照度作为设计标准。对于站立的工作人员水平面距地 0.9m，对于坐着的人是 0.75m。

任何照明装置获得的照度，在使用过程中都会逐渐降低。这是由于灯的光通量衰减，灯具和房间表面受污染造成的。只有换新灯，清洗灯具甚至重新粉刷房间表面才能恢复原来的照度水平。所以，一般不以初始照度为设计标准，而采取使用照度，或维持照度制订标准。初始照度、使用照度和维持照度的区别由图 13-2 所示，通常维持照度不应低于

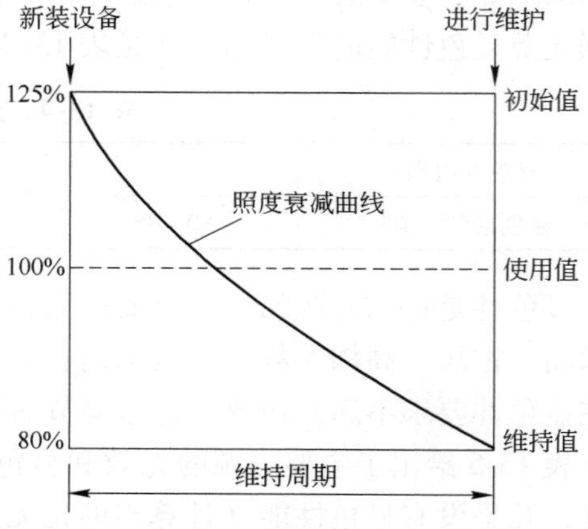

图 13-2 照度标准的三个不同数值

使用标准的80%。

根据韦伯定律，主观感觉的等量变化大体是由光量的等比变化产生的，所以在照度标准中，以1.5左右的等比级数划分照度等级，而不采取等差级数。例如，CIE建议的照度等级为20~30~75…5000等（单位为lx），见表13-6。

表13-6 国际照明委员会（CIE）对不同作业或活动推荐的照度

照度范围/lx	作业或活动的类型
20~30~50	室外人口区域
50~75~100	交通区，简单地判别方位或短暂停留
100~150~200	非连续工作使用的房间，例如工业生产监视、贮藏、衣帽间、门厅
200~300~500	有简单视觉要求的作业，例如粗加工、讲堂
300~500~700	有中等视觉要求的作业，如普通机加工、办公室、控制室
500~750~1000	有较高视觉要求的作业，如缝纫、检验和试验、绘图室
750~1000~1500	难度很高的视觉作业，如精密加工和装配、颜色辨别
1000~1500~2000	有特殊视觉要求的作业，如手工雕刻、很精细的工件检验
>2000	极精细的视觉作业，如微电子装配、外科手术

1979年原国家建委颁发了《工业企业照明设计标准》（GB 50034—1979）（1992年更新，2004年修订为《建筑照明设计标准》，2013年进行了修订），这是中国在照明方面的第一个全国通用设计标准。《建筑照明设计标准》（GB 50034—2013）规定了办公建筑照明标准值应符合表13-7的规定。

表13-7 办公建筑照明标准值

房间或场所	参考平面及其高度	照度标准值/lx	*UGR*	U_0	R_a
普通办公室	0.75m水平面	300	19	0.60	80
高档办公室	0.75m水平面	500	19	0.60	80
会议室	0.75m水平面	300	19	0.60	80
视频会议室	0.75m水平面	750	19	0.60	80
接待室、前台	0.75m水平面	200	—	0.40	80
服务大厅、营业厅	0.75m水平面	300	22	0.40	80
设计室	实际工作面	500	19	0.60	80
文件整理、复印、发行室	0.75m水平面	300	—	0.40	80
资料、档案存放室	0.75m水平面	200	—	0.40	80

注：此表适用于所有类型建筑的办公室和类似用途场所的照明。

13.3.2 照度均匀度

在有些情况下，如看书时台灯照明，对工作物要求特别照明，以增加工作效率，在一般情况下，必须兼顾周围环境的照度，以消除不舒适感觉，所以要求照度均匀。最低照度与平均照度之比，不得低于0.7。CIE建议数值0.8。此外CIE建议工作房间内交通区域的平均照度一般不应小于工作区平均照度的1/3，相邻房间的平均照度不超过5倍。

13.3.3 空间照度

在大多数场合，如公共场所，居室生活，照明效果往往用人的容貌是否清晰，自然来评价。这时，垂直面上的照度比水平面更加重要。有两个表示空间照明水平的物理指标。平均球面照度与平均柱面照度。后者更有实用性。

平均球面照度，是指位于空间某点的一个假想小球表面上的平均照度。表示该点受照量与入射光的方向无关，因此也被称作标量照度。平均柱面照度指位于该点小圆柱侧面上的平均照度，圆柱侧面与水平面垂直，并且不计两端面照度。

13.3.4 舒适亮度比

人的视野很广，除工作对象外，周围环境同时进入眼睛，它们的亮度水平、亮度对比对视觉有重要影响，房间主要表面的平均亮度，形成房间明亮程度的总印象，亮度分布使人产生对室内的空间形象感受。为了舒适地观察，要突出工作对象的亮度，即主要表面亮度应合理分布，但是构成周围环境亮度与中心视野亮度相差过大会加重眼睛瞬时适应的负担，或产生眩光，降低视觉能力。

作业环境亮度应当低于作业本身亮度，但不能低于 1/3，而周围视野（顶棚、墙、窗子）平均亮度，应尽可能不低于作业亮度的 1/10。灯和白天的窗子亮度则应控制在作业亮度 40 倍以内。

要实现控制亮度的目的，需考虑照度与物体反射比两个因素。因为亮度是两者的乘积。为了减弱灯具同其周围顶棚之间的对比，特别是采用嵌入式暗装灯具，顶棚的反射比要在 0.6 以上，同时顶棚照度不宜低于作业照度 1/10，以免顶棚显得太暗。

墙壁的反射比，最好在 0.3~0.7 之间，其照度达到作业照度的 1/2 为宜。照度水平高的房间要选低一点的，反射比应在 0.1~0.3 之间。这一个数值是考虑了工作面以下的地面受家具遮挡影响以后提出来的。

非工作房间，例如装饰水准高的公共建筑大厅亮度分布，往往涉及建筑美学，渲染特定气氛，给人们遐想，突出空间或结构的形象，所以，不受上述参数的限制。这类环境亮度水平也应考虑视觉的舒适感，与前面所述亮度比有所不同。

13.3.5 光色对环境的影响

光色的选择取决于光环境所要形成的气氛，不同光色可以给人不同的感觉。同一光色不同人的喜好也是不相同的。例如低色温的暖色灯光，接近日暮黄昏的情调，能使室内产生亲切轻松的气氛。而希望紧张、活跃，精神振奋地进行工作的房间，宜采用高色温的冷色光。

有些场合则需要良好的自然光色，以便于精确辨色，如医院、印染车间、商店等。

表 13-8 表示了每一类显色性能的使用范围。其中，显色指数是反映各种颜色的光波能量是否均匀的指标。

在选择显色指数时，还要考虑光效，有些高显色指数的灯光效不高（例如白炽灯）。光效很高的灯显色指数又很低（钠光灯），故一些场合采用混合照明，将光效低但显色性好，红光丰富的白炽灯同光效较高，但光色偏蓝的荧光高压汞灯组合。或者将光效很高，显色性差的高压钠灯，同显色性不错，光效稍低的金属卤化物灯组合，可得到取长补短，相得益彰的效果。

表 13-8 灯的显色类别

显色类别		一般显色指数范围	适用场所举例
Ⅰ	A	$R_a \geqslant 90$	颜色匹配、颜色检验等
	B	$90>R_a \geqslant 80$	印刷、食品分检、油漆等
Ⅱ		$80>R_a \geqslant 60$	机电装配、表面处理、控制室等
Ⅲ		$60>R_a \geqslant 40$	机械加工、热处理、铸造等
Ⅳ		$40>R_a \geqslant 20$	仓库、大件金属库等

13.3.6 充足的日照时间

太阳光对于人们尤其是儿童的健康十分重要，太阳光促进钙的吸收，促进某些营养成分的合成，长期缺少阳光的儿童会得软骨病，皮肤苍白，体质虚弱。同时太阳光中的紫外线具有杀毒灭菌的作用。所以在建筑设计中时刻要注意日照时间的保证问题。

决定居住区住宅建筑日照标准的主要因素，一是所处地理纬度及其气候特征；二是所处城市的规模大小。我国地域广大，南北方纬度相差约 50 余度，同一日照标准的正午影长率相差 3~4 倍之多，所以在高纬度的北方地区，日照间距要比纬度低的南方地区大得多，达到日照标准的难度也就大得多。

13.4 光污染的防治

光污染已经成为现代社会的公害之一，已经引起政府及专家的足够的重视，积极控制和预防光污染，改善城市环境。按照不同的波长，对光污染分别采用不同的防治技术。

13.4.1 可见光污染防治

可见光污染中危害最大的是眩光污染。眩光污染是城市中光污染的最主要形式，是影响照明质量最主要的因素之一。

眩光程度主要与灯具发光面大小、发光面亮度、背景亮度、房间尺寸、视看方向和位置等因素有关，还与眼睛适应能力有关。所以眩光的限制应分别从光源、灯具、照明方式等方面进行。

13.4.1.1 直接眩光的限制

限制直接眩光主要是控制光源入射角为 45°~90°范围内的亮度。一般有两种方法，一种是用透光材料减弱眩光，另一种是用灯具的保护角加以控制。此两种方法可单独采用，也可以同时使用。透光材料控制法如采用透明、半透明或不透明的隔栅或棱镜将光源封闭起来，能控制可见亮度。用保护角可以控制光源的直射光，做到完全看不见光源，有时也可把灯安装在梁的背后或嵌入建筑物等。限制眩光通常将光源分成两大类，一类亮度在

$2\times10^4cd/m^2$ 以下，如荧光灯，可以用前述两种方法，但由于荧光灯亮度较低，在某些情况下允许明露使用；另一类亮度在 $2\times10^4cd/m^2$ 以上，如白炽灯和各种气体放电灯。当功率较小时，以上两种控制眩光方法均可使用，但对大功率光源几乎无例外地采用灯具保护角控制。此时不但要注意亮度，还应考虑观察者视觉的照度。保护角与灯具的通光量、安装高度有关。

控制直接眩光，除了可以通过限制灯具的亮度和表面面积，通过使灯具具有合适的安装位置和悬挂高度，保证必要的保护角度外，还有增加眩光源的背景亮度或作业照度的方法。当周围环境较暗时，即使是低亮度的眩光，也会给人明显的感觉。增大背景亮度，眩光作用就会减少。但当眩光光源亮度很大时，增加背景亮度已经不起作用了，它会成为新的眩光源。因此，为了减少灯具发光表面与邻近灯棚间的亮度差别，适当降低亮度对比度，建议灯棚表面应有较高的反射比，可采用间接照明，如倒伞形悬挂式灯具，使灯具有足够的上射光通量。经过一次反射后使室内亮度分布均匀。浅色饰面通过多次反射也能明显地提高房间上部表面的照度。

13.4.1.2 反射眩光和光幕反射的限制

高亮度光源被光泽的镜面材料或半光泽表面反射，会产生干扰和不适。这种反射在作业范围以外视野中出现时叫做反射眩光；在作业内部呈现时叫做光幕反射。反射光的亮度与光源亮度几乎一样，在观察物体方向或接近物体方向出现的光滑面包括顶棚、墙面、地板、桌面、机器或其他用具的表面。当视野内若干表面上都出现反射眩光时，就构成了眩光区。反射眩光常比直接眩光讨厌，因为它紧靠视线，眼睛无法避开它，而且往往减小工件的对比和对细部的分辨能力。一般情况下出现的反射眩光和特殊情况下出现的光幕反射，不仅与灯具的亮度和他们的布置有关，而且与灯具相对于工作区域的位置以及当时的照度水平有关，此外还取决于所用材料的表面特性。

防止反射眩光，首先，光源的亮度应比较低，且应与工作类型和周围环境相适应，使反射影像的亮度处于容许范围，可采用在视线方向反射光通量小的特殊配光灯具。其次，如果光源或灯具亮度不能降到理想的程度，可根据光的定向反射原理，妥善地布置灯具，即求出反射眩光区，将灯具布置在该区域以外。如果灯具的位置无法改变，可以采取变换工作面的位置，使反射角不处于视线内。但是，这种条件在实际上是难以实现的，特别是在有许多人的房间内。通常的办法是不把灯具布置在与观察者的视线相同的垂直平面内，力求使工作照明来自适宜的方向。再次，可增加光源的数量来提高照度，使得引起反射光源在工作面上形成的照度，在总照度中所占的比例减少。最后，适当提高环境亮度，减少亮度对比同样是可行的。例如，在玻璃陈列柜中照度过低，明亮的灯具反射影像就可能在玻璃上出现，衬上黑暗的柜面作背景，就更突出，影响观看效果。这时，用局部照明增加柜内照度，它的亮度接近或超过反射影像，就可弥补有害反射造成的损失。由于柜内空间小，提高照度较易办到。对反射眩光单靠照明解决有困难时，要精心设计物体的饰面使地板、家具或办公用品的表面材料无光泽。

光幕反射是目前被普遍忽视的一种眩光，它是在本来呈现漫反射的表面上又附加了镜面反射，以致眼睛无论如何都看不清物体的细节或整个部分。

光幕反射的形成取决于：反射物体的表面（即呈定向扩散反射，如光滑的纸、黑板及油漆表面）、光源面积（面积越大，它形成光锥的区域越大）、光源、反射面、观察者三者之间的相互位置以及光源亮度。为了减少光幕反射不要在墙面上使用反光太强的材料；尽可能减少干扰区来的光，加强干扰区以外的光，以增加有效照明。干扰区是指顶棚上的一个区域，在此区域内光源发射的光线经由作业表面规则反射后均可能进入观察者视野内。因此，应尽量避开在此区域布置灯具，或者使作业区避开来自光源的规则反射。

眩光是衡量照明质量的主要特征，也是环境是否舒适的重要因素。应按照限制眩光的要求来选择灯具的型号和功率，考虑到它在空间的效果以及舒适感，使灯具有一定的保护角，并选择适当的安装位置和悬挂高度，限制其表面亮度。同时把光引向所需的方向，而在可能引起不舒适眩光的方向则减少光线，以期创造一个舒适的视觉环境。

13.4.2 红外线、紫外线污染防治

红外线近年来在军事、人造卫星、工业、卫生及科研等方面应用较多，因此红外线污染问题也随之产生。红外线是一种热辐射，会在人体内产生热量，对人体可造成高温伤害，其症状与烫伤相似，最初是灼痛，然后是造成烧伤。还会对眼底视网膜、角膜、虹膜产生伤害。人的眼睛若长期暴露于红外线可引起白内障。

过量紫外线使人的免疫系统受到抑制，从而导致疾病发病率增加。紫外线对角膜、皮肤的伤害作用十分严重。此外，过量的紫外线还会伤害水中的浮游生物，使陆生物（某些豆类）减产，加快塑料制品的分解速度，缩短其室外使用寿命。

对这两种类型的污染的控制措施有以下两方面：

（1）对有红外线和紫外线污染的场所采取必要的安全防护措施。应加强管理和制度建设，对紫外线消毒设施要定期检查，发现灯罩破损要立即更换，并确保在无人状态下进行消毒，更要杜绝将紫外灯作为照明灯使用。对产生红外线的设备，也要定期和维护，严防误照。

（2）佩戴个人防护眼镜和面罩，加强个人防护措施。对于从事电焊、玻璃加工、冶炼等产生强烈眩光、红外线和紫外线的工作人员，应十分重视个人防护工作，可根据具体情况佩戴反射型、光化学反应型、反射-吸收型、爆炸型、吸收型、光电型和变色微晶玻璃型等不同类型的防护镜。

13.4.3 加强对光污染的管理

仅仅有防止各类光污染的技术还是远远不够的，治理光污染，还不单纯是建筑和环保部门的事情，更应该将之变成政府行为，只有得到国家和政府部门的足够支持和协助，我们才能够有理有据的防治光污染，才能更好地限制光污染的发生，解决光污染问题。

从政府管理角度来说，针对光污染的防治要做好以下两点：

首先，要尽快制定光污染防治的法规。目前我国还没有专门防治光污染的法律法规，也没有相关部门负责解决灯光扰民的问题。国外一些国家已经有了针对光污染的一些法律条文。虽然对玻璃幕墙的建设已经制定了一些规范，并且也取得了一定防治光污染的效果。但大量的其他光污染仍然没有明确的法律法规来约束。

其次，要加强建设、设计管理。防治光污染应做到事前合理规划，事后加强管理。合理的城市规划和建筑设计可以有效地减少光污染。限建或少建带有玻璃幕墙的建筑并尽可能避开居民住区。装饰高楼大厦的外墙、装饰室内环境以及生产日用产品时应尽量使用刺

眼的颜色。已经建成的高层建筑尽可能减少玻璃幕墙的面积并避免使用太阳光反射光照到居民区。应选择反射系数较小的材料。加强城市绿化也可以减少光污染。对夜景照明，应加强生态设计，加强灯火管制。如区分生活区和商业区，关闭夜间电影院、广场、广告牌等的照明，减少过度照明，降低光污染和能量损失。

世界各国全面、系统的光污染研究尚在起步阶段，光污染的认定缺乏相应的法律和可供参考的环境标准。其对人体和环境的影响在短期内不易被觉察，目前主要采取预防为主的防治方法。

日本各地相继出台防治光污染的条例，推广诸如安装向路面聚光的街灯，实施禁止探照灯向空中照射等各种防治光污染的措施。最早出台防止光污染条例的是冈山县，该县规定禁止使用探照灯向空中照射，违反者将受到处罚。熊本县城南町安装了一种路灯，其光源装有反光板，上方不漏光，由于反光板的聚光作用，灯光不再四处扩散，而路面却变得更加明亮，同时还能节约能源。德国采取种种有效措施来降低光污染程度。在许多城市已使用光线比较柔和的水银高压灯代替容易诱引昆虫的钠蒸气灯，对昆虫的引诱率降低了90%。新一代经过改进的钠蒸气灯降低了功率，采用了让人舒适的光色，对固定照明设计进行合理的遮盖，并将散射光的圆形灯改为不散光的平底灯，让灯光照向需要照射的地方，照向天空光源得到了纠正。为了避免昆虫和鸟类误撞灯体而死亡，发明了可调节光线强度的技术，并根据昆虫和鸟类活动的规律安装了警戒装置等。

习　题

13-1　简述光污染的狭义与广义定义。

13-2　什么是光通量、发光强度、照度、亮度？

参 考 文 献

[1] 洪宗辉，潘仲麟．环境噪声控制工程[M]．北京：高等教育出版社，2002.
[2] 蒋展鹏．环境工程学[M]．北京：高等教育出版社，1992.
[3] 李家华．环境噪声控制[M]．北京：冶金工业出版社，1995.
[4] 马大猷．噪声与振动控制工程手册[M]．北京：机械工业出版社，2002.
[5] 方丹群，等．噪声控制[M]．北京：北京出版社，1986.
[6] 栾昌才，李其远．工业噪声与振动控制技术[M]．沈阳：东北大学出版社，1993.
[7] 张邦俊，等．环境噪声学[M]．杭州：浙江大学出版社，2001.
[8] 王昌井．环境噪声控制论文集[M]．北京：中国环境科学出版社，1990.
[9] 郑长聚，等．环境噪声控制工程[M]．北京：高等教育出版社，1988.
[10] 高艳玲，张继有．物理污染控制[M]．北京：中国建材工业出版社，2005.
[11] 张宝杰，乔英杰，赵志伟．环境物理性污染控制[M]．北京：化学工业出版社，2003.
[12] 冯裕华，傅仲逑．环境污染控制[M]．北京：中国环境科学出版社，2003.
[13] 陈亢利，钱先友，许浩瀚．物理性污染与防治[M]．北京：化学工业出版社，2006.
[14] 张振家．环境工程学基础[M]．北京：化学工业出版社，2006.
[15] 周律，张孟青．环境物理学[M]．北京：中国环境出版社，2001.
[16] 陈一才．建筑环境灯光工程设计手册[M]．北京：中国建筑工业出版社，2001.
[17] 李星洪．辐射防护基础[M]．北京：原子能出版社，1982.
[18] 刘文魁，庞龙．电磁辐射的污染及防护与治理[M]．北京：科学出版社，2003.
[19] 傅桃生．环境应急与典型案例[M]．北京：中国环境科学出版社，2006.
[20] 蒋云．城市放射性废物安全管理的探讨[J]．中国辐射卫生，2007，16(1)：80~82.
[21] 李奇伟，王超，彭本利等．放射性废物管理的国际法制度——《乏燃料管理安全和放射性废物管理安全联合公约》的视角[J]．环境科学与管理，2006，31(5)：21~23.
[22] 范智文，张金涛．亚洲核合作论坛2006年度“放射性废物管理研讨会”[J]．辐射防护，2006，26(7)：126~128.